高等职业院校机电类专业“十三五”系列规划教材

电气工程图识图

DIANQI GONGCHENGTU SHITU

主　编　王桂兰　康永泽
副主编　施喜平　李　可
　　　　黄伟林　杨少昆

合肥工业大学出版社

图书在版编目(CIP)数据

电气工程图识图/王桂兰,康永泽主编.—合肥:合肥工业大学出版社,2016.6
ISBN 978-7-5650-2851-9

Ⅰ.①电… Ⅱ.①王…②康… Ⅲ.①建筑工程—电气设备—电路图—识别
Ⅳ.①TU85

中国版本图书馆 CIP 数据核字(2016)第 142808 号

电气工程图识图

王桂兰　康永泽　主编　　　　责任编辑　汤礼广

出　版	合肥工业大学出版社	版　次	2016 年 6 月第 1 版
地　址	合肥市屯溪路 193 号	印　次	2016 年 8 月第 1 次印刷
邮　编	230009	开　本	787 毫米×1092 毫米　1/16
电　话	理工编辑部:0551-62903087	印　张	14.75
	市场营销部:0551-62903163	字　数	353 千字
网　址	www.hfutpress.com.cn	印　刷	合肥现代印务有限公司
E-mail	hfutpress@163.com	发　行	全国新华书店

ISBN 978-7-5650-2851-9　　　　定价:36.00 元

如果有影响阅读的印装质量问题,请与出版社市场营销部联系调换。

前　　言

随着我国科学技术的发展，电气工程也得到了前所未有的发展，特别是智能控制技术的飞速发展使电气工程迈上了一个新台阶。这些年国家实行一级建造师、二级建造师、监理工程师、注册电气工程师的注册执业资格考试制度，对从事电气工程的人员在施工、监理、工程管理方面提出了更高的要求。当今的电气工程人员不仅要能根据各类的电气工程图纸完成施工或技术管理任务，还要学会用绘图软件把已经完成施工的实际施工图绘制出来以备验收。

为了帮助相关专业的学生和电气工程人员更好地学习和掌握各种电气工程图，我们特编写本书。本书共分为八个单元，分别是识图基础、变配电所工程图、照明与动力工程图、防雷与接地工程图、电气控制电路图、消防工程图、有线电视系统图、安防监控工程图。其中电气控制电路图包括水泵电气控制、机床电气控制、锅炉电气控制、电梯电气控制、空调电气控制和风机电气控制；安防监控工程图包括门禁与停车场控制。每一单元都配有与实际相结合的工程图纸，有大量图片。本书适用于高职高专院校学生使用，也可以作为电气工程人员的培训与自学参考教材。

本书由长江工程职业技术学院王桂兰、康永泽、施喜平、李可、黄伟林、杨少昆编写。

由于时间仓促，编者水平有限，本书中难免有错漏和不妥之处，恳请广大使用者批评指正。

编　者

目　录

单元一　识读基础

电气工作人员在电气安装与施工中，能正确识读施工图纸是非常重要的。电气安装人员对图样的正确理解，会保证电气设备安装的质量，电气工程图识读是工程安装施工与维护检修至关重要的环节。设计院设计的电气工程图样都具有法律效力。在图纸会审中对不懂的问题或有疑问的地方要及时提出来，专家会通过答疑来帮助技术人员解决所有的疑点。因此，要求电气安装施工与运行维护人员必须精读图样，深刻理解设计意图，熟悉工程中涉及的各种电气功能。

任务一　图样格式认识

【学习目的】

掌握图纸图样、尺寸标注、标高、图纸索引等基本知识。

任务导入

在工程中，图纸是施工依据，我们要求会认识图纸，有时还要求会用电子软件作电气工程图。电气工程图样属于严肃的技术文件，它的绘制格式及各种表达方式都必须遵守相关的规定。

相关知识

一、图样的格式

图样通常由边框线、图框线、标题栏、会签栏等组成，其格式如图 1－1 所示。

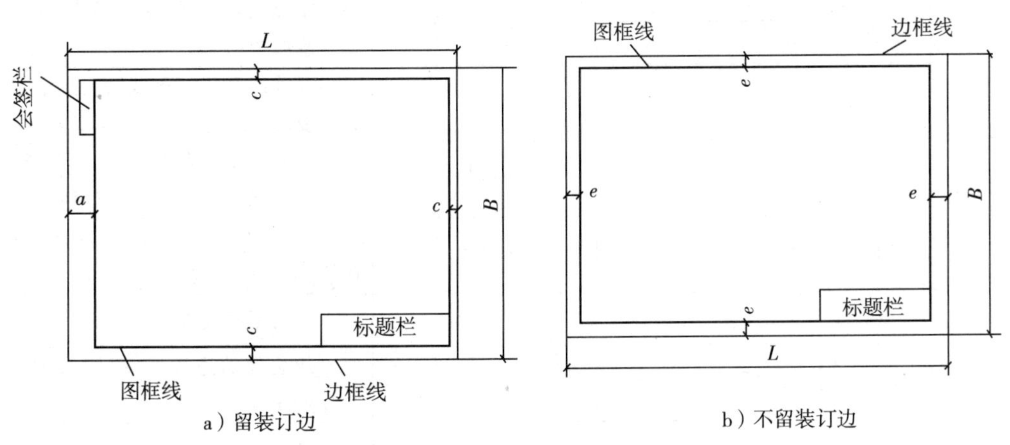

图 1－1　图样的格式

标题栏又称图标，是用以标注图样名称、图号、比例、张次、日期及有关人员签名等内容的栏目。标题栏的方位一般在图样的右下角，有时也设在下方或右侧。标题栏中的文字方向为看图方向，即图中的说明、符号等均应与标题栏的文字方向一致。会签栏设在图样的左上角，用于图样会审时各专业负责人签署意见，通常可以省略。

二、图样的幅面

图样的幅面一般分为 A0、A1、A2、A3 和 A4 五种标准型号，具体尺寸见表 1-1。根据需要可以对图样进行加长：A0 号图样以长边的 1/8 为最小加长单位，最多可加长到标准图幅长度的 2 倍；A1、A2 号图样以长边的 1/4 为最小加长单位，A1 号图样最多可加长到标准图幅长度的 2.5 倍，A2 号图样最多可加长到标准图幅长度的 5.5 倍；A3、A4 号图样以长边的 1/2 为最小加长单位，A3 号图样最多可加长到标准图幅长度的 4.5 倍，A4 号图样最多可加长到标准图幅长度的 2 倍。

表 1-1　图幅尺寸

(单位：mm)

图幅代号	A0	A1	A2	A3	A4
宽×长(BL)	841×1189	594×841	420×594	297×420	210×297
留装订边时的边宽(c)	10	10	10	5	5
不留装订边时的边宽(e)	20	20	10	10	10
装订侧边宽(a)	25	25	25	25	25

三、图线与字体

绘制工程图样所用的各种线条统称为图线。为了使图形所表达的内容清晰、重点突出，国家标准中对图线的形式、宽度和间距都做了明确规定，详见表 1-2。汉字、字母和数字是图样的重要组成部分，因此要求字体端正、笔划清楚、排列整齐、间距均匀。汉字应采用长仿宋体，字母和数字可以用正体或斜体。

表 1-2　图线形式

序号	图线名称	图线形式	图线宽度/mm	一般应用
1	粗实线	————	b=0.5～2	重点内容用线，主要导线，可见重要轮廓线等
2	细实线	————	≈$b/3$	尺寸线和尺寸界线，简图用线，可见次要轮廓线等
3	虚线	— — — — —	≈$b/3$	辅助线，屏蔽线，不可见轮廓线，不可见导线，计划扩展内容用线等
4	点画线	—·—	≈$b/3$	轴线，对称中心线，分界线，结构、功能、分组围框线等
5	双点画线	—··—	≈$b/3$	辅助围框线等
6	波浪线	～	≈$b/3$	断裂处的边界线，视图与剖视图的分界线等
7	折断线	—\/—	≈$b/3$	被断开部分的分界线

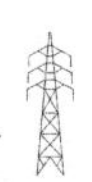

四、尺寸标注

图样中的尺寸数据是制作和施工的重要依据。尺寸由尺寸线、尺寸界线、尺寸起止点的箭头或45°斜划线、尺寸数字等4个要素组成。尺寸的单位除标高、总平面图和一些特大构件以米(m)为单位外，其余一律以毫米(mm)为单位。所以一般工程图上的尺寸数字都不标注单位。

五、标高

标高有绝对标高与相对标高两种表示方法。绝对标高是以我国青岛市外黄海平面作为零点而确定的高度尺寸，又称海拔。相对标高是选定某一参考面或参考点为零点而确定的高度尺寸。在工程图中多采用相对标高，一般以建筑物首层室内地坪面为相对标高的零点。

在电气工程图上有时还标有另一种标高，即敷设标高。它是指电气设备或线路安装敷设位置与该层地坪面或楼面的高度差。

六、图幅分区与定位轴线

对于幅面大而内容复杂的图样，在读图或更改图的过程中，为了迅速找到图上的某一内容，需要有一种确定图上位置的方法，而图幅分区法就是一种使用十分广泛的方法。

图幅分区的方法是将图样上相互垂直的两对边各自加以等分。分区的数目视图样的复杂程度而定，但每边分区的数目必须为偶数。每一分区的长度一般不小于25mm且不大于75mm。分区线用细实线。每个分区内，竖边方向用大写拉丁字母编号，横边方向用阿拉伯数字编号。编号时应从图样左上角开始，如图1-2所示。分区代号用字母和数字表示，字母在前，数字在后，如图幅分区B3、B4等。

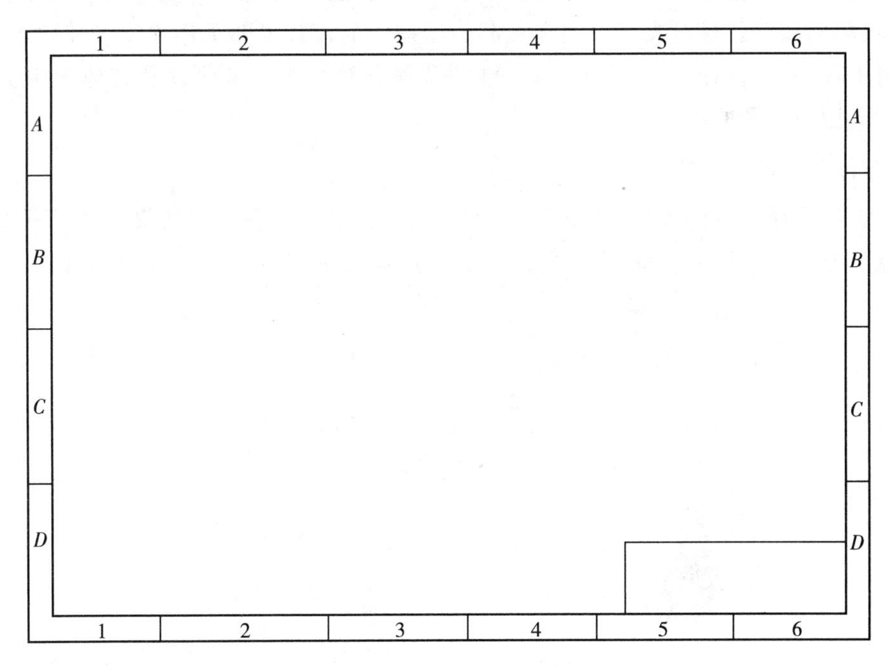

图1-2　图幅分区

在建筑图上，凡承重墙、柱子、大梁或屋架等主要承重构件的位置都画有定位轴线并编上轴线号。定位轴线编号的原则:在水平方向采用阿拉伯数字,由左向右注写;在垂直方向采用汉语拼音字母(I、O、Z不用),由下向上注写;这些数字与字母均用点画线引出。定位轴线可以帮助人们明确各种电气设备的具体安装位置,以及计算电气管线的长度等。

七、详图及其索引

详图用以详细表明某些细部的结构、做法及安装工艺要求。根据实际情况,详图可以与总图画在同一张图样上,也可以画在另外的图样上。因此,需要用一个标志将详图和总图联系起来,这种联系标志称为详图索引,如图1-3所示。图1-3a表示2号详图与总图画在同一张图上,图1-3b表示2号详图画在第3张图样上,图1-3c表示5号详图画在本张图样上,图1-3d表示5号详图画在第2张图样上。

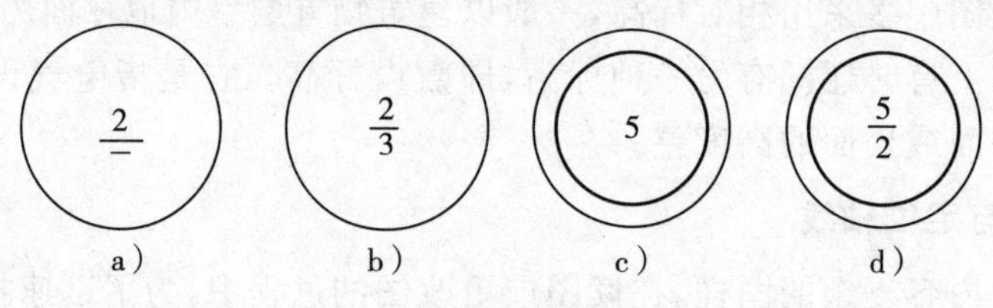

1-3　详图索引标志

八、图例与设备材料表

图例采用表格的形式列出图样中使用的各种图形符号或文字符号,以便于读图者阅图。设备材料表用以表述图样所涉及的工程设备与主要材料的名称、型号规格和单位数量等内容,设备材料表备注栏内有时还标注一些特殊的说明。设备材料表中的数量一般只作为粗略概算,不能作为设备和材料的供货依据。为了简化起见,目前一些流行的电气专业设计软件,通常将图例和设备材料表统一列在一起。图样中的设计说明采用文字表述的形式,用以补充说明工程特点、设计思想、施工方法、维护管理方面的注意事项以及其他图中交代不清或没有必要用图表示的内容。

九、方位与风向频率标记

各类工程图样一般是按"上北下南、左西右东"来标示方位的,但在很多情况下尚须用方位标记标示方位。常用方位标记如图1-4a所示,其中箭头方向表示正北方向(N)。为了

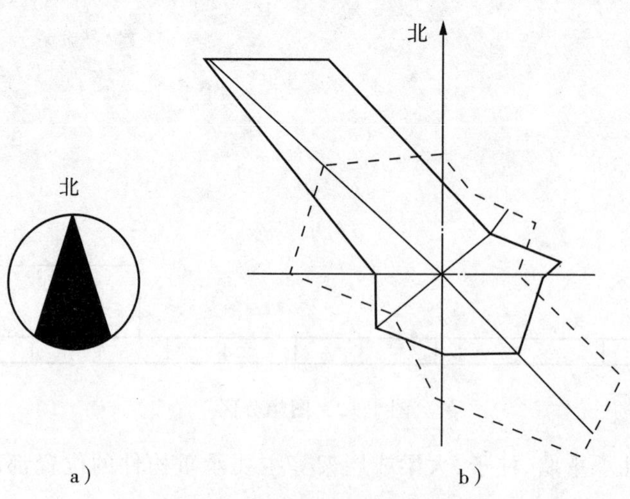

图1-4　方位与风向玫瑰图

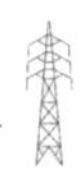

表示工程地区一年四季的风向情况，往往还须在图上标注风向频率标记。风向频率标记是根据某一地区多年统计的风向发生频率的平均值，按一定比例绘制而成的。风向频率标记形似一朵玫瑰花，故又称为风向玫瑰图。图1-4b为某地的风向频率标记，箭头表示正北方向，实线表示全年的风向频率，虚线表示夏季(6～8月)的风向频率。由此可知，该地区常年以西北风为主，而夏季以东南风和西北风为主。

思考题与习题

1. 电气工程图有哪几种标高表示方法？
2. 图纸图幅有几种？
3. 工程图样是如何表示方位与风向的？

任务二　电气工程图分类

【学习目的】

掌握电气工程图的分类及作用。

任务引入

在实际工程中，我们经常会碰到各种各样的图纸，因此要求我们能正确对电气图纸进行分类并识读。施工人员须结合图纸进行施工，防止因盲目施工而造成施工错误和带来经济损失。

相关知识

一、电气工程图分类

按照工程性质，电气工程图可分为变配电工程图、动力与照明工程图、防雷与接地工程图、电气控制系统工程图、弱电系统工程图等。

按照图样的表达形式，电气工程图可分为电气平面图、电气系统图、控制原理图、二次接线图、大样图及电缆清册等。

1. 电气平面图

电气总平面图是在建筑总平面图上表示电源及电力负荷分布的图样，主要用来表示各建筑物的名称或用途、电力负荷的装机容量、电气线路的走向及变配电装置的位置、容量和电源进线等。通过电气总平面图可了解该项工程的概况，掌握电气负荷的分布及电源装置等。中小型工程则由动力平面图或照明平面图代替。建筑电气平面图是在具体建筑平面图上标出电气设备、元件、管线实际布置的图样，要求表示出安装位置、安装方式、型号、规格、数量及接地网等。通过平面图可以知道各个不同的标高上装设的电气设备、元件及管线等。电气平面图使用范围极为广泛，动力、照明、变配电装置、各种机房、通信广播、电缆电视、火灾报警、防盗保安、微机监控、自动化仪表、架空线路、电缆线路及防雷接地等都要用到平面图。

2. 电气系统图

电气系统图是用单线图表示电能或电信号按回路分配出去的图样，主要用来表示各个回路的名称、用途、容量以及主要电气设备、开关元件及导线电缆的型号规格等。电气工程中的动力、照明、变配电装置、通信广播、电缆电视、火灾报警、防盗保安、微机监控、自动化仪表等都要用到系统图。

3. 控制原理图

控制原理图是单独用来表示电气设备、元件控制方式及其控制线路的图样，主要用来表示电气设备及元件的起动、保护、信号、联锁、自动控制及测量等。通过查看控制原理图可以知道各设备元件的工作原理、控制方式等。控制原理图使用范围广泛，动力、变配电装置、火灾报警、防盗保安、微机监控、自动化仪表、电梯等都要用到控制原理图。

4. 安装接线图

安装接线图包括电气设备的布置与接线，应与控制原理图对照阅读，进行系统地配线和调校。

5. 安装大样图(详图)

安装大样图是详细表示电气设备安装方法的图纸，安装部件的各部位应注有具体图形和详细尺寸。安装大样图是安装施工和编制工程材料计划的重要参考。

二、电气施工图的阅读方法

1. 熟悉电气图例符号，弄清图例、符号所代表的内容

常用的电气工程图例及文字符号可参见国家颁布的《电气图形符号标准》。

2. 针对一套电气施工图，一般应先按以下顺序阅读，然后再对某部分内容进行重点识读

(1)看标题栏及图纸目录

了解工程名称、项目内容、设计日期及图纸内容、数量等。

(2)看设计说明

了解工程概况、设计依据等，了解图纸中未能表达清楚的各有关事项。

(3)看设备材料表

了解工程中所使用的设备、材料的型号、规格和数量。

(4)看系统图

了解系统基本组成，主要电气设备、元件之间的连接关系以及它们的规格、型号、参数等，掌握该系统的组成概况。

(5)看平面布置图

了解电气设备的规格、型号、数量及线路的起始点、敷设部位、敷设方式和导线根数等。平面图(如照明平面图、防雷接地平面图等)的阅读可按照以下顺序进行：电源进线总配电箱、干线支线分配电箱、电气设备。

(6)看控制原理图

了解系统中电气设备的电气控制原理，以指导设备安装调试工作。

(7)看安装接线图

了解电气设备的布置与接线。

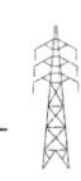

(8)看安装大样图

了解电气设备的具体安装方法、安装部件的具体尺寸等。

3. 抓住电气施工图要点进行识读

在识图时,应抓住要点进行识读。

(1)在明确负荷等级的基础上,了解供电电源的来源、引入方式及路数;

(2)了解电源的进户方式是由室外低压架空引入还是电缆直埋引入;

(3)明确各配电回路的相序、路径,管线敷设部位、敷设方式以及导线的型号和根数;

(4)明确电气设备、器件的平面安装位置。

4. 结合土建施工图进行阅读

电气施工与土建施工结合得非常紧密,施工中常常涉及各工种之间的配合问题。电气施工平面图只反映了电气设备的平面布置情况,结合土建施工图进行阅读还可以了解电气设备的立体布设情况。

5. 熟悉施工顺序,便于阅读电气施工图

识读配电系统图、照明与插座平面图时,应首先了解室内配线的施工顺序。

(1)根据电气施工图确定设备安装位置、导线敷设方式、敷设路径及导线穿墙或楼板的位置;

(2)结合土建施工,进行各种预埋件如线管、接线盒、保护管等的预埋;

(3)装设绝缘支持物如线夹等,敷设导线;

(4)安装灯具、开关、插座及电气设备;

(5)进行导线绝缘测试、检查及通电试验;

(6)工程验收。

6. 识读时,施工图中各图纸应协调配合阅读

对于具体工程来说,说明配电关系时需要有配电系统图;说明电气设备、器件的具体安装位置时需要有平面布置图;说明设备工作原理时需要有控制原理图;表示元件连接关系时需要有安装接线图;说明设备、材料的特性、参数时需要有设备材料表等。这些图纸各自的用途不同,但相互之间是有联系并协调一致的。在识读时应根据需要,将各种图纸结合起来识读,以达到对整个工程或分部项目全面了解的目的。

思考题与习题

1. 电气工程图分为哪几类?

2. 电气工程图的阅读方法是怎样的?

单元二 变配电所工程图

变配电所是供电系统用于将高电压通过变压器降压至用户所需电压等级，并且配有保护、计量、分配等装置的综合系统，一般配置有电力变压器、高压配电柜、低压配电柜、电缆等。它的作用是将电网送来的高压电通过变压器变成低压电(380/220V)，并分别输送到用电设备各部分。变配电所工程是整个供电系统的中枢，在电力系统中占有十分重要的地位。变配电所工程图包括变配电所一次图、变配电所二次图、变配电所平面图等。

任务一 高压一次设备

【学习目的】

掌握一次设备文字符号、图形符号及一次设备的作用。

任务引入

高压电气设备到处可见，走在路上可以看见高压线、变配电所。高压电器设备有很多，如变压器、电流互感器、高压开关等。电气工作人员必须掌握高压系统图与平面图，能看懂图纸，才能从事施工工作、监理工作或检查验收工作。

相关知识

一、强电和弱电的区别

强电和弱电用途是不同的。强电是一种动力能源。弱电作为一种信号电，用于信息传输。强电电压高、功率大、电流大、频率低，一般用于市电系统或照明系统等，如空调线、插座线、高压线、照明线等。弱电电压低、功率小、电流小、频率高，一般可用于电话、电脑、电视机的信号传输，以及广播系统、楼宇自动控制系统等。

二、电力系统

电力系统是指由发电、变电、输电、配电和用电等环节组成的电能生产与消费系统。它的功能是将自然界的一次能源通过发电动力装置(主要包括锅炉、汽轮机、发电机及电厂辅助生产系统等)转化成电能，再经输变电系统及配电系统将电能供应到各负荷中心，通过各种设备再转换成动力、热、光等不同形式的能量，为地区经济和人民生活服务。图 2-1 是从

发电到电能用户的送变电过程。

电气设备按其工作电压分为高压电气设备和低压电气设备。高压电气设备是电压等级在 1000V 及以上者，低压电气设备是电压等级在 1000V 以下者。担负输送、变换和分配电能任务的电路称为主电路，也叫一次电路。一次电路中的所有电气设备称为一次设备。用来控制、指示、监测和保护一次电路运行的电路，称为二次电路。二次电路中的所有电气设备称为二次设备。

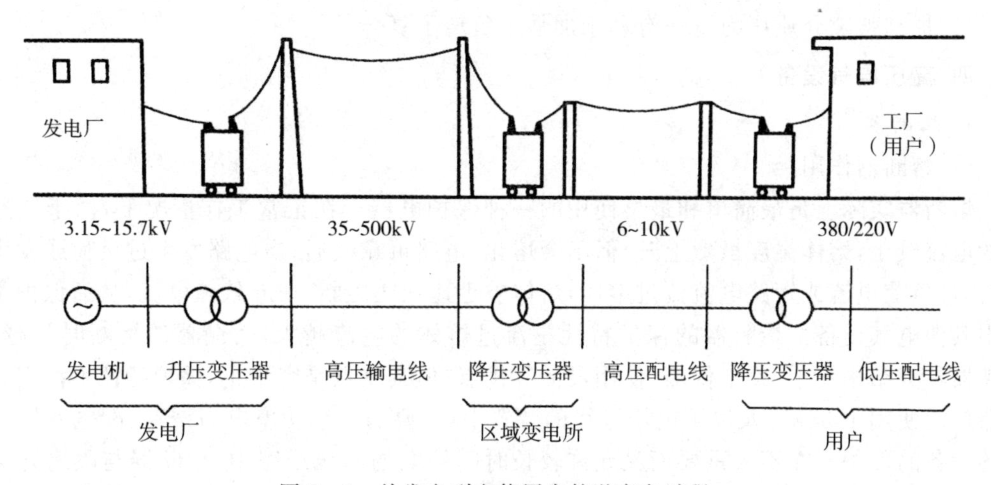

图 2-1　从发电到电能用户的送变电过程

1. 一次设备

(1)生产和转换电能的设备，如同步发电机、变压器、电动机等；

(2)开关电器，如断路器、隔离开关、熔断器等；

(3)限流电器；

(4)载流导体，如母线、架空线和电缆等；

(5)补偿设备，如调相机、电力电容器、消弧线圈、并联电抗器；

(6)仪用互感器；

(7)防御过电压设备，如避雷线、避雷器、避雷针等；

(8)绝缘子；

(9)接地装置。

2. 二次设备

二次设备有继电器、仪器仪表、指示灯等。

三、电弧

1. 电弧的主要危害

电弧是一束能导电的气体，它的质量很轻，在电动力、热力作用下能迅速移动、伸长、弯曲和变形，就很容易造成飞弧短路和伤人。由于电弧温度极高，因此很容易烧坏开关触头，有时触头附近的绝缘物也会遭受破坏，还会引起短路故障、开关电器爆炸、火灾等，从而危害电力系统的安全运行。

2. 灭弧方法

灭弧方法如下：

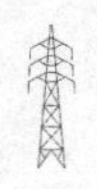

(1)迅速拉长电弧——提高断路器的分闸速度,采用多断口结构等。

(2)吹弧——利用气体或绝缘油吹动电弧,使电弧拉长、冷却,这是高压断路器的主要熄弧手段。

(3)采用真空——减少碰撞游离的可能性,迅速恢复介质绝缘强度。

(4)弧隙并联电阻——主要用来提高断路器的熄弧能力,通常在 220kV 及以上线路断路器上使用。

(5)提高弧隙介质压力——有利于加强正负离子复合。

四、高压电气设备

1. 熔断器

(1)熔断器作用

熔断器实际上是最简单和最早使用的一种保护电器。在正常工作情况下,由于通过熔体的电流较小,熔体温度虽然上升,但不会熔化,电路可靠接通;当电路发生过负荷或发生短路时,过负荷电流或短路电流流过熔体,熔体被迅速加热熔断,切断故障电流,从而保护了电路中其他电气设备。熔断器的保护特性是流过熔体的电流越大,熔断器的熔断时间越短。熔断器具有结构简单、价格低廉、使用灵活等优点;但其缺点是容量小,保护特性不稳定。熔断器广泛使用于 35kV 及以下电压等级的装置中,主要用于小功率电力线路、配电变压器等电气设备的保护。在不太重要而又允许较长时间停电的高压线路中,熔断器与隔离开关或负荷开关配合使用可代替价格较高的断路器。

(2)熔断器的文字符号

熔断器的文字符号:FU。

(3)熔断器的图形符号

熔断器的图形符号如图 2-2 所示。

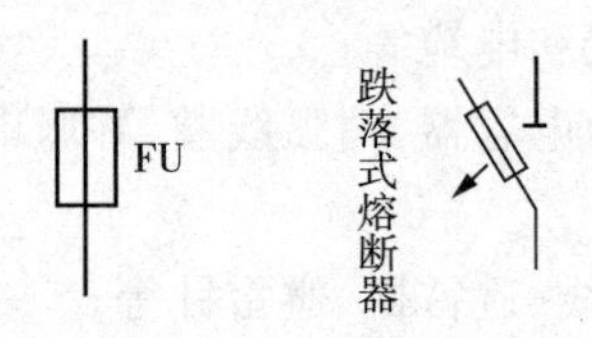

图 2-2　熔断器的图形符号

(4)熔断器的型号

熔断器型号的含义表示如下:

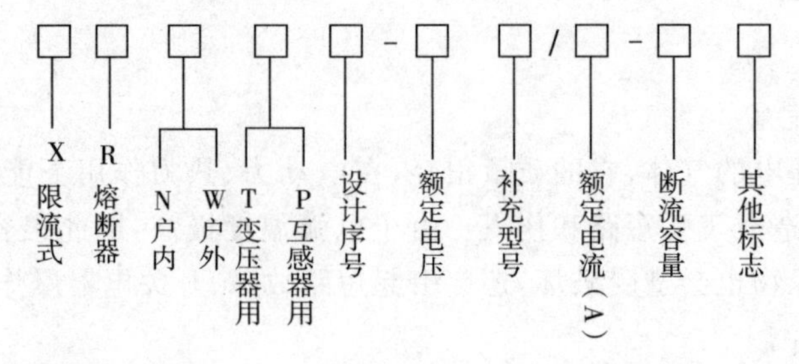

(5)熔断器的结构外形

熔断器的结构外形如图 2-3 所示。

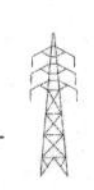

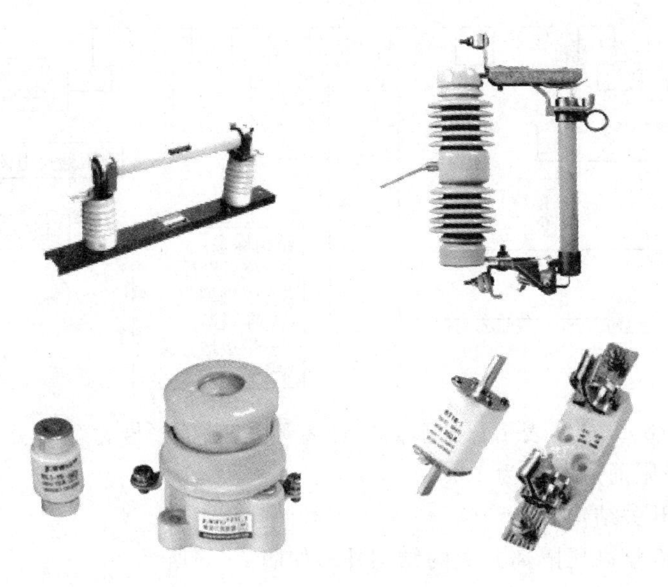

图 2-3　熔断器

2. 高压隔离开关

(1)高压隔离开关的作用

高压隔离开关是一种没有专门的灭弧装置的开关设备,灭弧能力非常弱,因此,不能用来开断负荷电流或短路电流。具有明显可见的断开间隙:隔离开关的触头暴露在空气中,在分闸状态时有暴露在空气中的明显可见的断口,在合闸状态时能可靠地通过负荷电流和短路电流。高压隔离开关的作用是将需要检修的电气设备与带电部分相互隔离,以保障检修工作的安全。

在电路中隔离开关常与断路器串联使用,当电气设备需要停电检修时,先由具有专门灭弧装置的断路器开断电流,然后在无电流的情况下断开隔离开关,从而使需要检修的电气设备与其他带电部分之间有明显可见的断口。

(2)高压隔离开关的文字符号

高压隔离开关的文字符号:QS。

(3)高压隔离开关的图形符号

高压隔离开关的图形符号如图 2-4 所示。

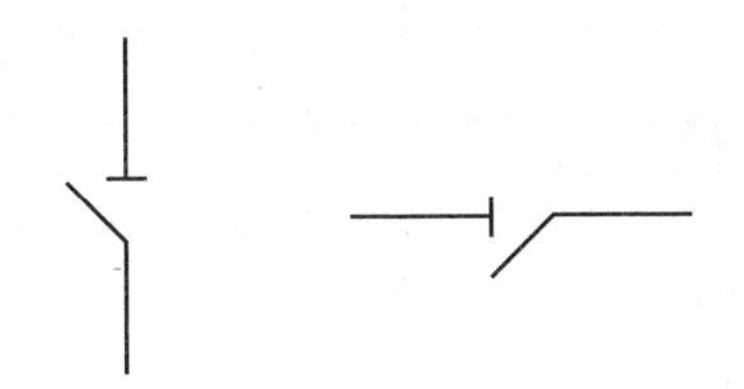

图 2-4　高压隔离开关的图形符号

(4)高压隔离开关的型号

高压隔离开关型号的含义表示如下:

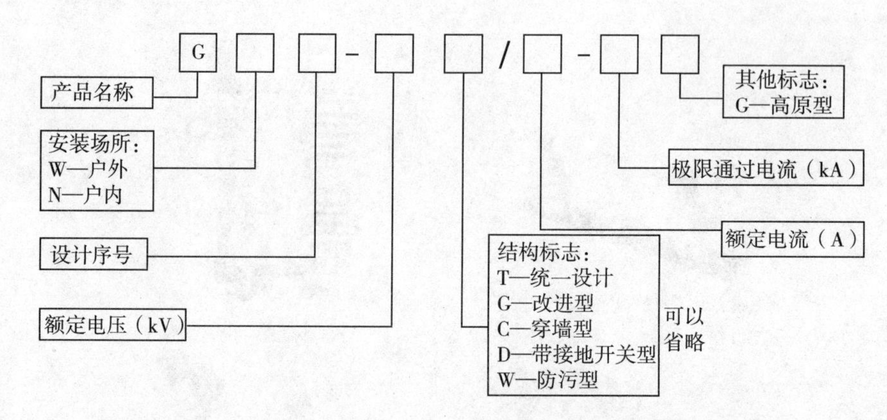

例：GW9－10/800－10，表示户外型高压隔离开关，设计序号为9，额定电压为10kV，额定电流为800A，极限通过电流为10kA。

(5)高压隔离开关结构外形

GN 8－10/600型高压隔离开关的结构外形如图2－5所示。

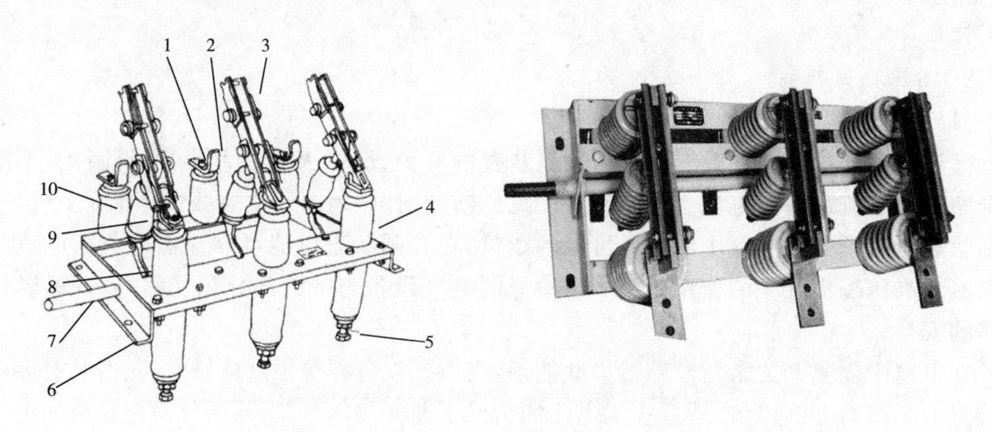

图2－5　GN8－10/600型高压隔离开关

1—上接线端子；2—静触头；3—闸刀；4—套管绝缘子；5—下接线端子；
6—框架；7—转轴；8—拐臂；9—升降绝缘子；10—支柱绝缘子

3. 高压负荷开关

(1)高压负荷开关的作用

高压负荷开关是一种灭弧能力介于隔离开关和断路器之间的简易开关电器。负荷开关与隔离开关的主要不同是负荷开关装有简单的灭弧装置，可以接通和断开电路中的负荷电流。但负荷开关的灭弧能力远不如断路器，不能切断短路电流。

结构特点：隔离开关＋简单的灭弧装置。

(2)高压负荷开关的文字符号

高压负荷开关的文字符号：QL。

(3)高压负荷开关的图形符号

高压负荷开关的图形符号如图2－6所示。

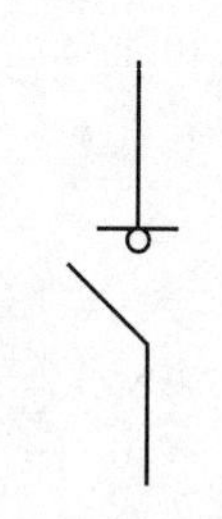

图2－6　高压负荷开关的图形符号

(4)高压负荷开关型号

高压负荷开关型号的含义表示如下：

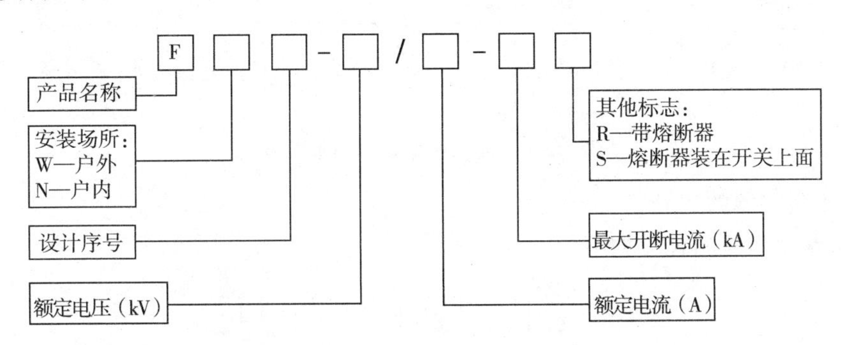

(5)高压负荷开关的结构外形

FN 3 - 10RT 型高压负荷开关的结构外形如图 2 - 7 所示。

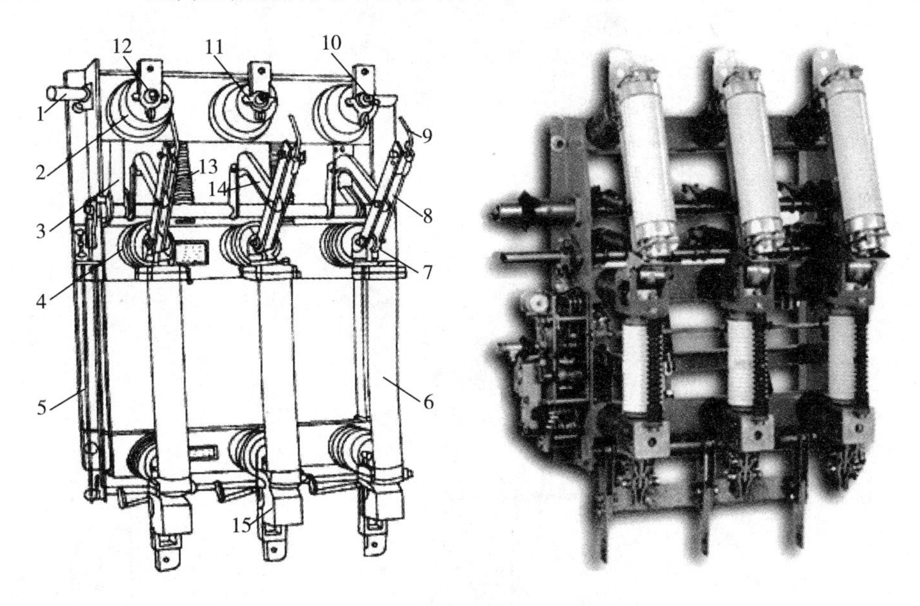

图 2 - 7　FN3 - 10RT 型高压负荷开关

1—主轴；2—上绝缘子兼气缸；3—连杆；4—下绝缘子；5—框架；6—RN1 型高压熔断器；7—下触座；8—闸刀；9—弧动触头；10—绝缘喷嘴(内有弧静触头)；11—主静触头；12—上触座；13—断路弹簧；14—绝缘拉杆；15—热脱扣器

4. 高压断路器

(1)高压断路器的作用

高压断路器的控制作用：根据电网运行的需要，将部分电气设备及线路投入或退出运行。

高压断路器的保护作用：在电气设备或电力线路发生故障时，继电保护或自动装置发出跳闸信号，使断路器断开，将故障设备或线路从电网中迅速切除，确保电网中无故障部分的正常运行。

(2)高压断路器文字符号

高压断路器文字符号：QF。

(3)高压断路器图形符号

高压断路器图形符号如图 2 - 8 所示。

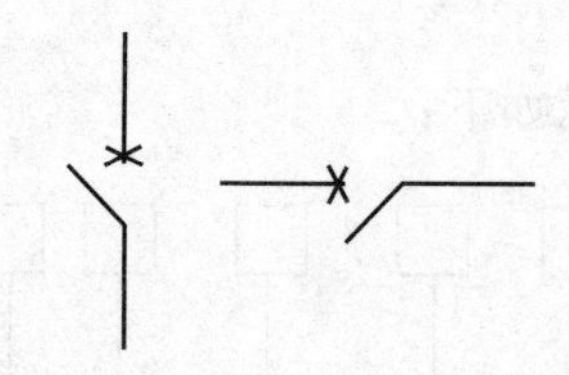

图 2－8　高压断路器的图形符号

(4)高压断路器的型号

高压断路器型号的含义如下：

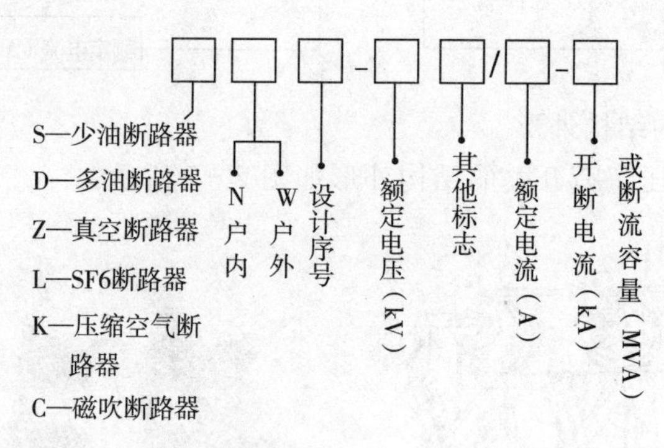

(5)高压断路器的结构外形

高压断路器的外形及结构如图 2－9 所示。

a）真空断路器外形图

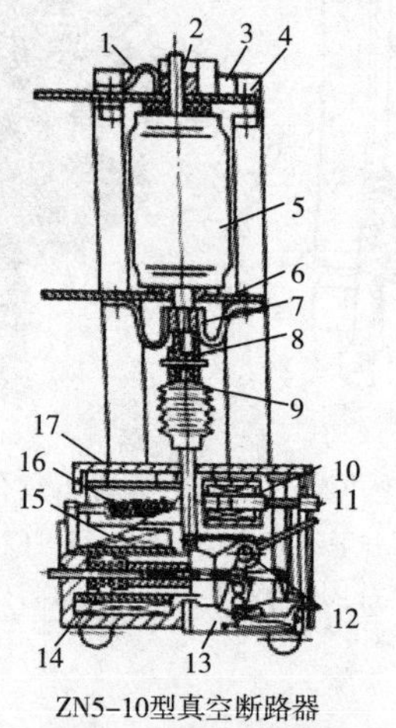

ZN5-10型真空断路器

1—软连接；2—上导电夹；3—绝缘支架；4—上接线板；5—真空灭弧室；6—下接线板；7—下导电夹；8—连接头；9—绝缘子；10—跳闸线圈；11—跳闸按键；12—主轴；13—支座；14—合闸铁心；15—合闸线圈；16—分闸弹簧；17—底座

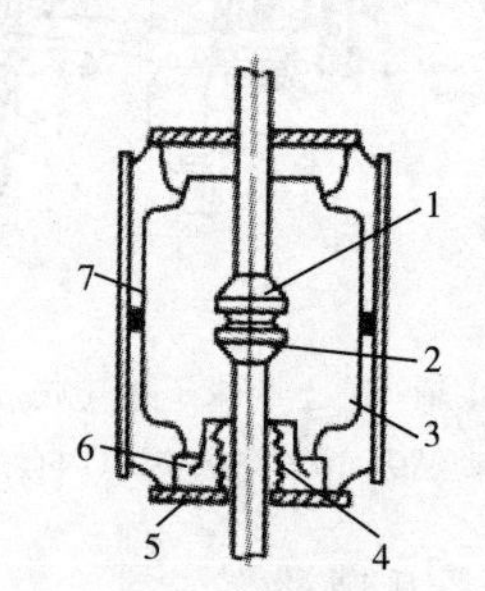

真空灭弧室的结构

1—静触头；2—动触头；3—屏蔽罩；4—按绞管；5—与外壳封镂的金属法兰盘；6—按纹管屏蔽罩；7—外壳

b）真空断路器结构图

图 2－9　真空断路器

高压断路器有 SF6 断路器、少油断路器、真空断路器等类型。SF6 断路器、压缩空气断路器、少油断路器及负荷开关等广泛使用气体吹弧方法灭弧。真空断路器应用真空的高绝缘强度和扩散性能灭弧。

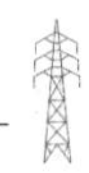

高压断路器在发生故障时，能够在继电保护装置的控制下，自动切断故障电流，因此高压断路器还应配有相应的操作机构以实现自动动作。高压断路器的操作机构有以下几种类型。

① 手动式：以人工手动方式进行分断操作，操作方式简单，但不能提供自动分断操作。

② 电动式：以电磁力作为断路器分断操作的动力，以 CD 表示。

③ 弹簧式：以弹簧力作为断路器分断操作的动力，建筑配电系统常用，以 CT 表示。

④ 液压式：用液压机构提供断路器分断操作的动力。

⑥ 气动式：用压缩空气提供断路器分断操作的动力，如空气断路器。

5. 避雷器

(1)避雷器作用

避雷器是一种能释放雷电或兼能释放电力系统操作过电压能量，保护电工设备免受瞬时过电压危害，能截断续流，不致引起系统接地短路的电器装置。避雷器通常接于带电导线和大地之间，与被保护设备并联。当过电压值达到规定的动作电压时，避雷器立即动作，流过电荷，限制过电压幅值，保护设备绝缘；当电压值正常后，避雷器又迅速恢复原状，保证系统正常供电。

(2)避雷器的文字符号

避雷器的文字符号：FA。

(3)避雷器的图形符号

避雷器的图形符号如图 2－10 所示。

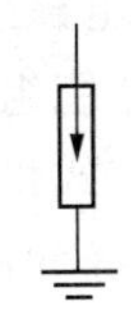

图 2－10　避雷器的图形符号

(4)避雷器型号的含义

避雷器型号的含义如下：

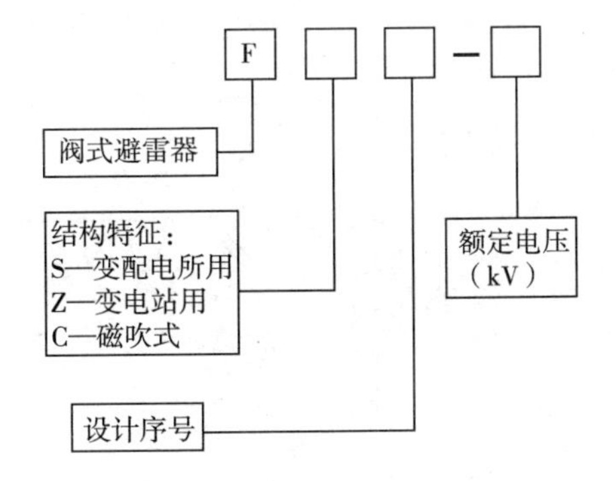

(5)避雷器的结构

FS－10 型避雷器的结构如图 2－11 所示。

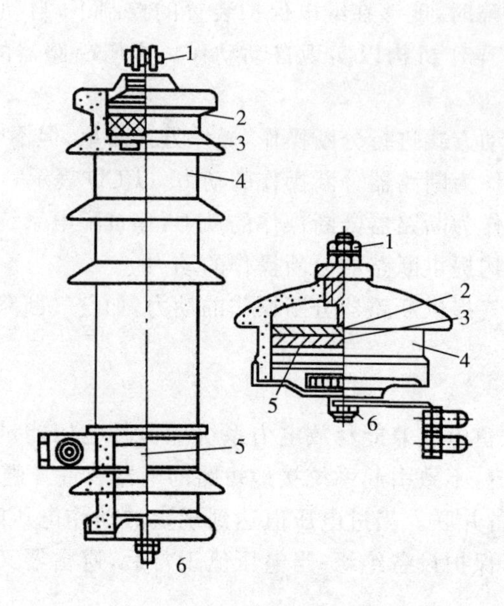

图 2-11　FS4-10 型避雷器的结构

1—上接线；2—火花间隙；3—云母垫圈；4—瓷套管；5—阀片；6—下接线端子

6. 变压器

(1)变压器作用

变压器是一种静止的电气设备，它通过电磁感应的作用，把一种电压的交流电变换成频率相同的另一种电压的交流电。电力变压器绕组的绝缘和冷却方式是影响变压器使用的主要因素。一般按变压器绕组的绝缘和冷却方式将其分为油浸式、干式两种形式。

油浸式变压器：以油为变压器绕组的绝缘和冷却方式，散热较好，性价比适中，但防火、防爆性能较差。

干式变压器：以环氧树脂为变压器绕组的绝缘和冷却方式(用环氧树脂浇注变压器绕组)，散热稍差，价格高，但防火、防爆性能好，在现代建筑中的应用日益增多。

(2)变压器的文字符号

变压器的文字符号：TM。

(3)变压器的图形符号

变压器的图形符号如图 2-12 所示。

图 2-12　变压器图形符号

(4)变压器型号的含义

变压器型号的含义如下：

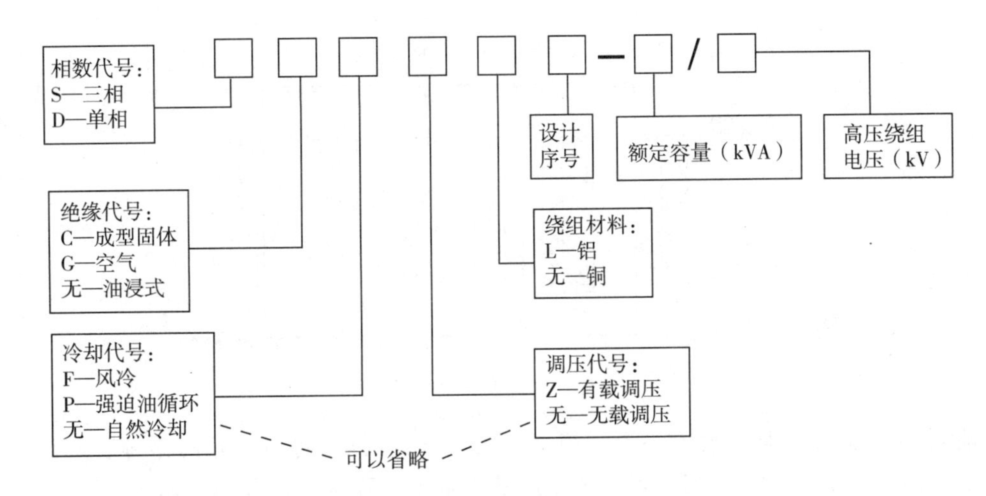

(5)变压器的结构外形

油浸式变压器在电力系统中使用最为广泛，三相油浸式电力变压器的结构外形如图 2-13 所示，其基本结构可分成以下几个部分：铁心、绕组、绝缘套管、油箱及其他附件等。铁心和绕组是变压器的主要部件，合称为器身，器身放在油箱内部。变压器是通过电磁感应实现两个电路之间电压变换的，因此它必须具有电路和磁路两个基本部分。作为电路的是两个或几个匝数不同且彼此绝缘的绕组，作为磁路的是一个闭合铁心。

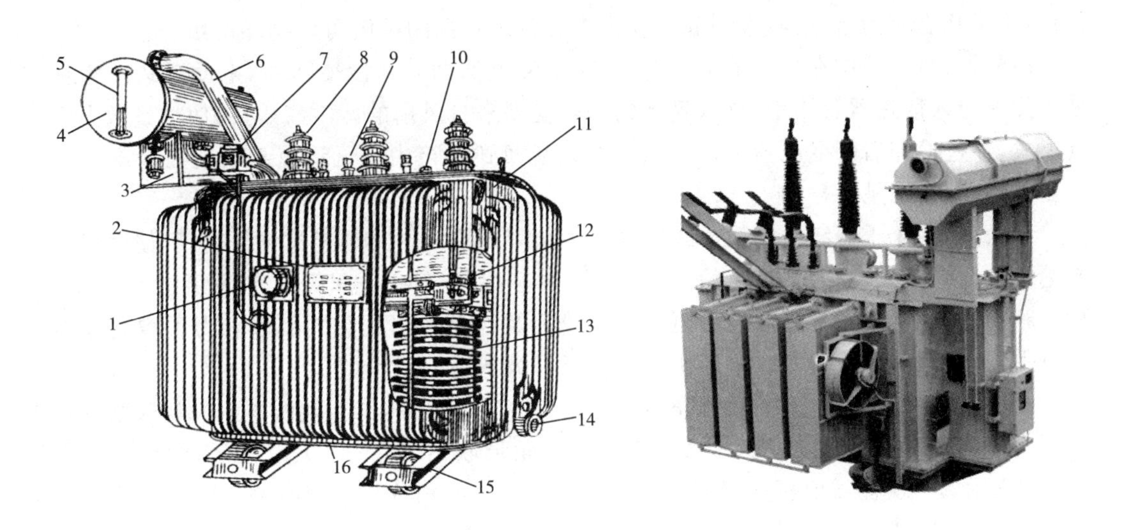

图 2-13　三相油浸式电力变压器的结构外形

1—信号温度计；2—铭牌；3—吸湿器；4—油枕(储油柜)；5—油位指示器(油标)；6—防爆管；7—瓦斯继电器；8—高压套管；9—低压套管；10—分接开关；11—油箱；12—铁心；13—绕组及绝缘；14—放油阀；15—小车；16—接地端子

铁心：是变压器的主磁路。电力变压器的铁心主要采用心式结构，它是将 A、B、C 三相的绕组分别放在三个铁心柱上，三个铁心柱由上下两个铁轭连接起来，构成闭合磁路，如图 2-14所示。

绕组：是变压器的电路部分，它是由铜或铝的绝缘导线绕制而成。为了便于绝缘，低压绕组靠近铁心柱，高压绕组套在低压绕组外面。

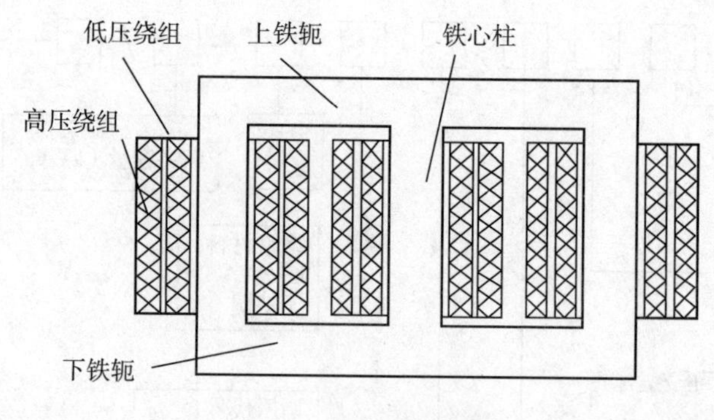

图 2-14　变压器磁路

油箱:油浸式变压器均要有一个油箱。装入变压器油后,将组装好的器身装入其中,以保证变压器正常工作。变压器油可加强变压器内部绝缘强度并可起到散热作用。

储油柜:变压器在运行中,随着油温的变化,油的体积会膨胀、收缩,为了减少油与外界空气的接触面积,减小变压器受潮和氧化的概率,通常在变压器上部安装一个储油柜(俗称油枕)。

呼吸器:随着负荷和气温变化,变压器油温也不断变化,这样油枕内的油位随着整个变压器油的膨胀和收缩而发生变化。为了使潮气不能进入油枕使油劣化,将油枕用一根管子从上部连通到一个内装硅胶的干燥器(俗称呼吸器)中,硅胶对空气中水分具有很强的吸附作用,干燥状态时为蓝色,吸潮饱和后变为粉红色。吸潮的硅胶可以循环使用。

冷却器:直接装配在变压器油箱壁上,对于强迫油循环风冷变压器,电动泵从油箱顶部抽出热油送入散热器管簇中,这些管簇的外表受到来自风扇的冷空气吹拂,使热量散失到空气中去,经过冷却后的变压器油从油箱底部重新回到油箱内。无论电动泵装在冷却器上部还是下部,其作用是一样的。

绝缘套管:变压器绕组的引出线从油箱内部引到箱外时必须经过绝缘套管,使引线与油箱绝缘。绝缘套管一般是陶瓷的,其结构取决于电压等级。1kV 以下采用实心磁套管,10~35kV 采用空心充气或充油式套管,110kV 及以上采用电容式套管。为了增大外表面放电距离,套管外形做成多级伞形裙边。电压等级越高,级数越多。

变压器的标注方法是:一次侧联结方式用大写字母标注,二次侧线电压矢量联结方式用小写字母标注。星形连接用字母“Y、y”表示;三角形联结用字母“D、d”表示;中性点用字母“N、n”表示。一次侧线电压矢量和二次侧线电压矢量的相位关系用时钟的时针与分针关系描述。一次侧线电压矢量为长针,二次侧线电杆矢量为短针。

例如:连接组别 Yyn12,表示变压器一次侧、二次侧为星形连接,中性点由二次侧引出,变压器一、二次侧线电压矢量相位差为 0(对应时钟的 12 点钟的位置)。

7. 互感器

(1)互感器的主要作用

① 电压互感器将高电压变为低电压(100V),电流互感器将大电流变为小电流(5A);

② 使测量二次回路与一次回路高电压和大电流实施电气隔离,以保证测量工作人员和仪表设备的安全;

③ 采用互感器后可使仪表制造标准化,而不用按被测量电压高低和电流大小来设计

仪表。

(2)电流互感器的特性

① 一次绕组串接于一次回路，匝数少、阻抗小，其一次侧电流由负荷电流决定；

② 二次侧所接表计阻抗小；

③ 使用时二次侧严禁开路。

(3)电压互感器的特性

① 一次绕组并接于一次回路，阻抗大，其一次侧电压由母线电压决定；

② 二次侧所接表计阻抗大；

③ 使用时二次侧严禁短路。

(4)互感器文字符号

电压互感器的符号为 TV，电流互感器的符号为 TA。

(5)互感器的图形符号

互感器的图形符号如图 2-15 所示。

图 2-15 互感器的图形符号

(6)互感器型号的含义

互感器型号的含义如下：

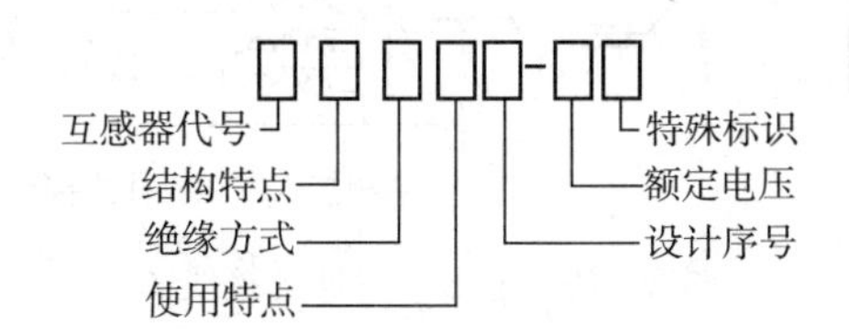

(7)互感器原理图和外形图

互感器原理图如图 2-16 所示，外形图如图 2-17 所示。

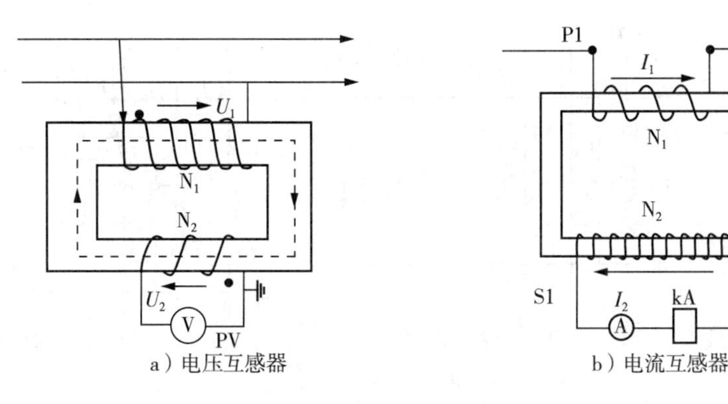

图 2-16 互感器原理图

a）JDZX-10W户外型干式电压互感器

b）LMZ1-0.5型电流互感器

图 2－17　互感器外形图

（8）电压互感器的接线图

电压互感器的接线如图 2－18 所示。

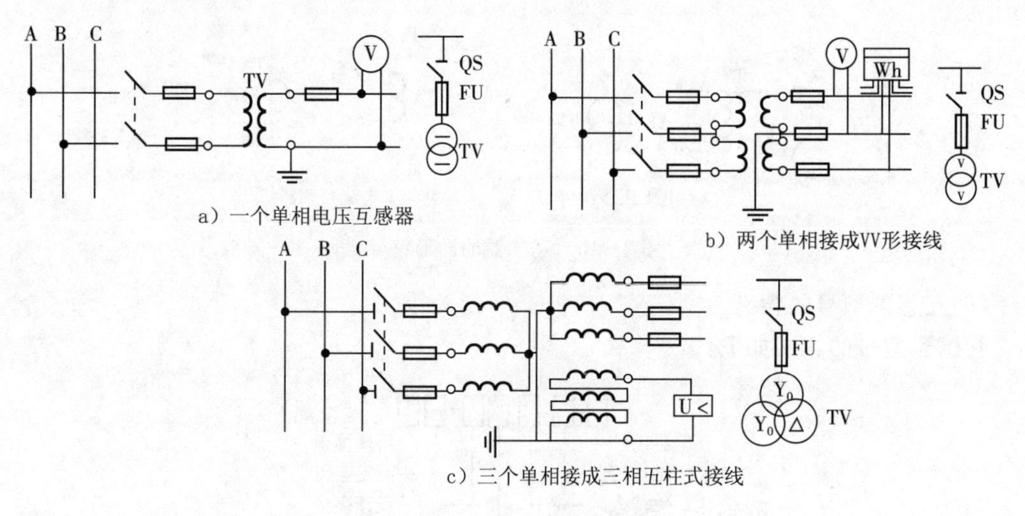

a）一个单相电压互感器

b）两个单相接成VV形接线

c）三个单相接成三相五柱式接线

图 2－18　电压互感器的接线图

（9）电流互感器的接线图

电流互感器的接线如图 2－19 所示。

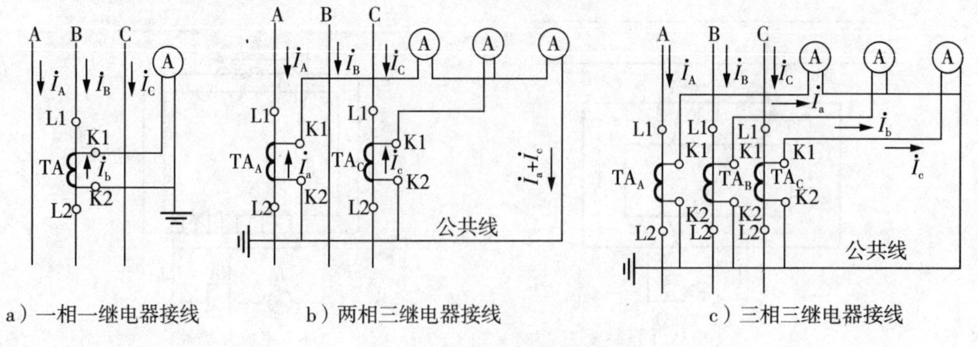

a）一相一继电器接线　　b）两相三继电器接线　　c）三相三继电器接线

图 2－19　电流互感器的接线图

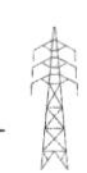

8. 母线

(1)母线的作用

母线(也称汇流排)是汇集和分配电流的裸导体,指发电机、变压器和配电装置等大电流回路的导体,也泛指用于各种电气设备连接的导线。母线分软母线和硬母线。母线的材料有铜、铝和钢三种。

① 铜母线

铜的电阻率低,机械强度高,防腐蚀性能好,是很好的母线材料。但我国铜的储量不多,比较贵重,因此,除在含有腐蚀性气体(如靠近化工厂、海岸等)或有强烈震动的地区应采用铜母线之外,一般都采用铝母线。

② 铝母线

铝的比重只有铜的 30%,电阻率为铜的 1.7～2 倍,所以在长度和电阻相同的情况下,铝母线的重量只有铜母线的一半。而铝的储量较多,价格比铜低廉,总的来说用铝母线比用铜母线经济,因此目前我国在户内和屋外配电装置中都广泛采用铝母线。

③ 钢母线

钢的优点是机械强度高,焊接简便,价格便宜,但钢的电阻率很大,为铜的 7 倍,用于交流时会产生很强的趋肤效应,并造成很大的功率损耗,因此仅用于高压小容量电路,如电压互感器、避雷器回路的引接线以及接地网的连接线等。

(2)母线型号的含义

母线型号的含义如下:

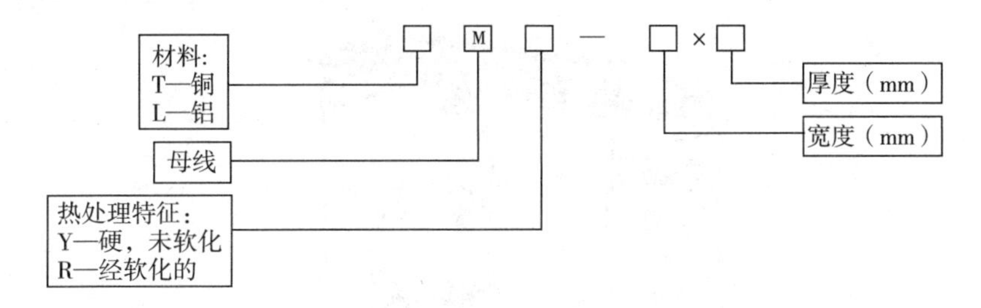

(3)母线的外形

母线的外形如图 2-20 所示。

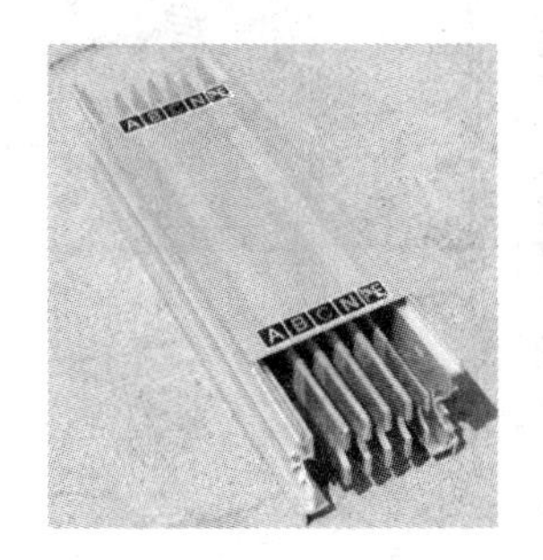

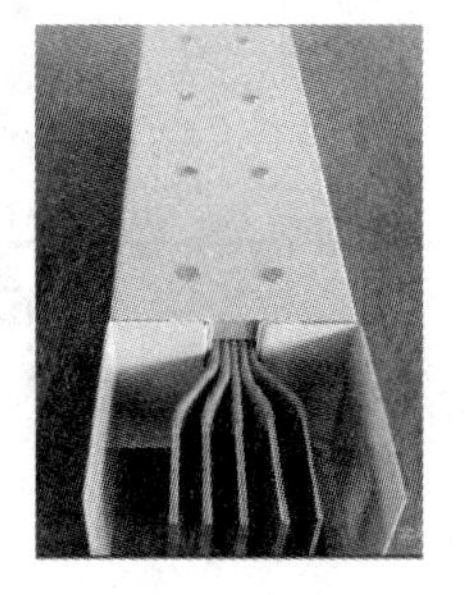

图 2-20　母线的外形

9. 高压开关柜

(1)高压开关柜的作用

高压开关柜是金属封闭开关设备的俗称,是按一定的电路方案将有关电气设备组装在

一个封闭的金属外壳内的成套配电装置。

高压开关柜广泛应用于配电系统，作接受与分配电能之用。它既可根据电网运行需要将一部分电力设备或线路投入或退出运行，也可在电力设备或线路发生故障时将故障部分从电网中快速切除，从而保证电网中无故障部分的正常运行以及设备和运行维修人员的安全，因此，高压开关柜是非常重要的配电设备，其安全、可靠运行对电力系统具有十分重要的意义。

(2)高压开关柜型号的含义

高压开关柜型号的含义如下：

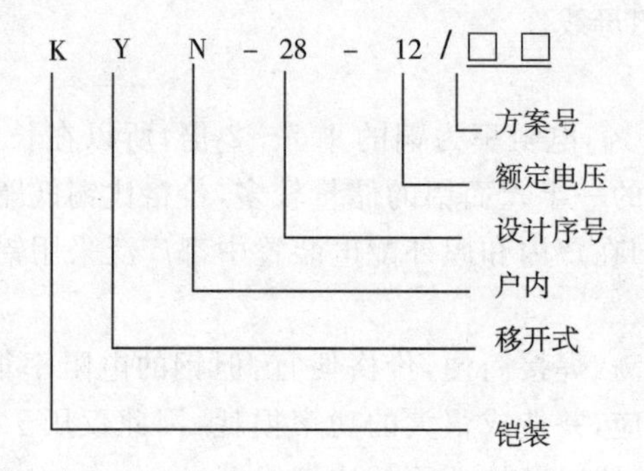

(3)高压开关柜的结构

高压开关柜的结构如图 2-21 所示。

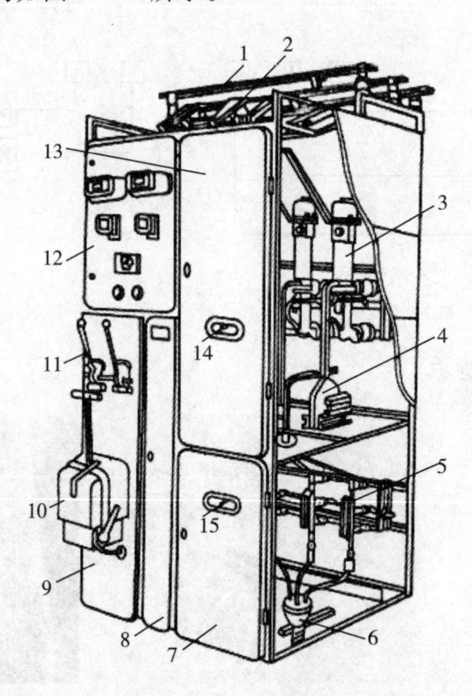

1—母线；2—母线隔离开关；3—少油断路器；4—电流互感器；5—线路侧隔离开关；6—电缆头；7—下检修门；8—端子箱门；9—操作板；10—断路器的手动操动机构；11—隔离开关的操作手柄；12—仪表继电器屏；13—上检修门；14、15—观察窗

图 2-21　高压开关柜结构

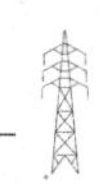

开关柜被隔板分成手车室、母线室、电缆室和继电器仪表室，每一单元均良好接地。

① 母线室

母线室布置在开关柜的背面上部，作安装布置三相高压交流母线及通过支路母线实现与静触头连接之用。全部母线用绝缘套管塑封。在母线穿越开关柜隔板时，用母线套管固定。如果出现内部故障电弧，能限制电弧蔓延到邻柜，并能保障母线的机械强度。

② 手车(断路器)室

断路器室内安装有特定的导轨，供断路器手车在室内滑行与工作。手车能在工作位置与试验位置之间移动。静触头的隔板(活门)安装在手车室的后壁上。手车从试验位置移动到工作位置过程中，隔板自动打开，反方向移动手车则完全复合，从而保障了操作人员不触及带电体。

③ 电缆室

电缆室内安装有电流互感器、接地开关、避雷器(过电压保护器)以及电缆等设备，并在其底部配制开缝的可卸铝板，以确保现场施工的方便。

④ 继电器仪表室

继电器室的面板上，安装有微机保护装置、操作把手、仪表、状态指示灯(或状态显示器)等；继电器室内，安装有端子排、微机保护控制回路直流电源开关、微机保护工作直流电源、储能电机工作电源开关(直流或交流)，以及特殊要求的二次设备。

⑤ 防止凝露和腐蚀的措施

为了防止在湿度变化较大的气候环境中产生凝露而带来危险，在断路器室和电缆室内分别装设加热器，以便在上述环境中安全运行和防止开关柜柜体被腐蚀。

⑥ 高压开关柜“五防”

防止误分合断路器——断路器手车必须处于工作位置或试验位置时，断路器才能进行合分闸操作。

防止带负荷移动断路器手车——断路器手车只有在断路器处于分闸状态下才能进行拉出或推入工作位置的操作。

防止带电合接地刀——断路器手车必须处于试验位置时，接地刀才能进行合闸操作。

防止带接地刀送电——接地刀必须处于分闸位置时，断路器手车才能推入工作位置进行合闸操作。

防止误入带电间隔——断路器手车必须处于试验位置，接地刀处于合闸状态时，才能打开后门；没有接地刀的开关柜必须在高压停电后(打开后门电磁锁)，才能打开后门。

思考题与习题

1. 高压设备有哪些？
2. 电压互感器和电路互感器作用是什么？
3. 断路器的作用是什么？断路器有哪几种？
4. 高压开关柜里有哪些设备？

任务二　变配电所的一次系统图

【学习目标】

掌握一次系统图的识图方法。

任务引入

对电气工程专业的学生而言,开关柜是常见装置之一。开关柜里都有些什么样的设备?电流如何走向?学习了一次图后,可以理清电流走向与一次设备。所以一次系统图是从电源到负荷的电流走向的图形。

相关知识

一、供配电系统

电能用户接受从电力系统送来的电能,需要有一个内部的供配电系统。

图 2-22 是具有两级变压所的用户供配电系统。一些大型用户须经过两次降压,设总降压变电所,把 35～220kV 电压降为 6～10kV 电压,向各楼宇或车间变电所供电;楼宇或车间变电所经配电变压器再把 6～10kV 电压降为一般低压用电设备所需的电压(通常为 380/220V),向低压用电设备供电。

图 2-23 是高压深入负荷中心的电能用户供电系统。只经一次降压,即 35kV 线路直接引入靠近负荷中心的车间变电所,经车间变电所的配电变压器直接降为低压用电设备所需的电压。这供电方式,称为高压深入负荷中心的直配方式。

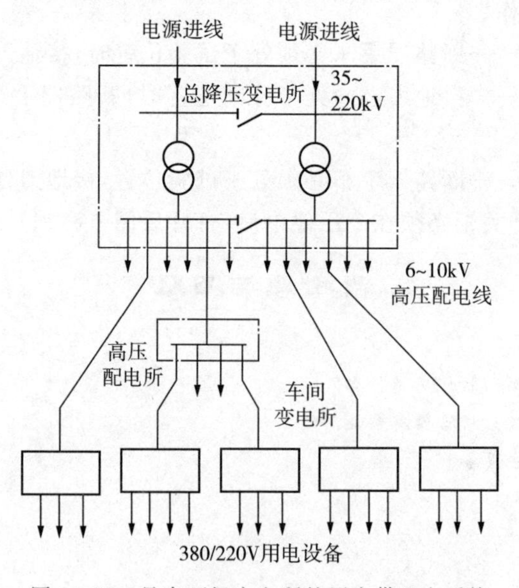

图 2-22　具有两级变电所的用户供配电系统

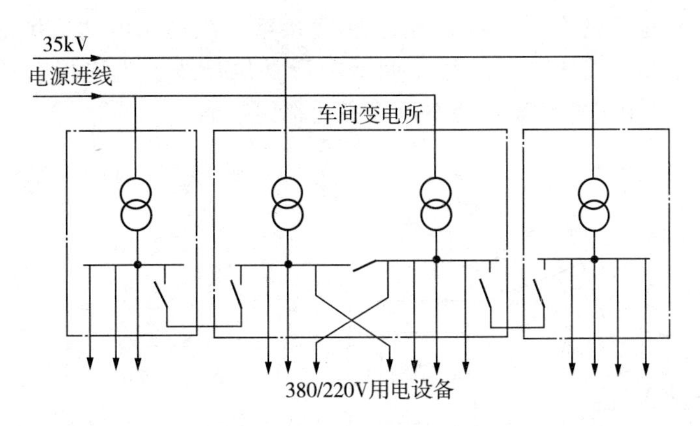

图 2－23　高压深入负荷中心的电能用户供配电系统

图 2－24 为仅有一级变电所的电能用户系统图，图 2－25 是与之对应的电能用户供电系统的平面布线示意图。该厂的高压配电所有 2 条 6～10kV 的电源进线，分别接在高压配电所的两段母线上。这两段母线间装有一个分段隔离开关，形成所谓“单母线分段制”。当任一条电源进线发生故障或进行正常检修而被断开后，可以利用分段隔离开关来恢复对整个配电所的供电，即分段隔离开关闭合后由另一条电源进线供电给整个配电所。这类接线的配电所通常的运行方式是分段隔离开关闭合，整个配电所由一条工作电源进线供电，而另一条电源进线作为备用。

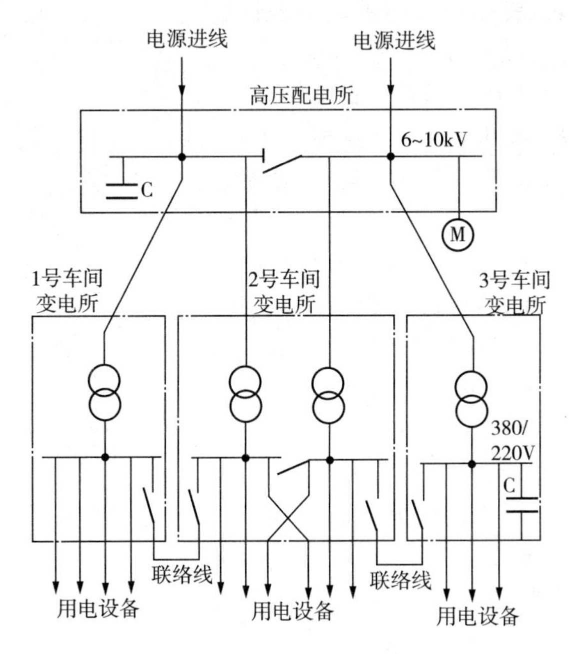

图 2－24　仅有一级变电所的电能用户系统图

这个高压配电所有 4 条高压配电线，供电给 3 个车间变电所，其中 1 号车间变电所和 3 号车间变电所都只装有 1 台配电变压器，而 2 号车间变电所装有 2 台配电变压器，并分别由两段母线供电，其低压侧又采用单母线分段制，因此对重要的用电设备可由两段母线交叉供电。车间变电所的低压侧，设有低压联络线相互连接，以提高供电系统运行的可靠性和灵活性。此外，该高压配电所还有一条高压配电线，直接给一组高压电动机供电；另有一条高压线，直接与一组并联电容器相连。3 号车间变电所低压母线上也连接有一组并联电容器。这些并联电容器都是用来补偿无功功率以提高功率因数的。

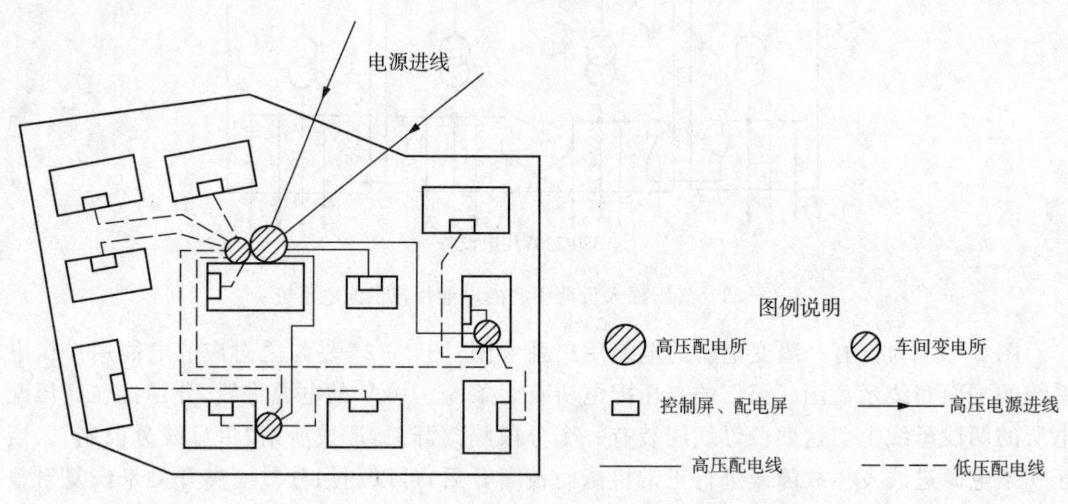

图 2-25 电能用户供电系统的平面布线示意图

二、变配电所的基本接线

确定变电所主接线，要综合考虑供电可靠性和运行的灵活性、安全性及经济性等基本要求。

如图 2-26 所示，该主接线只有一台变压器，可供二、三级负荷使用。其中，QS1 为隔离开关；FA 为避雷器；TA1 为电流互感器；QF1 为断路器。

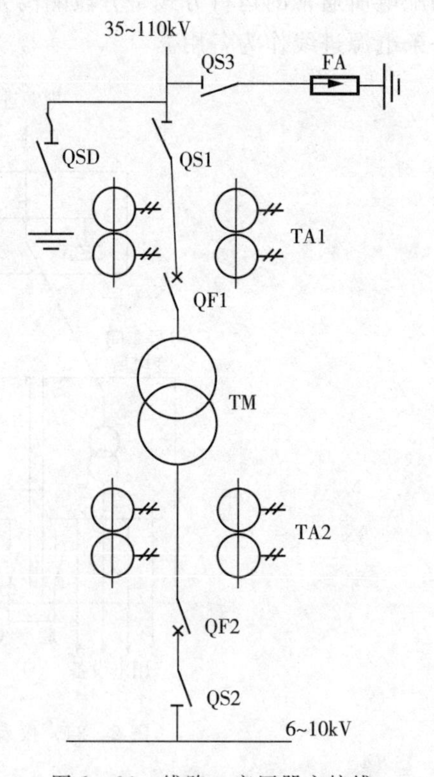

图 2-26 线路一变压器主接线

如图 2-27 所示，每条引入线和引出线的电路中都装有断路器和隔离开关，电源和引出线均与一根母线相连接。该接线电路简单、设备少、费用低、可靠性与灵活性差。这种接线方式适用于二、三级负荷用户。

图 2-28 是双母线接线。Ⅰ为工作母线，Ⅱ为备用母线，任一电源进线回路或负荷引出线都经一个断路器和两个母线隔离开关接于双母线上，两个母线通过母线断路器 QFL 及其隔离开关相连接。其工作方式可有两组母线分列运行和两组母线并列运行。由于双母线两组互为备用，大大提高了供电的可靠性和灵活性。双母线接线一般用在对供电可靠性要求很高的一级负荷中，如大型工业企业总降压变电所的 35～110kV 的系统、有重要高压负荷或有自备发电厂的 6～10kV 系统。

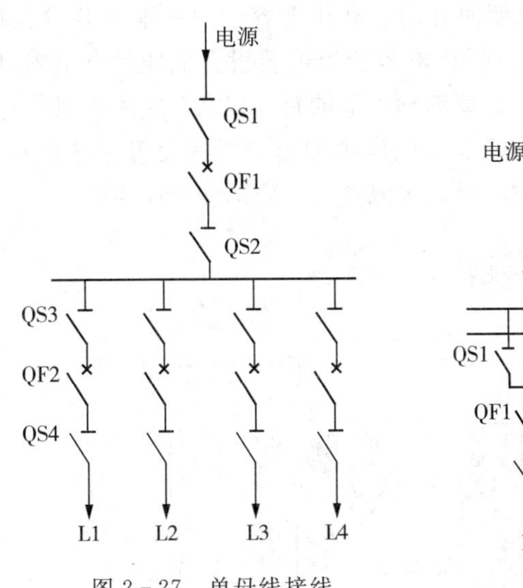

图 2－27　单母线接线

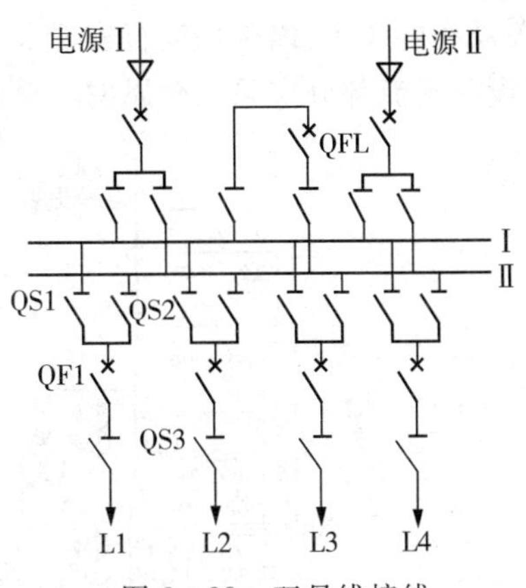

图 2－28　双母线接线

图 2－29 是变配电所典型主接线图，采用两路独立电源供电，2 号变电所两台由变压器供电，高压配电所共设有 12 面高压开关柜（No. 101～No. 112）、2 路电源进线（WLl～WL2）和 6 路高压出线。各个设备和导线电缆的型号规格均已标注于图中。一路是架空线路 WL1，另一路是电缆线路 WL2，最常见的进线方案是一路电源来自电力系统，作为正常工作电源，而另一路电源则来自附近的高压备用电源联络线。电力用户处电能计量点的计费电度表，设置专用的互感器。高压电流互感器均有两个绕组，其中一组接测量仪表，另外一组接继电保护装置。高压各段母线上都装了避雷器，避雷器与电压互感器装在同一个高压柜中，通用一组高压隔离开关。高压并联电容对整个配电所的无功功率进行了补偿。2 号车间变电所低压侧有 7 面低压配电柜和 20 路低压出线。低压侧采用单母线隔离开关分段，两台变压器一般采用分列运行，即低压分段开关正常是处于断开位置。

图 2－30 是 35/10kV 室内变电所主接线。采用双电源进线，两台主变压器，高低压的母线都是断路器分段。配电设备都采用 KYN 系列室内金属铠装移开式配电装置，35kV 侧采用 12 面配电柜，10kV 侧采用 20 面配电柜、11 面出线柜，其中两台为备用。35kV、10kV 各有一台所用变压器。

图 2－31 是 35/10kV 户外无人值班变电所主接线。采用两台有载调压型变压器。进线回路有 2 条，出线有 6 路。设有一台所用变压器。35kV 高压母线上接有避雷器，10kV 每一路出线上都接有避雷器。在 10kV 侧有并联电容器补偿装置。

三、变配电所平面图

有人值班的变配电所，一般应设单独的值班室，值班室应尽量靠近高、低压配电室，且有门直通。如值班室靠近高压配电室有困难时，则值班室可经走廊与高压配电室相通。值班室亦可与低压配电室合并，但在放置值班工作桌的一面或一端时，低压配电装置到墙的距离不应小于 3m。条件许可时，可单设工具材料室或维修室。昼夜值班的变配电所，宜设休息室。电力变压器室和电容器室应避免西晒，控制室和值班室应尽量朝南。控制室、值班室及辅助房间的位置应便于值班人员的工作管理。值班室的门应朝外开。高、低压配电室和电容器室的门应朝值班室开或朝外开。油量为 100kg 及以上的变压器应装设在单独的变压器室内，变压器室

的大门应朝马路开;在炎热地区,应避免朝西开门。高压电容器组一般应装设在单独的房间内,但数量较少时,可装在高压配电室内。低压电容器组可装设在低压配电室内,但数量较多时,宜装设在单独的房间内。所有带电部分离墙和离地的尺寸以及各室维护操作通道的宽度,均应符合有关规程的要求,以确保运行安全。变电所内配电装置的设置应符合人身安全和防火要求,电气设备载流部分应采用金属网或金属板隔离出一定的安全距离。

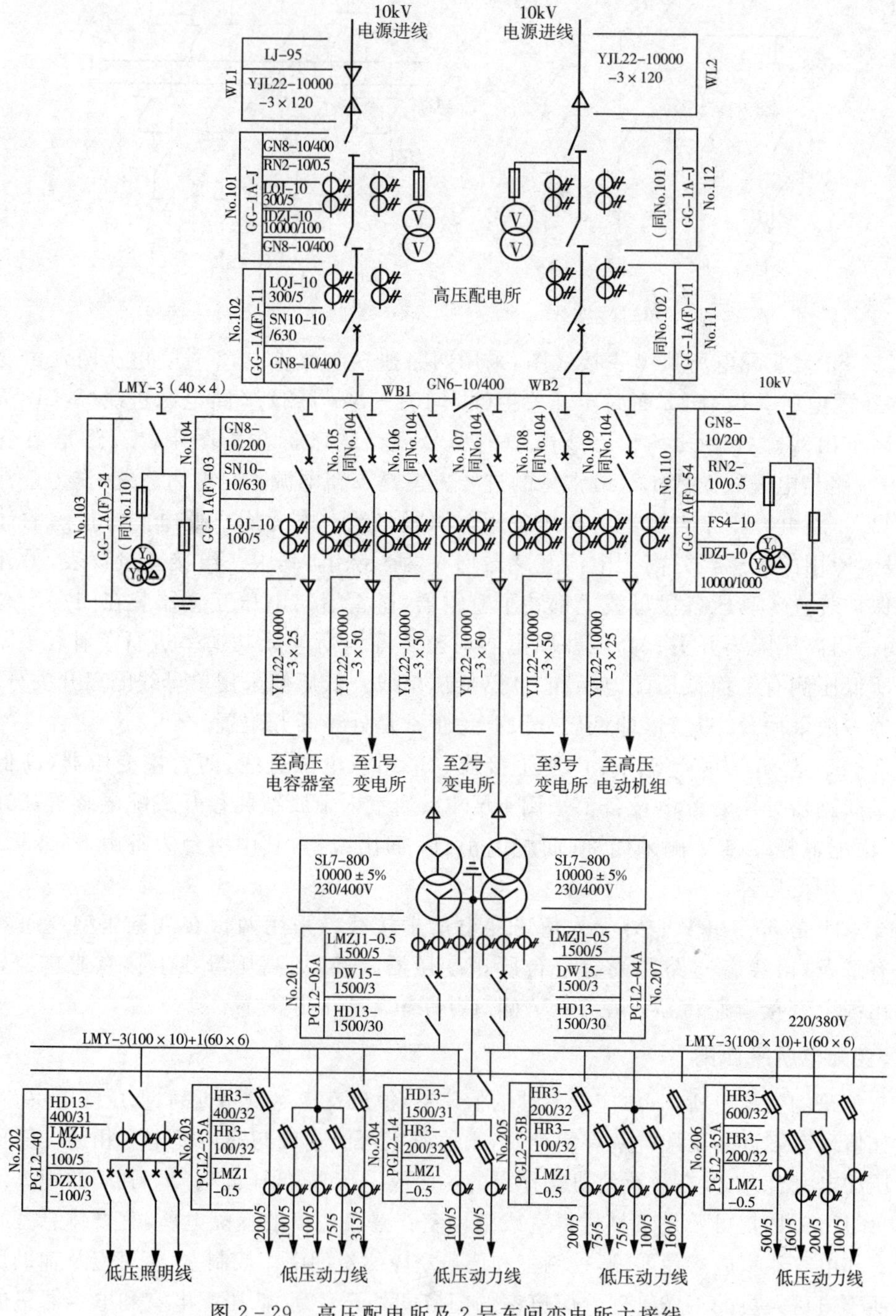

图 2-29　高压配电所及 2 号车间变电所主接线

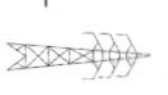

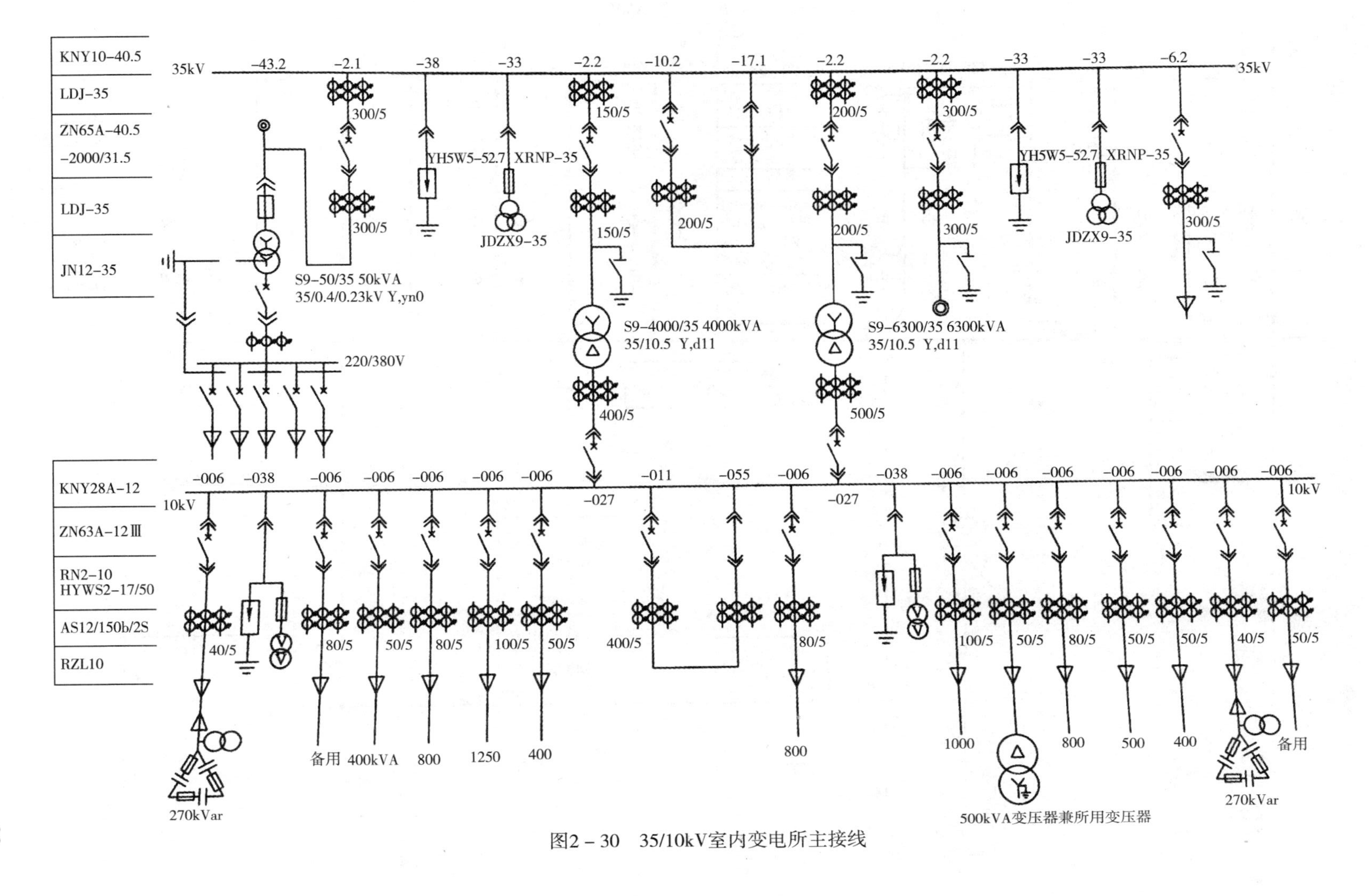

图2－30 35/10kV室内变电所主接线

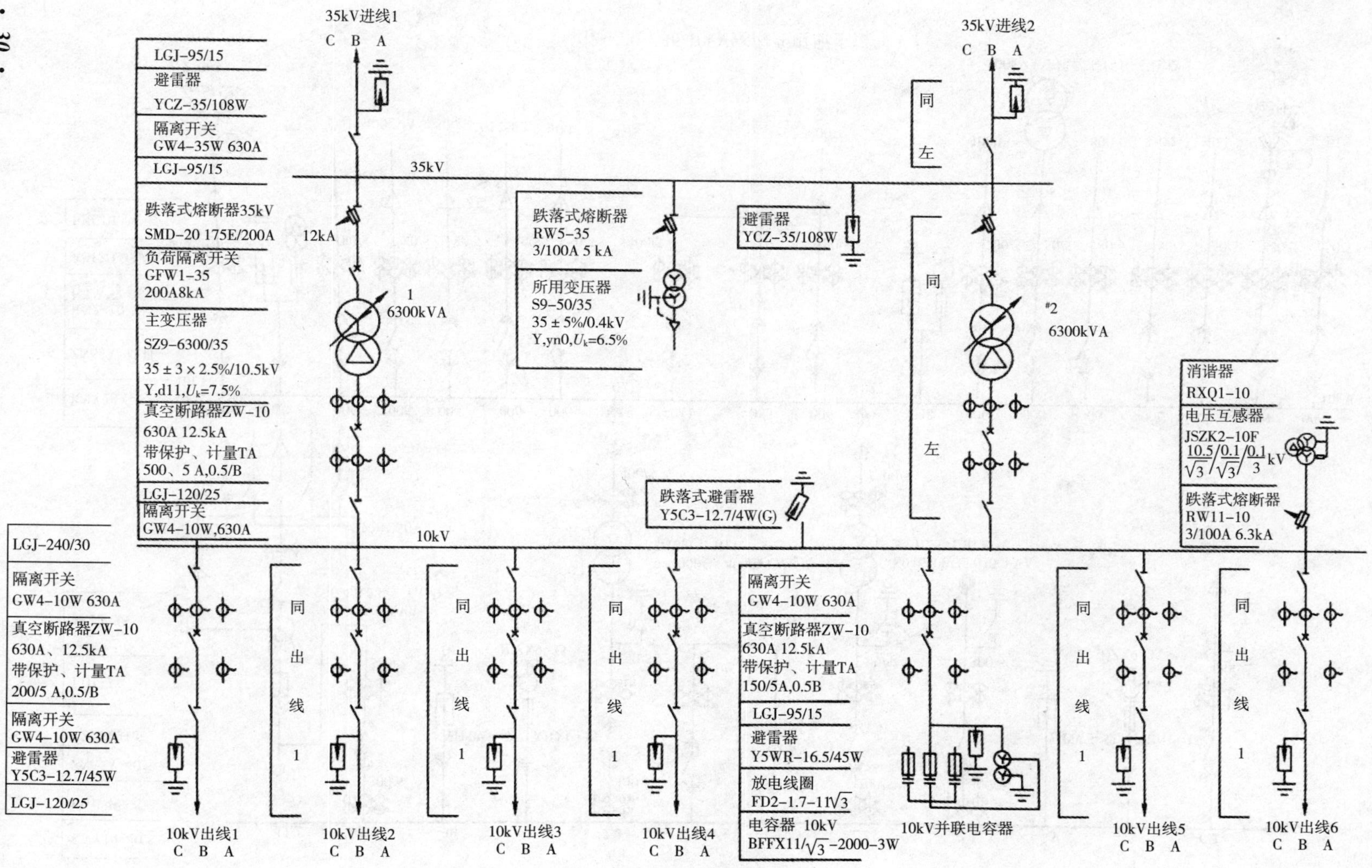

图2－31 35/10kV户外无人值班变电所主接线

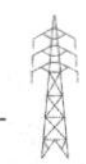

(1)图 2 - 32 是变电所的平面图和剖面图。

① 高压配电室有 12 面开关柜,双列布置。中间操作通道宽最小为 2 米,留有余地,以增设柜子之用。

② 低压配电室有 7 面开关柜,单列布置。柜后的维修通道宽 1.2 米,留有余地,以增设柜子之用。

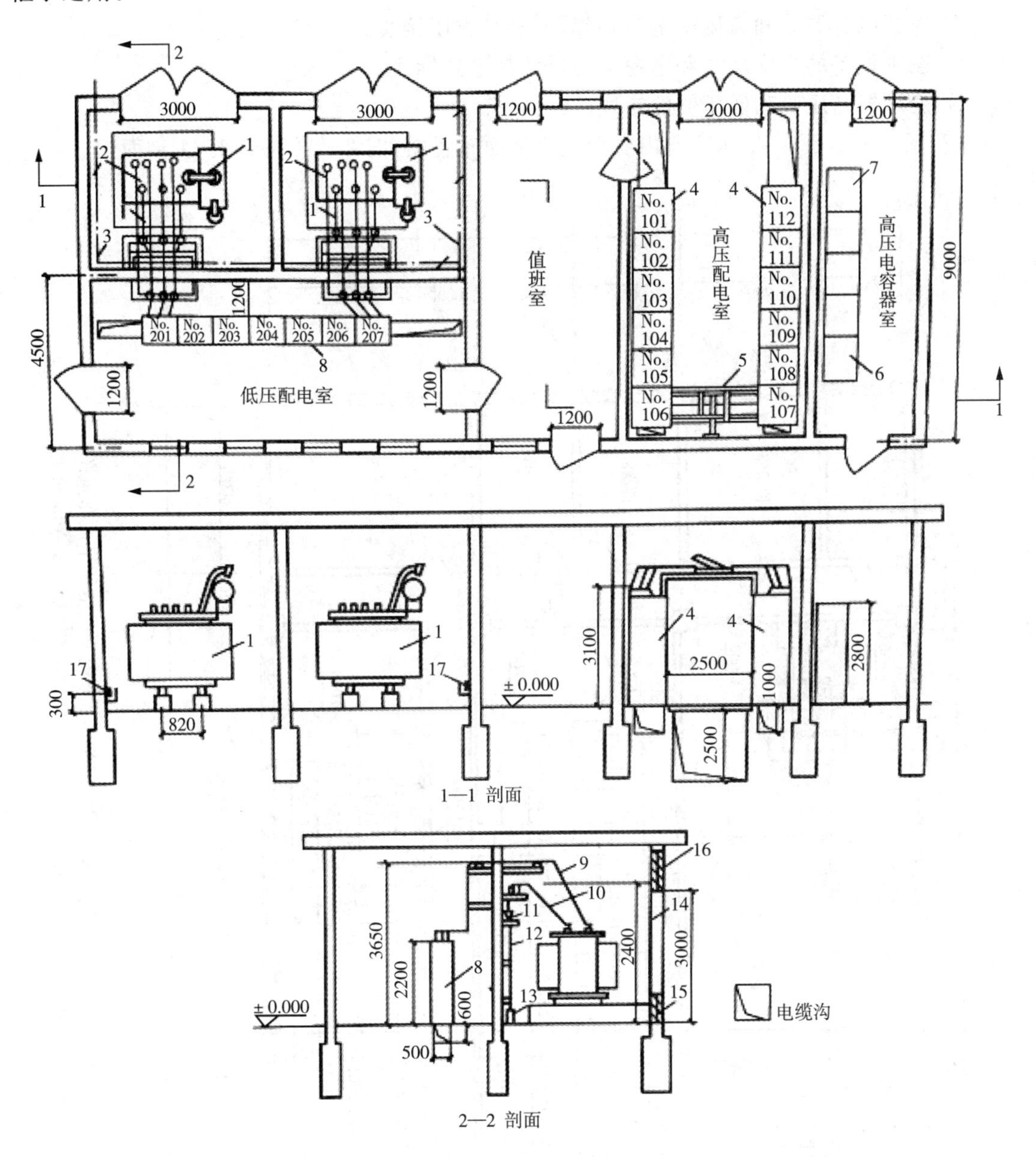

图 2 - 32　变配电所平、剖面图

1—SL7 - 800/10 型变压器;2—PEN 线;3—接地线;4—GG - 1A(F)型高压开关柜;5—GN6 型高压隔离开关;6—GR - 1 型高压电容器柜;7—GR - 1 型高压电容器的放电互感器柜;8—PGL2 型低压配电屏;9—低压母线及支架;10—高压母线及支架;11—电缆头;12—电缆;13—电缆保护管;14—大门;15—进风口(百叶窗);16—出风口(百叶窗);17—接地线及其固定钩(TS)

③ 变压器室的尺寸按所装设变压器的容量增大一级来考虑，以适应变电所在负荷增长时改换大一级容量变压器的要求。

④ 值班室紧靠高、低压配电室，而且有门直通，方便运行和维护。

⑤ 所有的门都应按要求开设，保证运行安全。

⑥ 高、低压配电室和变压器室的进线和出线都很方便。

⑦ 高压电容器室和高压配电室相邻，安全又方便接线。

⑧ 图中设备的高度尺寸和电缆沟的尺寸都已经标注。

⑨ 变压器高压侧和低压侧的走线已经画出。

(2)图 2－33 是 35/10kV 室内变配电所平面布置图，图 2－34 是其 1—1 剖面图。

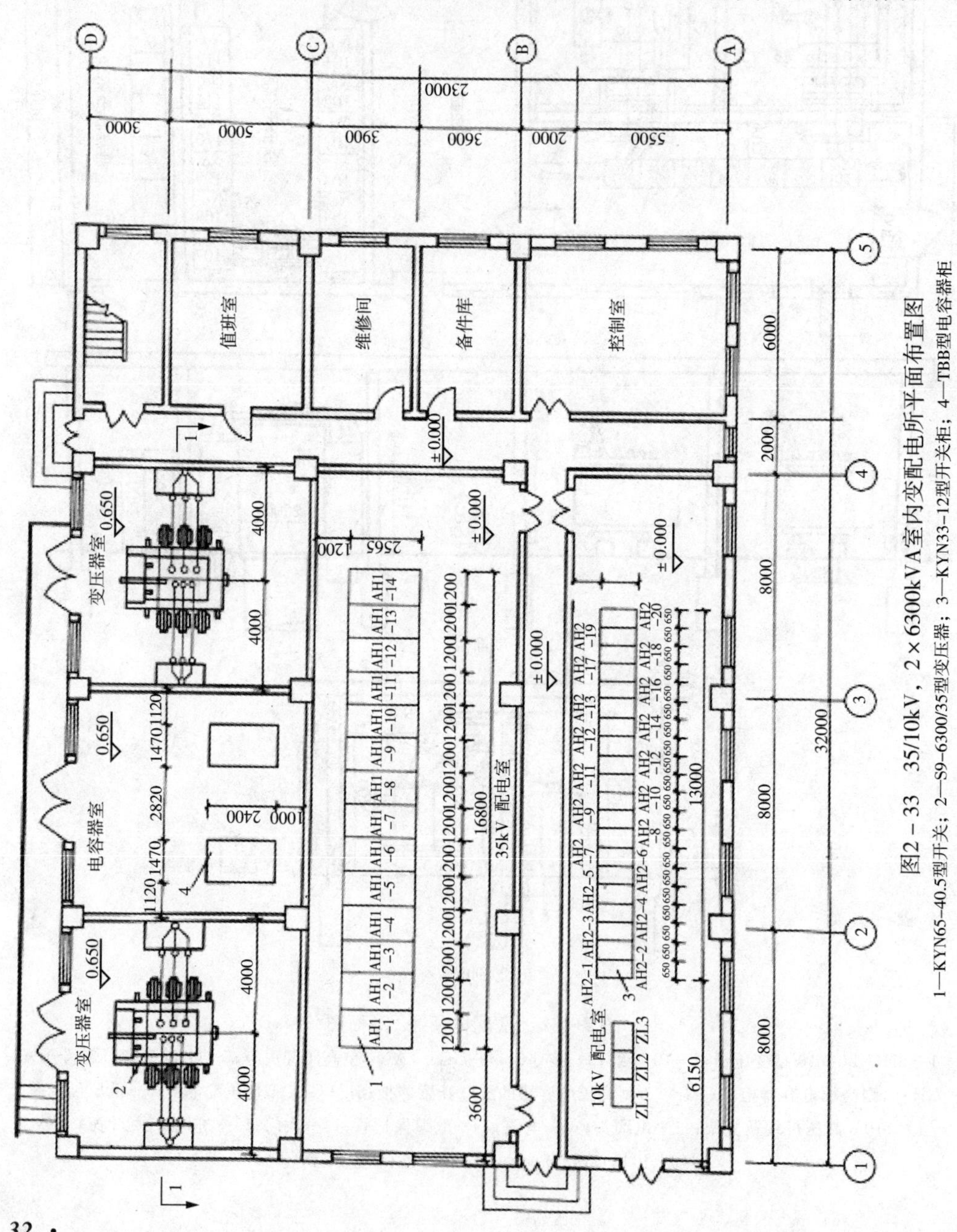

图2－33 35/10kV，2×6300kVA室内变配电所平面布置图

1—KYN65-40.5型开关；2—S9-6300/35型变压器；3—KYN33-12型开关柜；4—TBB型电容器柜

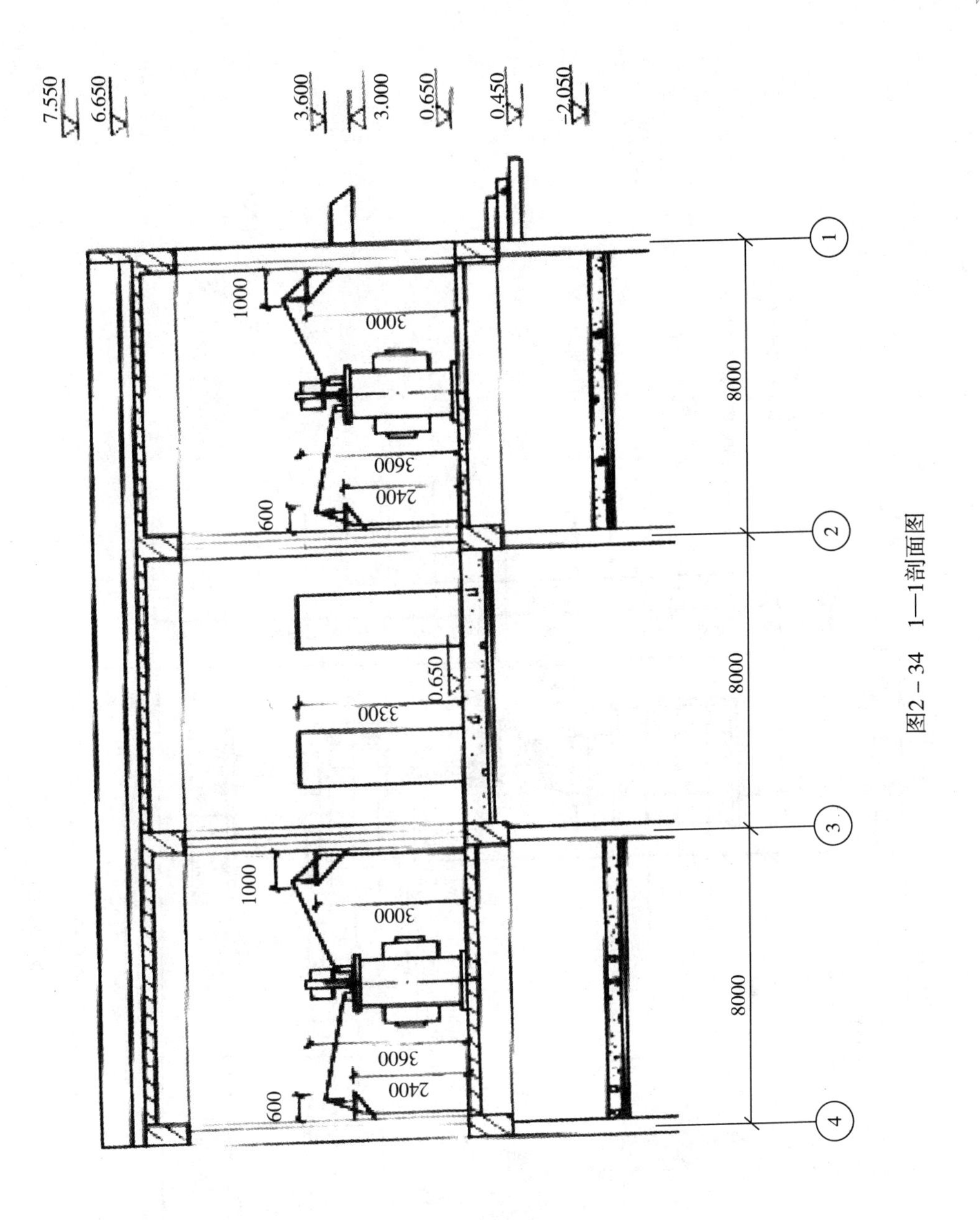

图2－34　1—1剖面图

① 35kV 配电室有 14 面开关柜，型号是 KYN65－40.5。

② 10kV 配电室有 20 面开关柜，型号是 KYN33－12，还有 3 面直流二次屏。

③ 高压电容器室有 2 面 TBB 型的电容柜。

④ 图中设备的定位，还有维修通道、标高及设备高度尺寸都已经标注。

(3)图 2－35 是 35/10kV 室外无人值班变配电所的电气总平面图。

① 图 2－36 为其 35kV 进线断面图。设备高度、设备与设备之间间隔距离、设备材料及其型号和数量等均已经标注。

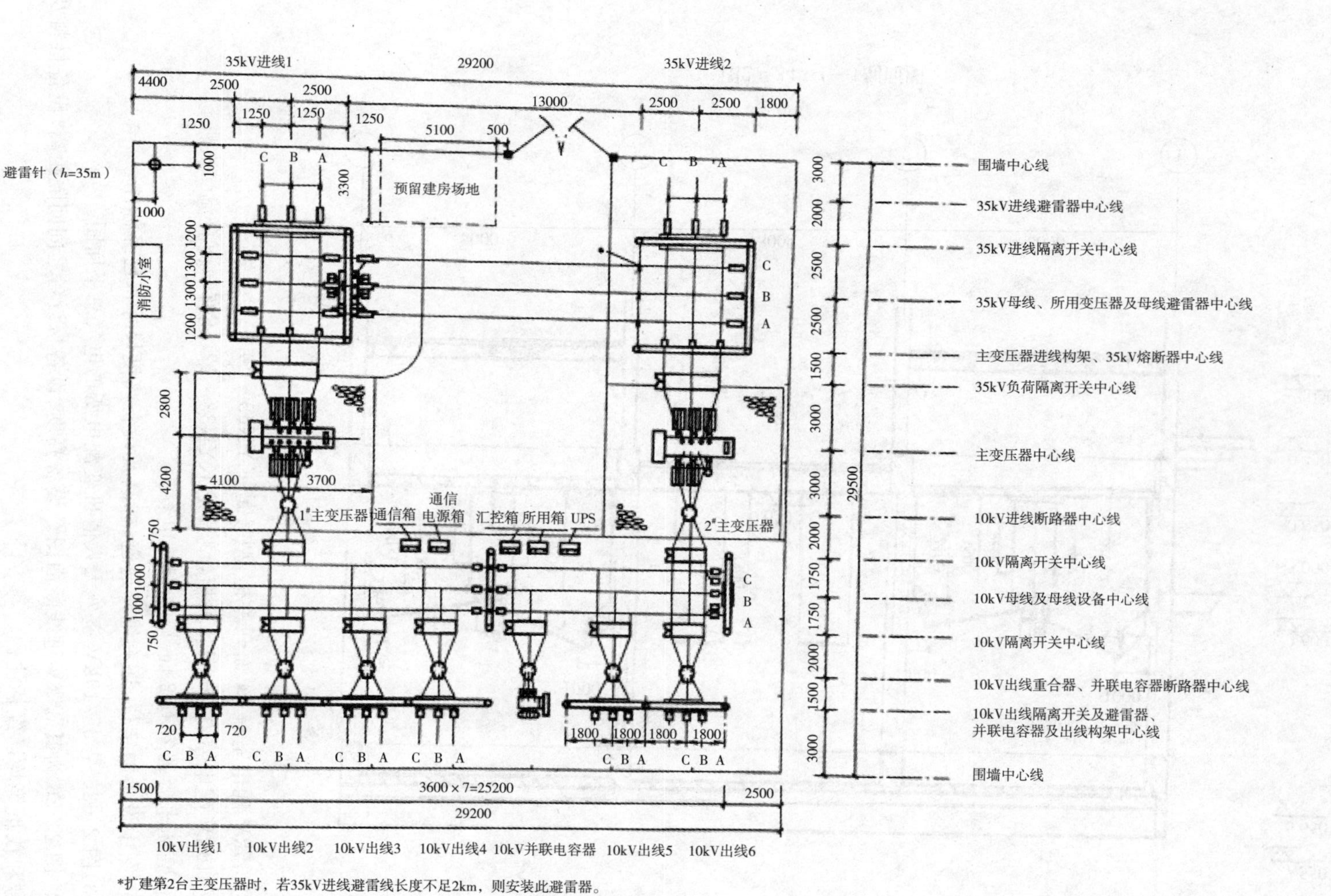

图2－35　35/10kV室外无人值班变配电所电气总平面图

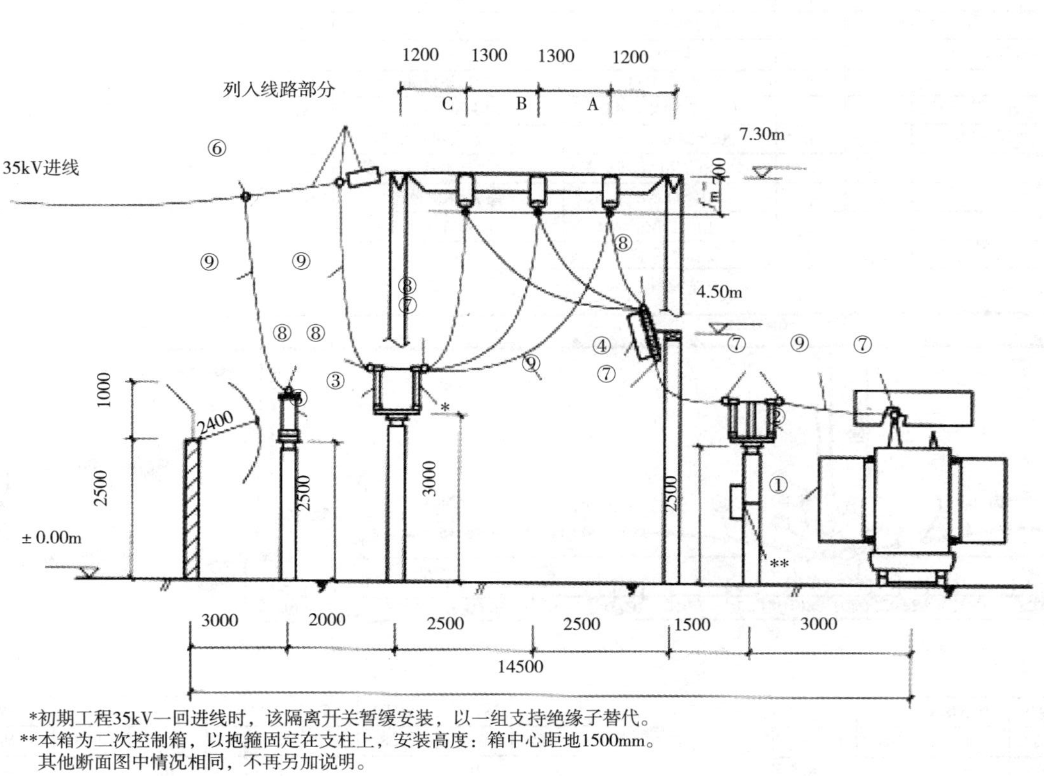

材料表

编号	名称	型号及规范	单位	数量
①	主变压器	SZ9-6300/35 35±3×2.5%/10.5kV	台	1
②	负荷隔离开关	GFW1-35 200A	组	1
③	隔离开关	GW4-35W 630A	组	1
④	跌落式熔断器	SMD-20 200A	组	1
⑤	氧化锌避雷器	YCZ-35/108W	支	3
⑥	T形线夹	TL-22	套	3
⑦	0° 铜铝过渡设备线夹	SLG-2A	套	14
⑧	30° 铜铝过渡设备线夹	SLG-2B	套	10
⑨	钢芯铝绞线	LGJ-95/15	m	60

*初期工程35kV一回进线时，该隔离开关暂缓安装，以一组支持绝缘子替代。
**本箱为二次控制箱，以抱箍固定在支柱上，安装高度：箱中心距地1500mm。
其他断面图中情况相同，不再另加说明。

图2－36　35kV进线断面图

② 图 2 - 37 为其 10kV 母线及其所用变压器断面图。设备高度、设备材料及其型号如数量等均已经标注。

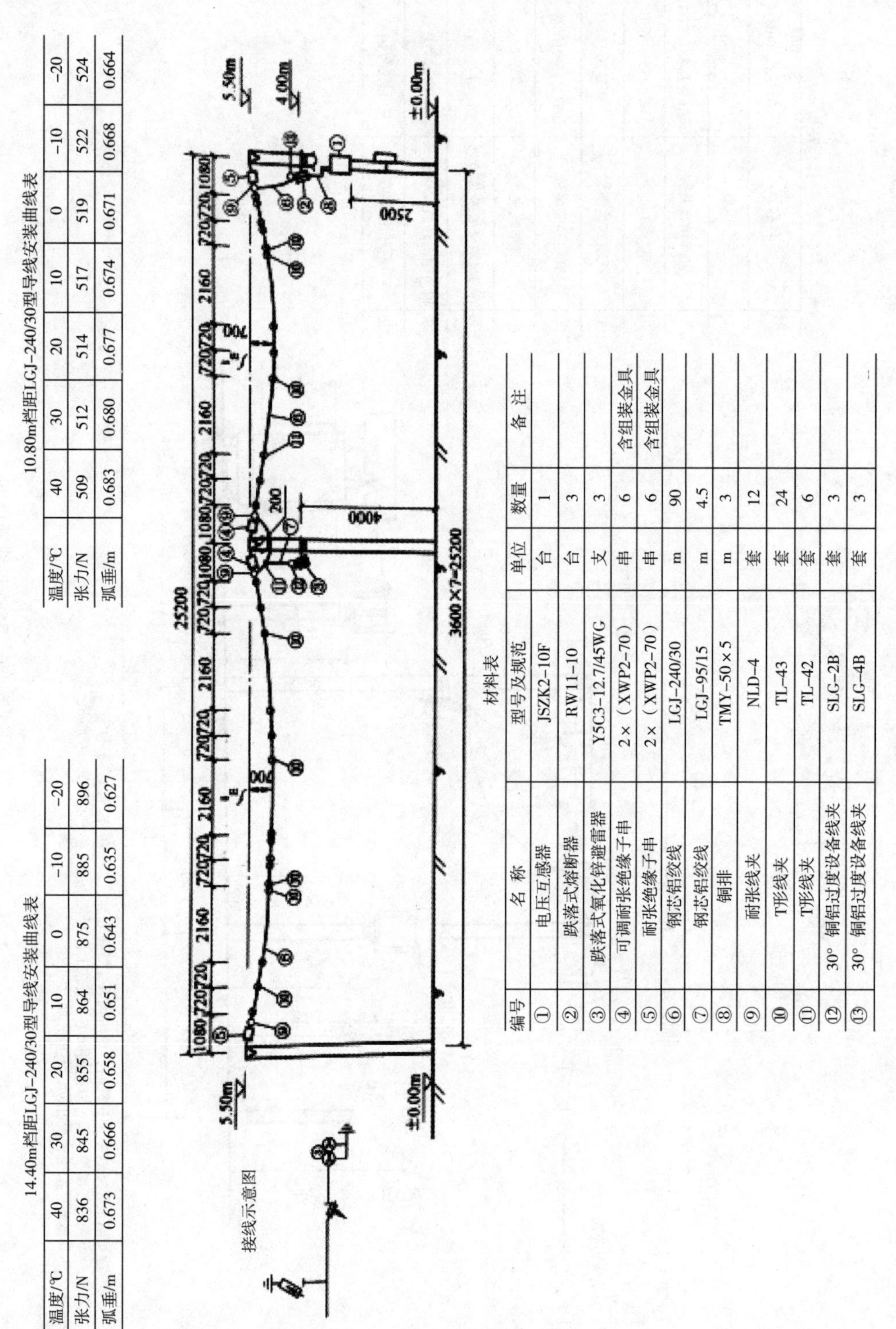

14.40m档距LGJ-240/30型导线安装曲线表

温度/℃	40	30	20	10	0	-10	-20
张力/N	836	845	855	864	875	885	896
弧垂/m	0.673	0.666	0.658	0.651	0.643	0.635	0.627

10.80m档距LGJ-240/30型导线安装曲线表

温度/℃	40	30	20	10	0	-10	-20
张力/N	509	512	514	517	519	522	524
弧垂/m	0.683	0.680	0.677	0.674	0.671	0.668	0.664

材料表

编号	名 称	型号及规范	单位	数量	备 注
①	电压互感器	JSZK2-10F	台	1	
②	跌落式熔断器	RW11-10	台	3	
③	跌落式氧化锌避雷器	Y5C3-12.7/45WG	支	3	
④	可调耐张绝缘子串	2×（XWP2-70）	串	6	含组装金具
⑤	耐张绝缘子串	2×（XWP2-70）	串	6	含组装金具
⑥	钢芯铝绞线	LGJ-240/30	m	90	
⑦	钢芯铝绞线	LGJ-95/15	m	4.5	
⑧	铜排	TMY-50×5	m	3	
⑨	耐张线夹	NLD-4	套	12	
⑩	T形线夹	TL-43	套	24	
⑪	T形线夹	TL-42	套	6	
⑫	30° 铜铝过度设备线夹	SLG-2B	套	3	
⑬	30° 铜铝过度设备线夹	SLG-4B	套	3	

图2－37 10kV母线、母线设备断面图

③ 图 2－38 为其 10kV 进、出线断面图。设备高度、设备材料及其型号和数量等均已经标注。

接线示意图

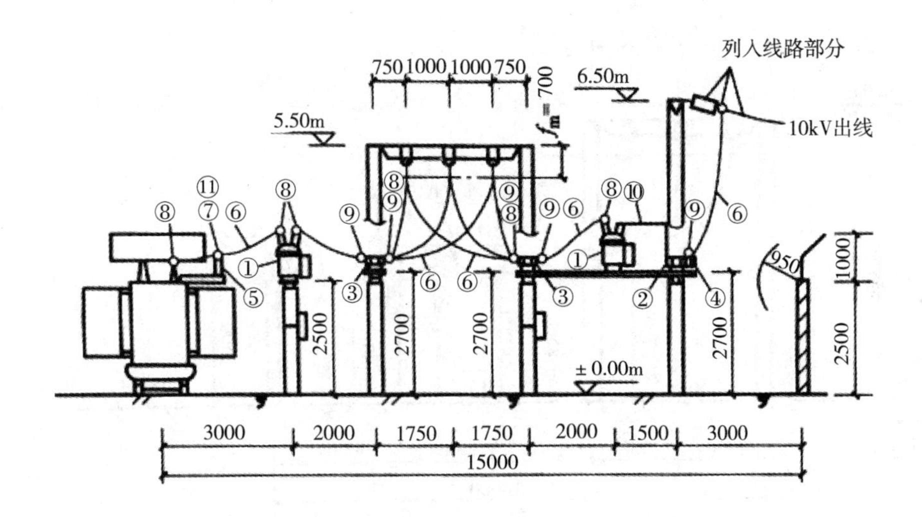

材料表

编号	名 称	型号及规范	单位	数量
①	真空重合器（断路器）	ZW–10 630A	台	2
②	隔离开关	GW4–10G W 630A	组	1
③	隔离开关	GW4–10W 630A	组	2
④	氧化锌避雷器	Y5C3–12.7/45W	支	3
⑤	棒形支柱绝缘子	ZS–35/4	支	3
⑥	钢芯铝绞线	LGJ–120/25	m	60
⑦	单软母线固定金具	MDG–4	套	3
⑧	0° 铜铝过渡设备线夹	SLG–3A	套	16
⑨	30° 铜铝过渡设备线夹	SLG–3B	套	11
⑩	铜排	TMY–50×5	m	6
⑪	铝包带	1×10	m	0.6

说明：隔离开关订货时，需提供所配氧化锌避雷器的厂家及型号。

图 2－38　10kV 进、出线断面图

④ 图 2－39 为电容器的断面图。设备高度、设备材料及其型号和数量等均已经标注。

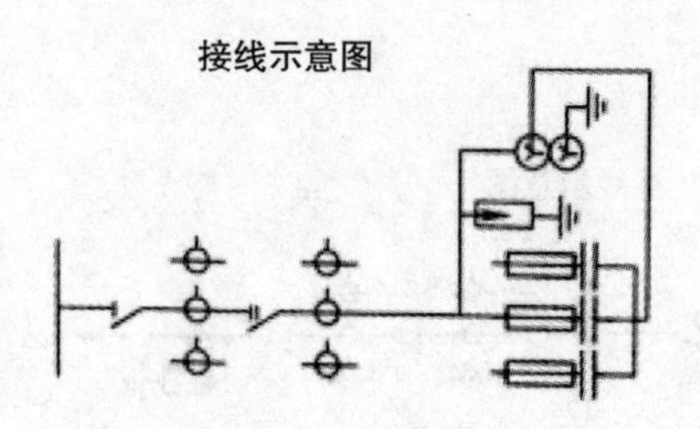

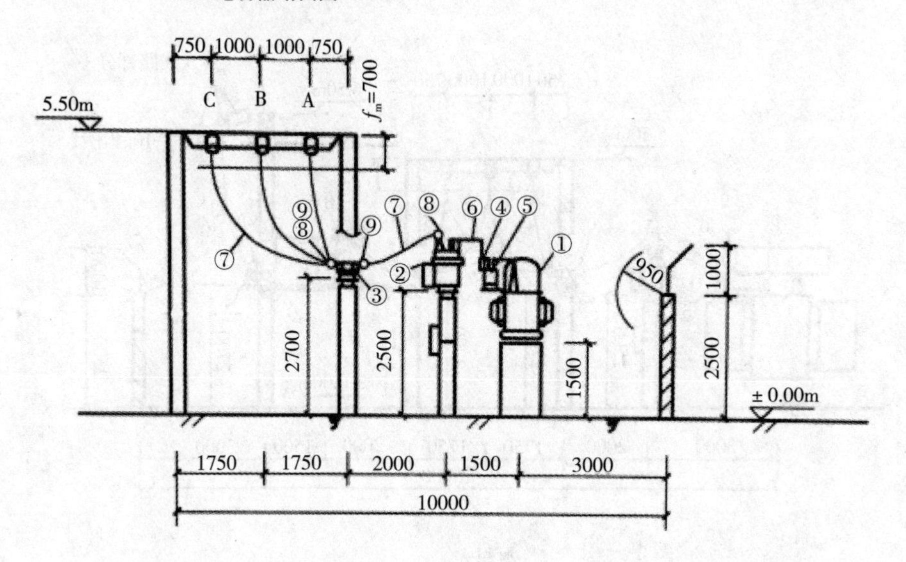

材料表

编号	名 称	型号及规范	单位	数量
①	并联电容器	BFFX11/√3－2000－3W	台	1
②	真空断路器	ZW－10 630A	台	1
③	隔离开关	GW4－10W 630A	组	1
④	氧化锌避雷器	Y5WR－16.5/45W	支	3
⑤	放电线圈	FD2－1.7－11/√3	台	3
⑥	铜排	TMY－50×5	m	3
⑦	钢芯铝绞线	LGJ－95/15	m	15
⑧	0° 铜铝过渡设备线夹	SLG－2A	套	5
⑨	30° 铜铝过渡设备线夹	SLG－2B	套	4

图 2－39　10kV 电容器断面图

⑤ 图 2-40 为全所直击雷保护、照明布置图。避雷针的保护范围已经标出，最高处和最远处保护范围也均已标出。

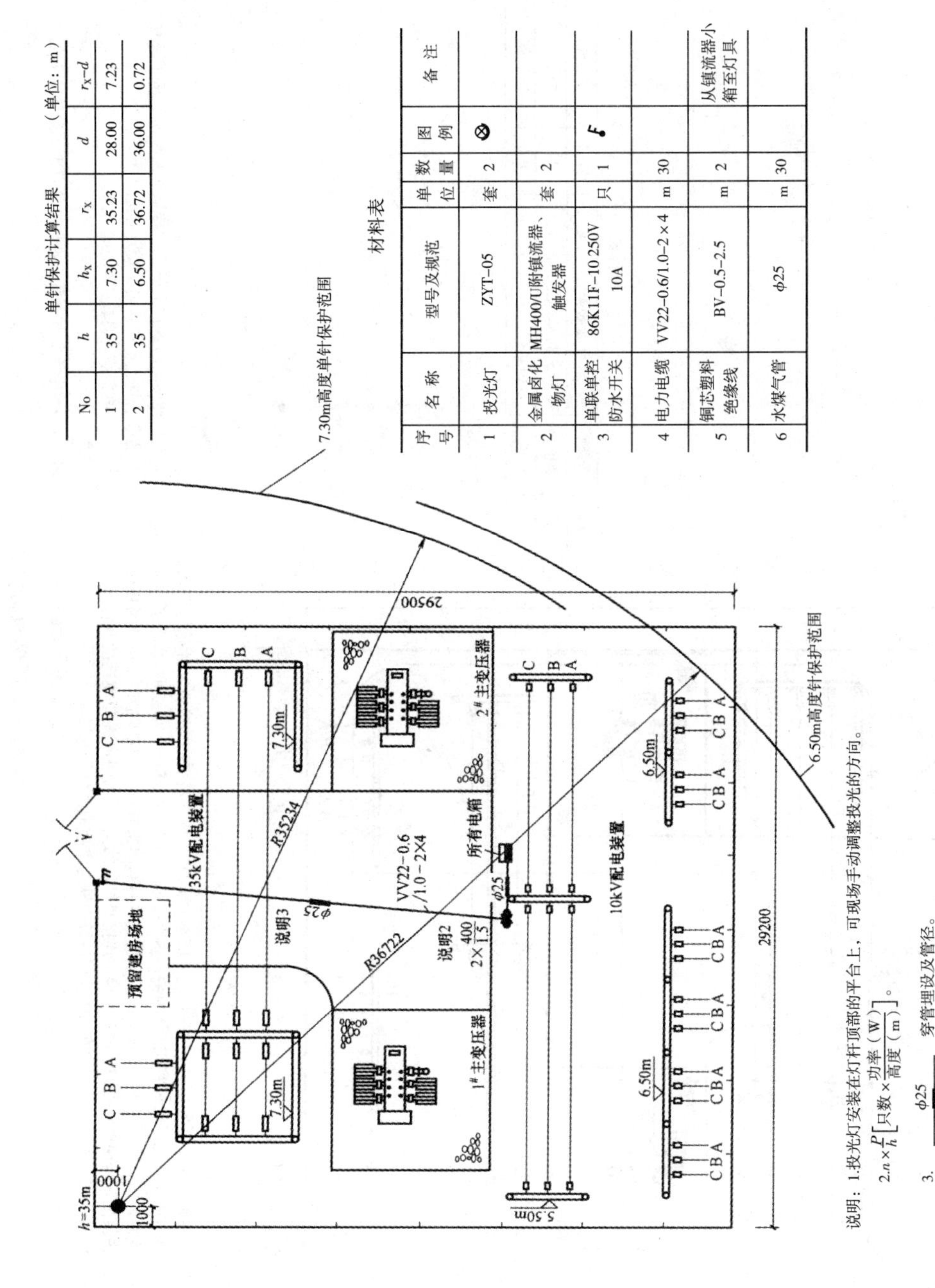

单针保护计算结果 （单位：m）

No	h	h_x	r_x	d	r_x-d
1	35	7.30	35.23	28.00	7.23
2	35	6.50	36.72	36.00	0.72

材料表

序号	名称	型号及规范	单位	数量	图例	备注
1	投光灯	ZYT-05	套	2	⊗	
2	金属卤化物灯	MH400/U附镇流器、触发器	套	2		
3	单联单控防水开关	86K11F-10 250V 10A	只	1	[开关符号]	
4	电力电缆	VV22-0.6/1.0-2×4	m	30		
5	铜芯塑料绝缘线	BV-0.5-2.5	m	2		从镇流器小箱至灯具
6	水煤气管	φ25	m	30		

说明：1.投光灯安装在灯杆顶部的平台上，可现场手动调整投光的方向。

2. $n\times\frac{P}{h}\left[只数\times\frac{功率（W）}{高度（m）}\right]$。

3. φ25 穿管埋设及管径。

图2-40 全所直击雷保护、照明布置图

⑥ 图 2-41 为其全所接地布置图。接地网、接地材料与型号已经标出。

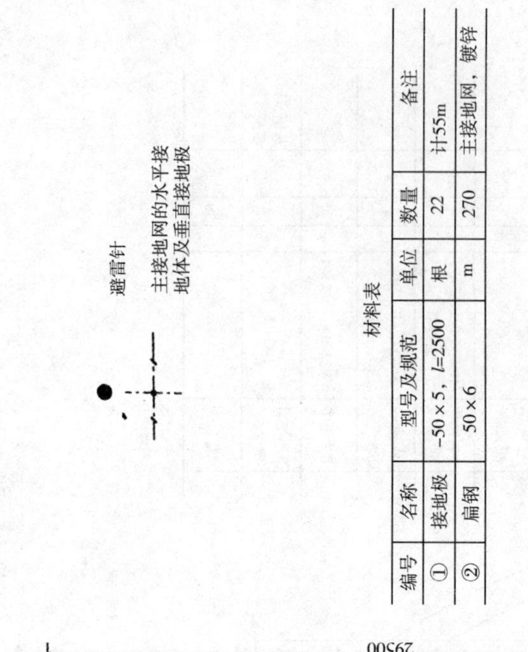

材料表

编号	名称	型号及规范	单位	数量	备注
①	接地极	-50×5，l=2500	根	22	计55m
②	扁钢	50×6	m	270	主接地网，镀锌

说明：（1）本接地网施工后实测的工频接地电阻应不大于4Ω，独立避雷针的接地电阻不大于10Ω。

（2）变电所主接地网以水平接地体为主，垂直接地体为辅，构成复合接地网。水平接地体埋深0.7m，垂直接地极间距不宜小于5m。接地网四缘拐角部分宜做成圆弧状，半径不小于2.5m。施工中接地线与基础相触时，不应被截断，可适当移动位置敷设，并请电气与土建专业施工人员密切配合。

（3）主接地网采用镀锌扁钢和镀锌角钢，连接时焊接的长度应不小于扁钢宽度的2倍，焊接处应焊接牢固、焊缝饱满，且要采取防腐措施。

（4）所有电气设备外壳及构件支架均须用镀锌扁铁与主接地网可靠连接。

（5）所有电气设备及金属构件等，均应按DL/T621《交流电气装置的接地》要求接地，其施工应满足GB 50169《电气装置安装工程接地装置施工及验收规范》。

图2-41 全所接地布置图

思考题与习题

1. 一次系统图中有哪些设备？避雷器的作用是什么？

2. 无功功率补偿措施有哪些？

任务三　变配电所的二次系统图

【学习目的】

掌握二次设备的图形符号及作用、二次系统图、二次安装图。

任务引入

从事二次回路施工的工作人员，都必须熟悉二次回路的原理，充分理解图纸的设计意图，正确识读二次回路图，认真检查二次设备的质量，有效施工，确保二次回路的正确。

相关知识

一、二次设备

二次设备是指对一次设备的工况进行监测、控制、调节、保护，为运行人员提供运行工况或生产指挥信号的电气设备，如测量仪表、继电器、控制及信号装置、安全自动装置等。

二、二次回路

二次设备，通常由电流互感器和电压互感器的二次绕组出线以及直流回路，按着一定的要求连接在一起构成电路，称之为二次接线或二次回路。描述二次回路的图纸称为二次接线图或二次回路图。

二次回路一般包括：控制回路、继电保护回路、测量回路、信号回路、自动装置回路。按交、直流来分，又可分为交流电压和电流回路以及直流逻辑回路。二次回路图中的图形符号、文字标号和回路标号都有国家的统一规定。其图形符号和文字标号用以表示和区别二次回路图中的电气设备，其回路标号用以区别电气设备间相互连接的各种回路。在二次回路图中，所有断路器和继电器的触点，都按照它们在正常状态时的位置来表示。所谓正常位置是指断路器和继电器的线圈未通电、无电压、无外力时，它们的触点（对断路器而言系指其辅助触点）所处的状态，如继电器常开触点（动合触点）。

三、二次回路的元器件图形

二次回路中常见的一些元器件的图形如图 2－42 所示。

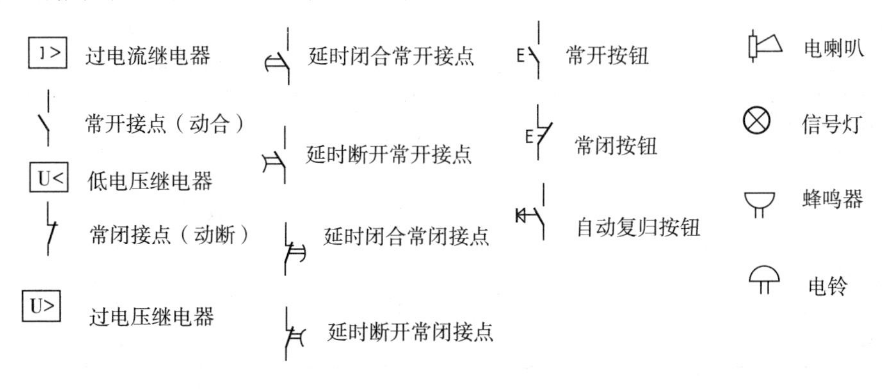

图 2－42　二次回路常见的一些元器件图形

四、回路编号

直流回路数字标号见表 2-1,交流回路数字标号见表 2-2,小母线标号见表 2-3。

表 2-1　直流回路数字标号

回路名称	数字标号组				备注
	Ⅰ	Ⅱ	Ⅲ	Ⅳ	
十电源回路	1	101	201	301	
一电源回路	2	102	202	302	
合闸回路	3～31	103～131	203～231	303～331	
绿灯或合闸回路监视继电器的回路	5	105	205	305	①
跳闸回路	33～49	133～149	233～249	333～349	
红灯或跳闸回路监视继电器的回路	35	135	235	335	①
备用电源合闸回路	50～69	150～169	250～269	350～369	②
开关设备的位置信号回路	70～89	170～189	270～289	370～389	
事故跳闸音响回路	90～99	190～199	290～299	390～399	

表 2-2　交流回路数字标号

序号	回路名称	用途	回路标号组				
			U 相	V 相	W 相	中性线	零线
1	保护装置及测量仪表电流回路	TA	U401～U409	V401～V409	W401～W409	N401～N409	L401～L409
2		1TA	U411～U419	V411～V419	W411～W419	N411～N419	L411～L419
3		2TA	U421～U429	V421～V429	W421～W429	N421～N429	L421～L429
4		9TA	U491～U499	V491～V499	W491～W499	N491～N499	L491～L499
5		10TA	U501～U509	V501～V509	W501～W509	N501～N509	L501～L509
6		19TA	U591～U599	V591～V599	W591～W599	N591～N599	L591～L599
7	保护装置及测量仪表电压回路	YH	U601～U609	V601～V609	W601～W609	N601～N609	L601～L609
8		1YH	U611～U619	V611～V619	W611～W619	N611～N619	L611～L619
9		2YH	U621～U629	V621～V629	W621～W629	N621～N629	L621～L629
10	经隔离开关辅助触点或继电器切换的电压回路	6～10kV	U(V、W)760～769、N600				
11		35kV	U(V、W、L)730～739、N600				
12		110kV	U(V、W、L、S)710～719、N600				
13	绝缘检查电压表的共用回路		U700	V700	W700	N700	
14	母线差动保护共用电流回路	6～10kV	U360	V360	W360	N360	
15		35kV	U330	V330	W330	N330	
16		110kV	U310	V310	W310	N310	
17	控制、保护信号回路		U1～U399	V1～V399	W1～W399	N1～N399	

注:母线差动保护共用的电流回路,允许用交流控制回路的 301～309 的数字进行标号。

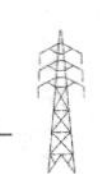

表 2-3　小母线标号

序号	小母线名称	原编号		新编号	
		文字符号	回路标号	文字符号	回路标号
		直流控制、信号和辅助小母线			
10	控制回路断线预告信号	KDMⅠ、KDMⅡ、KDMⅢ、KDM	713Ⅰ、713Ⅱ、713Ⅲ	M7131、M7132、M7133、M713	
11	灯光信号	(－)DM	726	M726(－)	726
12	配电装置信号	XPM	701	M701	701
13	闪光信号	(＋)SM	100	M100(＋)	100
14	合闸电源	＋HM、－HM		＋、－	
15	“掉牌未复归”光字牌	FM、PM	703、716	M703、M716	703、716
16	指挥装置音响	ZYM	715	M715	715
17	自动调速脉冲	1TZM、2TZM	717、718	M717、M718	717、718
18	自动调压脉冲	1TYM、2TYM	Y717、Y718	M7171、M7172	7171、7172
19	同步装置越前时间	1TQM、2TQM	719、720	M719、M720	719、720
20	同步合闸	1THM、2THM、3THM	721、722、723	M721、M722、M723	721、722、723
21	隔离开关操作闭锁	GBM	800	M880	880

五、6～35kV 线路过电流保护

1. 6～35kV 线路过电流保护原理接线图

6～35kV 线路过电流保护原理接线图如图 2-43 所示，图中主开关是断路器 QF，断路器串联隔离开关 QS，A、C 两相各接电流互感器 TA_A、TA_C，电流互感器 TA 后面接电流继电器 KA，电流继电器 KA 的触点控制时间继电器 KT，时间继电器 KT 的触点控制信号继电器 KS 和跳闸线圈 YT，跳闸线圈 YT 得电可以跳开断路器 QF。信号继电器 KS 得电可以给出信号。

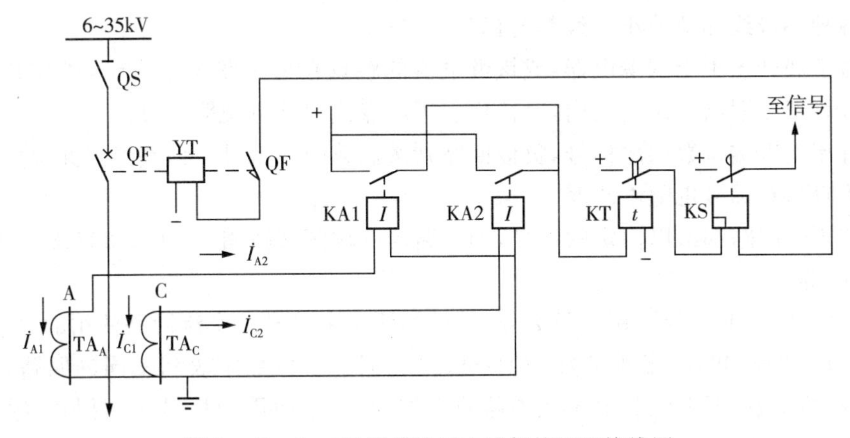

图 2-43　6～35kV 线路过电流保护原理接线图

2.6～35kV 线路过电流保护的展开接线图

6～35kV线路过电流保护的展开接线图如图 2-44 所示。

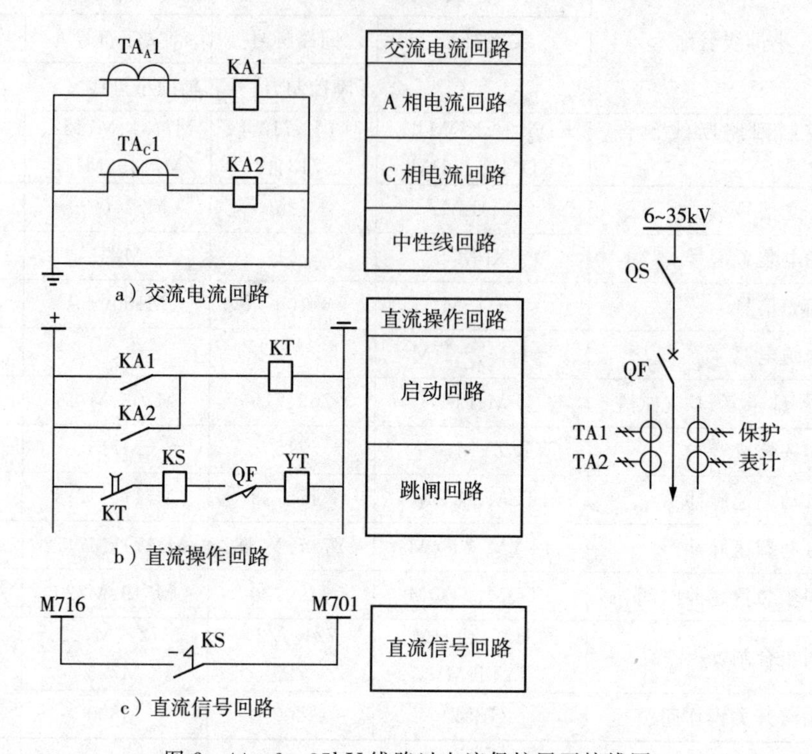

图 2-44　6～35kV 线路过电流保护展开接线图

3. 安装图

看端子排图一定要配合展开图来看，展开图有如下规律：

(1)直流母线或交流电压母线用粗线条表示，以区别于其他回路的联络线。

(2)继电器和每一个小的逻辑回路的作用都在展开图的右侧注明。

(3)继电器和各电气元件的文字符号与相应原理接线图中的文字符号一致。

(4)继电器的触点和电气元件之间的连接线段都有数字编号(称回路编号)。

(5)继电器的文字符号与其本身触点的文字符号相同。

(6)各种小母线和辅助小母线都有标号。

(7)对于展开图中个别继电器，或该继电器的触点在另一张图中表示，或在其他安装单位中有表示，都在图纸上说明去向，对任何引进触点或回路也说明来处。

(8)直流正极按奇数顺序标号，负极回路则按偶数顺序编号。回路经过元件(如线圈、电阻、电容等)后，其标号也随着改变。

(9)常用的回路都给以固定的编号，如断路器的跳闸回路用 33、133、233、333 等，合闸回路用 3、103 等。

(10)交流回路的标号除用三位数外，前面加注文字符号。交流回路使用的数字范围是：电压回路为 600～799，电流回路为 400～599。它们的个位数字表示不同的回路，十位数字表示互感器的组数(即电流和电压互感器的组数)。回路使用的标号组，要与互感器文字符号前的“数字序号”相对应。如：1TA 电流互感器的 A 相回路标号应是 A411～A419；电压

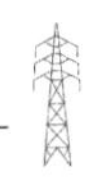

互感器 2TV 的 A 相回路标号应是 A621～A629。

常用端子的种类及用途见表 2－4。

表 2－4　常用端子的种类及用途

序号	种　类	特点及用途
1	一般端子	连接电气装置不同部分的导线
2	试验端子	用于电流互感器二次绕组出线与仪表、继电器线圈之间的连接，其上可以接入试验仪表，对回路进行测试
3	连接型试验端子	用于在端子上需要彼此连接的电流试验回路中
4	连接端子	用于回路分支或合并，端子间进行连接用
5	终端端子	用于端子排的终端或中间，固定端子或分隔安装单位
6	标准端子	用于需要很方便地断开的回路中
7	特殊端子	可在不松动或不断开已接好的导线情况下断开回路
8	隔板	用作绝缘隔板，以增加绝缘强度和爬电距离

屏后设备标志法如图 2－45 所示，相对编号法如图 2－46 所示，端子排的表示方法如图 2－47 所示。图 2－48 是 10kV 线路过电流保护屏后接线图。

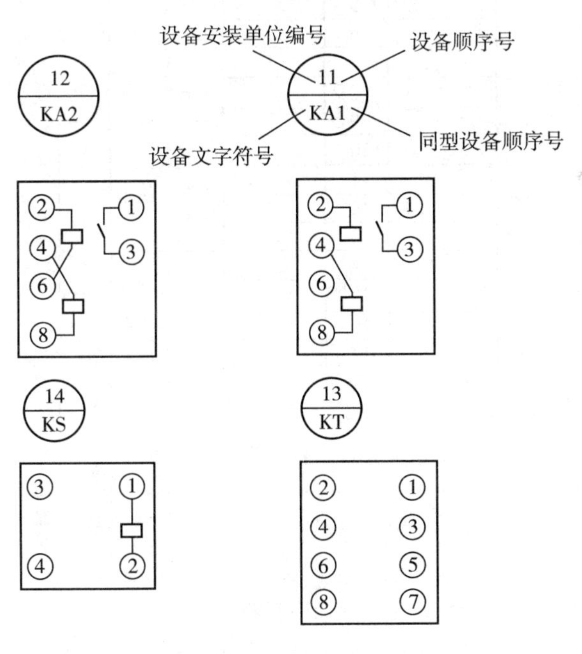

图 2－45　屏后设备标志法

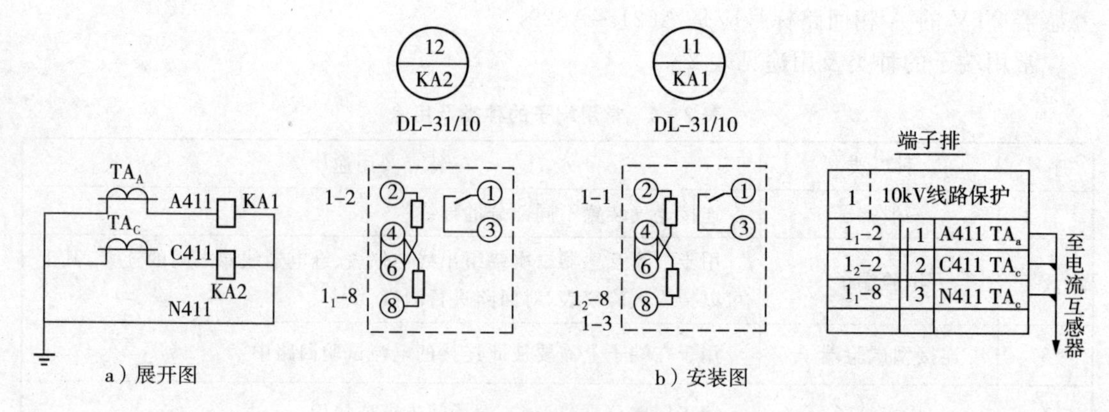

图 2-46　相对编号法

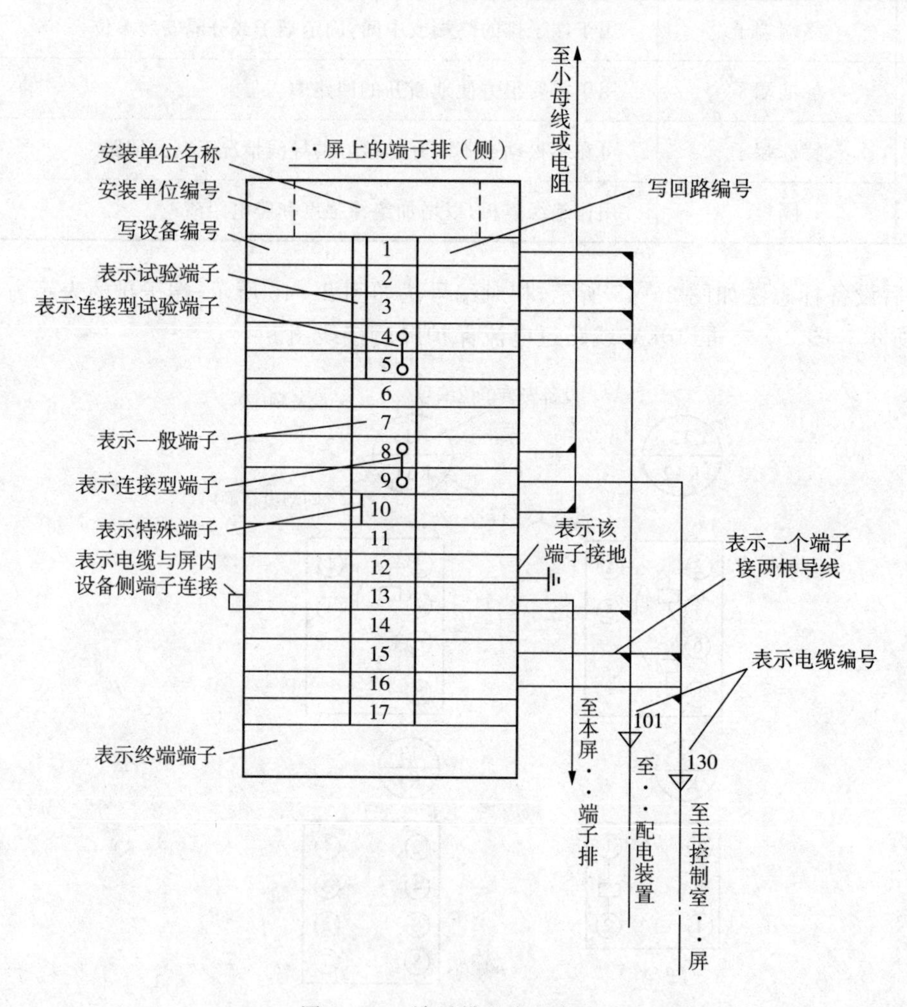

图 2-47　端子排的表示方法

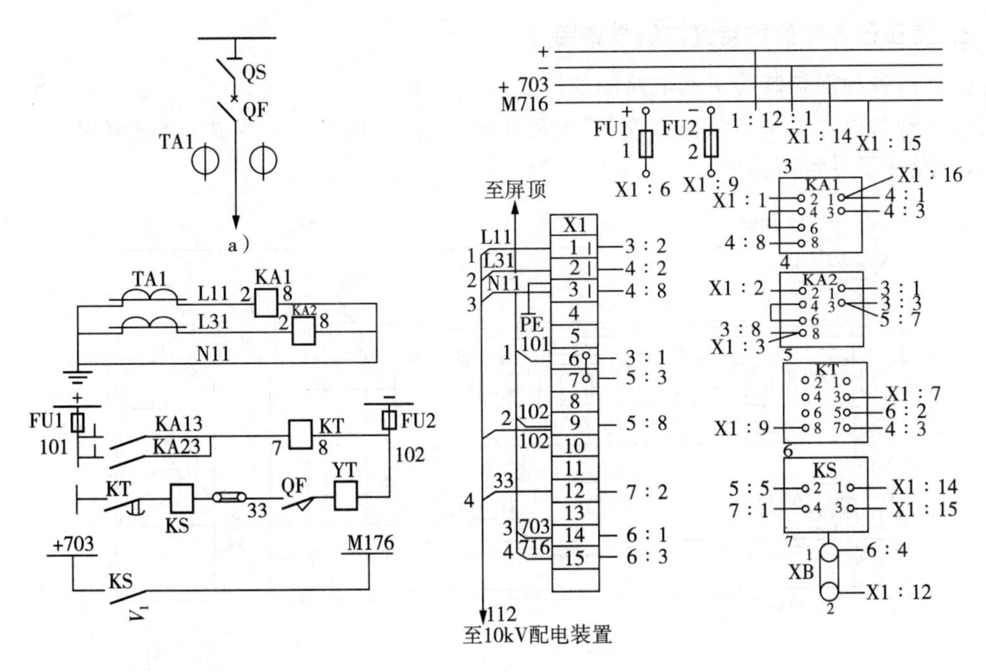

图 2-48 10kV 线路过电流保护屏后接线图

六、测量仪表接线图

测量仪表接线图如图 2-49 所示。

A 是一块电流表，Wh 是一块三相有功电度表，Varh 是一块三相无功电度表。电流互感器的二次侧额定电流为 5A，电压互感器的额定电压为 100V。仪器仪表的电流与电压均由互感器接入，电流互感器与电压互感器在使用中应特别注意电压与电流的相位、相别。

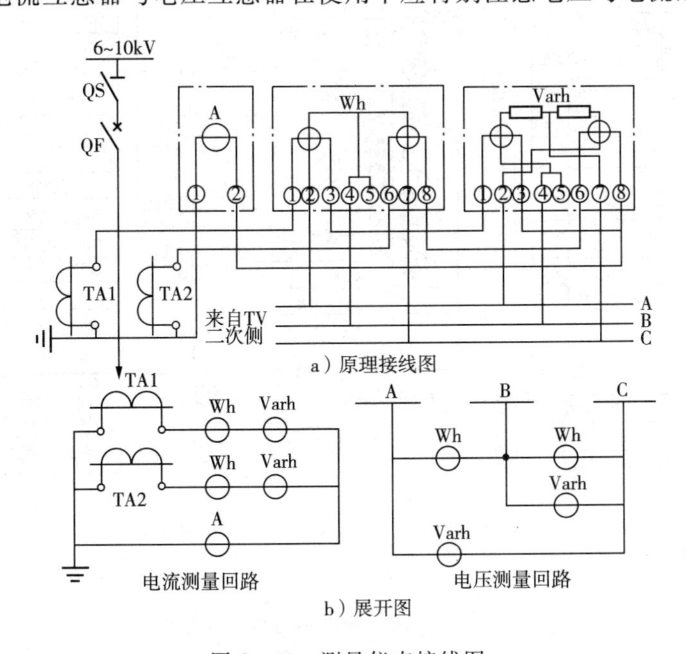

图 2-49 测量仪表接线图

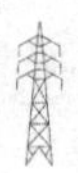

七、变压器各种保护装置实例电路图

变压器各种保护装置实例电路图如图 2-50 所示。

变压器共设置了 4 套保护装置，其中瓦斯保护、差动保护是主保护，过电流保护是后备保护，还设置了过负荷保护。

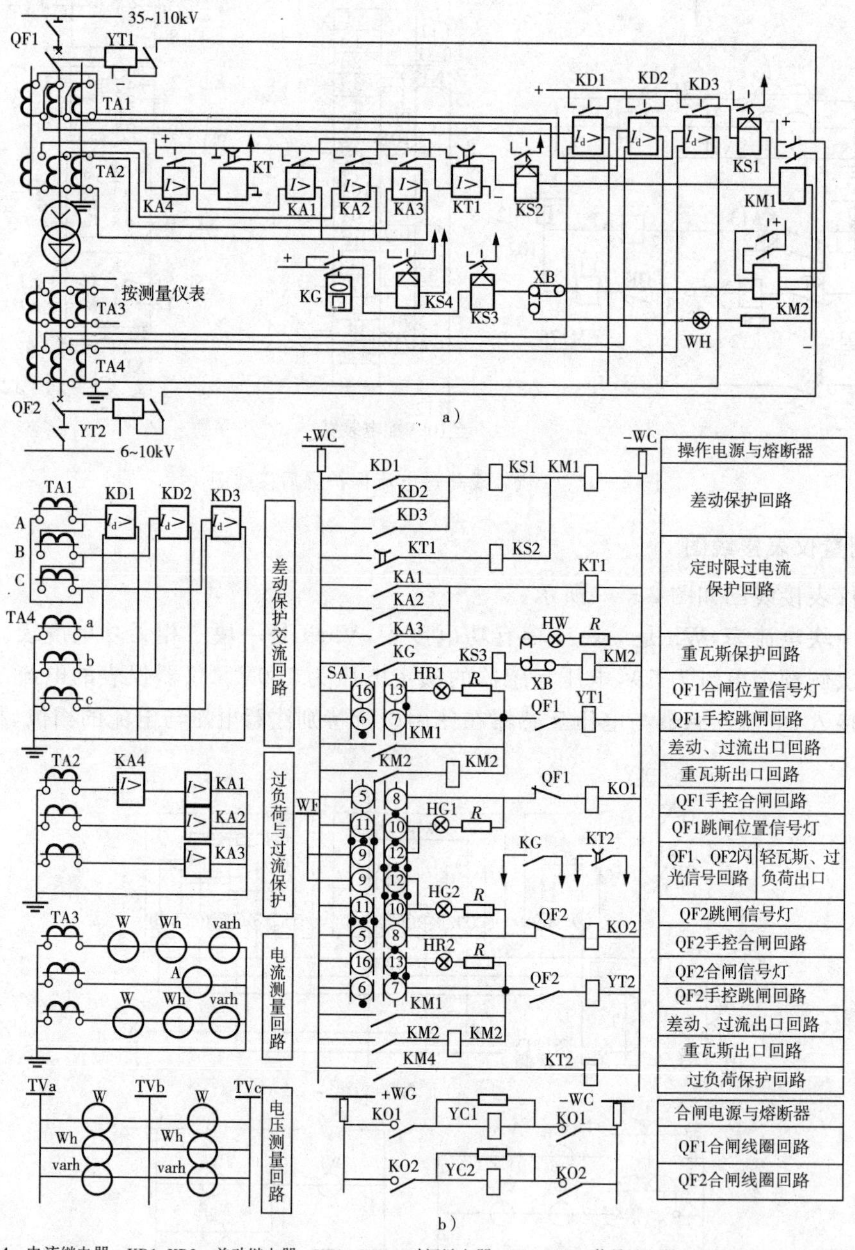

KA1~KA4—电流继电器；KD1~KD3—差动继电器；KT1、KT2—时间继电器；KS1~KS4—信号继电器 KM1、KM2—出口中间继电器；KG—气体继电器；SA1—高压断路器；QF1、QF2—控制开关；HR1、HR2与HG1、HG2—红绿信号灯；HW—白色指示灯；KO1、KO2—合闸接触器；YC1、YC2—合闸线圈；YT1、YT2—跳闸线圈；XB—连接片；WC—控制母线；WF—闪光母线；TA1~TA4—电流互感器；

图 2-50　变压器各种保护装置实例电路图

思考题与习题

1. 变压器设有哪些保护？
2. 继电器有哪些？
3. 中间继电器的作用有哪些？

单元三　照明与动力工程图

照明与动力工程主要是指建筑内各种照明装置及其控制装置、配电线路和插座等安装工程。照明与动力施工图是电气工程施工安装依据的技术图样，是建筑电气最基本的内容之一，包括动力与照明供电系统图、动力与照明平面布置图、非标准件安装制作大样图及有关施工说明、设备材料表等。

任务一　设备标注

【学习目的】

掌握照明灯具标注、导线标注。

任务引入

在照明图中，有灯具、导线等的标注，有照明配电图，有照明平面图。

供电系统图又称配电系统图，简称系统图，是用国家标准规定的电气图图形符号，概略地表示照明系统或分系统的基本组成、相互关系及其主要特征的一种简图。其主要表示电气线路的连接关系，能集中地反映出安装容量、计算电流、安装方式、导线或电缆的型号规格、敷设方式、穿管管径、保护电器的规格型号等。

平面布置图简称平面图，是用国家标准规定的建筑和电气平面图图形符号及有关文字符号表示照明区域内照明灯具、开关、插座及配电箱等的平面位置及其型号、规格、数量、安装方式，并表示线路的走向、敷设方式及其导线型号、规格、根数等的一种技术图样。照明平面图，应包括建筑门窗、墙体、轴线、主要尺寸，标注房间名称，绘制配电箱、灯具、开关、插座、线路等平面布置，标明配电箱编号及干线、分支线回路编号、相别、型号、规格、敷设方式等。平面图中的建筑平面是完全按照比例绘制的，电气部分的导线和设备不能完全按照比例绘制形状和外形尺寸，而是采用图形符号和标注的方法绘制，设备和导线的垂直距离和空间位置一般也不用剖、立面图表示，而是采用标注标高或附加必要的施工说明来表示。

相关知识

一、照明灯具的标注

灯具的标注是在灯具旁，按灯具标注规定，标注灯具的数量、型号、灯具中的光源数量和容量、悬挂高度和安装方式等内容。

1. 照明灯具的标注

照明灯具的标注一般用于平面图中，文字标注方式一般为：

$$a—b\frac{c\times d\times l}{e}f$$

当灯具安装方式为吸顶安装时，则标注应为：

$$a—b\frac{c\times d\times l}{e}$$

式中：a——灯具的数量；

b——灯具的型号或编号；

c——每盏照明灯具的灯泡(管)数；

d——功率；

e——灯具的安装高度；

f——敷设方式；

l——光源种类

照明灯具的标注格式也可标注为：

$$a—b(c\times d\times L)/ef$$

例如：5－YZ402×40/2.5Ch 表示 5 盏 YZ40 直管型荧光灯，每盏灯具中装设 2 只功率为 40W 的灯管，灯具的安装高度为 2.5m，灯具采用链吊式安装方式。如果灯具为吸顶安装，那么安装高度可用“—”号表示。在同一房间内的多盏相同型号、相同安装方式和相同安装高度的灯具，可以仅标注其中一处。

又例如：20－YU601×60/3CP 表示 20 盏 YU60 型 U 形荧光灯，每盏灯具中装设 1 只功率为 60W 的 U 形灯管，灯具采用线吊安装，安装高度为 3m。

二、配电线路的标注

配电线路的标注用以表示线路的敷设方式及敷设部位，采用英文字母表示。

配电线路的标注格式为：

$$a—b(c\times b)e—f$$

例如：BV(3×50＋1×25)SC50－FC 表示线路是铜芯塑料绝缘导线，三根截面为 $50mm^2$，一根截面为 $25mm^2$，穿管径为 50mm 的钢管沿地面暗敷。

又例如：BLV(3×60＋2×35)SC70－WC 表示线路为铝芯塑料绝缘导线，三根截面为 $60mm^2$，两根截面为 $35mm^2$，穿管径为 70mm 的钢管沿墙暗敷。

三、照明配电箱的标注

照明配电箱的标注方式如下：

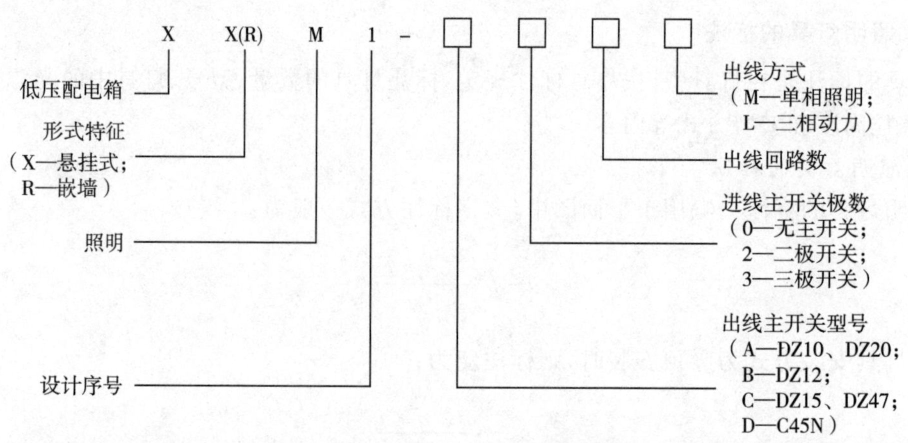

例如：型号为 XRM1 - A312M 的配电箱，表示该照明配电箱为嵌墙安装，箱内装设型号为 DZ20 的进线主开关 1 个，单相照明出线开关 12 个。

四、开关及熔断器的标注

开关及熔断器的表示，也采用图形符号加文字标注的方式，其文字标注格式一般为：

$$a\frac{b}{c/i} \text{或} a-b-c/i$$

例如：标注 Q3DZ10 - 100/3 - 100/60，表示编号为 3 号的开关设备，其型号为 DZ10 - 100/3，即装置式三极低压空气断路器，其额定电流为 100A，脱扣器整定电流为 60A。

五、导线

(1)进户线：它是由建筑物外引至总配电箱的一段线路。

(2)干线：它是从总配电箱到分配电箱的线路。

(3)支线：它是由分配电箱引到各用电设备的线路。

(4)常用导线型号

① VLV，VV——聚氯乙烯绝缘、聚氯乙烯护套铝芯、铜芯电力电缆，又称全塑电缆。

② YJLV，YJV——交联聚氯乙烯绝缘、聚氯乙烯护套铝芯、铜芯电力电缆。

③ BLVV，BVV——塑料绝缘塑料护套铝芯、铜芯电线。

④ BBLX，BBX——棉纱编制橡皮绝缘铝芯、铜芯电线。

⑤ BLV，BV——塑料绝缘铝芯、铜芯电线。

⑥ XLV，XV——橡皮绝缘、聚氯乙烯护套铝芯、铜芯电力电缆。

导线如图 3 - 1 所示。

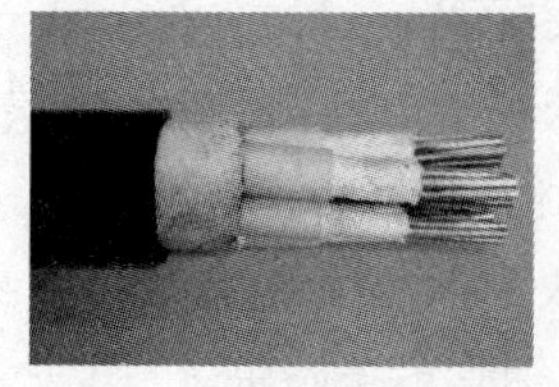

图 3 - 1　导线

六、导线的敷设与配线

1. 照明线路按其敷设方式分类

照明线路按其敷设方式可以分为明敷设和暗敷设两种。

(1)明敷设:就是将绝缘导线直接或穿于管子、线槽等保护体内,敷设于墙壁、顶棚的表面及桁架、支架等处。明敷有几种方法:瓷珠、瓷夹、瓷瓶(绝缘子)明敷;塑料卡、铝卡、金属卡明敷;导线穿塑料管、钢管明敷;导线通过塑料线槽、金属线槽明敷等。

(2)暗敷设:就是将导线穿于管子、线槽等保护体内,敷设于墙壁、顶棚、地坪及楼板等内部或在混凝土板孔内敷设等。

2. 常用配线方法

常用配线方法有:瓷瓶配线、管子配线、线槽配线、塑料护套配线、钢索配线等。一些实际敷设如图 3-2 所示。

图 3-2　导线敷设

(1)管子配线

绝缘导线穿入保护管内敷设,称为管子配线。这种配线方法安全,可避免腐蚀气体的侵蚀或遭受机械损伤,更换导线方便,因此,管子配线是目前采用最广泛的一种配线方法。管子配线工程的施工内容可分为两大部分,即配管(管子敷设)和穿线。

(2)线槽配线

线槽配线就是先将线槽固定在建筑物上,然后再将导线敷设在线槽中的配线方式。线槽由槽底、槽盖及附件组成,可分为金属线槽和塑料线槽两种类型。金属线槽多由厚度为 0.4～1.5mm 的钢板制成,一般适用于正常环境(干燥和不易受机械损伤)的室内场所明敷设。具有槽盖的封闭式金属线槽有与金属管相当的耐火性能,可用于建筑物顶棚内敷设。塑料线槽由难燃型硬质聚氯乙烯工程塑料通过挤压成型的方式制成。

(3)塑料护套线配线

塑料护套线具有双层塑料保护层，即线芯绝缘为内层，外面再统包一层塑料绝缘护套，常用的有 BVV、BLVV、BVVB 和 BLVVB 等型号。塑料护套线配线主要用于住宅及办公场所等室内电气照明等明敷线路，用铝皮线卡(钢精轧头)或塑料钢钉线卡将导线直接固定于墙壁、顶棚或建筑物构件的表面，但应避开烟道和其他发热表面，与各种管道相遇时，应加保护管保护且绕行，与其他管道间的最小距离不得小于相关标准规定的范围。

(4)钢索敷线

钢索配线是在建筑物两端墙壁上或柱、梁之间架设一根用花篮螺栓拉紧的钢索，再将导线和灯具敷设悬挂在钢索上的配线方式。

导线在钢索上敷设可以采用管子配线、鼓形瓷瓶配线和塑料护套线配线等，与前面几种配线方法不同的是钢索敷线增加了钢索的架设。

在一般工业厂房或高大场所内，当屋架较高，跨度较大，而又要求灯具安装高度较低时，照明线路可采用钢索配线。

七、线路敷设方式与敷设部位标准

(1)线路敷设方式标注，如表 3-1 所示。

表 3-1　线路敷设方式标注

名　称	代　号
穿焊接钢管敷设	SC
穿电线管敷设	MT
穿硬塑料管敷设	PC
穿阻燃半硬聚氯乙烯管敷设	FPC
电缆桥架敷设	CT
金属线槽敷设	MR
塑料线槽敷设	PR
用钢索敷设	M
穿聚氯乙烯塑料波纹电线管敷设	KPC
穿金属软管敷设	CP
直接埋设	DB
电缆沟敷设	TC
混凝土排管敷设	CE

(2)导线敷设部位的标注，如表 3-2 所示。

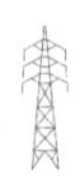

表 3-2　导线敷设部位的标注

名　称	代　号
沿钢线槽敷设	SR
沿屋架或跨屋架敷设	BE
沿柱或跨柱敷设	CLE
沿墙面敷设	WE
沿天棚面或顶棚面敷设	CE
在能进入人的吊顶内敷设	ACE
暗敷设在梁内	BC
暗敷设在顶棚内	CC
暗敷设在不能进入的顶棚内	ACC
暗敷设在柱内	CLC
暗敷设在墙内	WC
暗敷设在地面内	FC

八、照明配电装置

照明配电装置有配电箱、配电盘、配电板等，其中最常用的是配电箱。照明配电箱是用户用电设备的供电和配电点，是控制室内电源的设施，有工厂定型生产的标准配电箱，有根据照明的不同要求做成的非标准配电箱。照明配电箱型号繁多，其安装方式有悬挂式明装和嵌入式暗装两种。

照明配电箱的安装高度应符合施工图纸要求。若无要求时，一般底边距地面为 1.5m，安装垂直偏差不应大于 3mm。配电箱上应注明用电回路名称。配电箱内设有保护、控制、计量配电装置。一般配电箱内设有熔断器、自动空气开关或刀型开关、电度表等。

一些实际配电装置图如图 3-3 所示。

图 3-3　配电装置

九、照明配电系统常用的结线方式

照明配电系统常用的结线方式是指配电箱之间的连接方式，如图 3-4 所示。

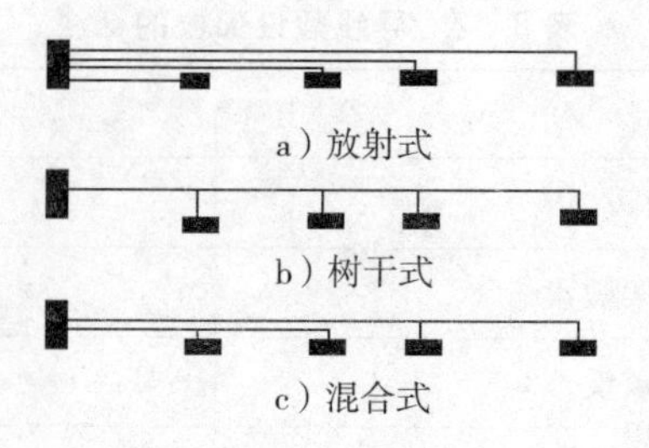

图 3-4　结线方式

十、自动空气断路器(自动开关)

作用:可实现短路、过载、失压保护。

基本结构:由电流电磁系统、电压电磁系统、脱扣系统、触头系统、弹簧系统等组成,如图 3-5 所示。

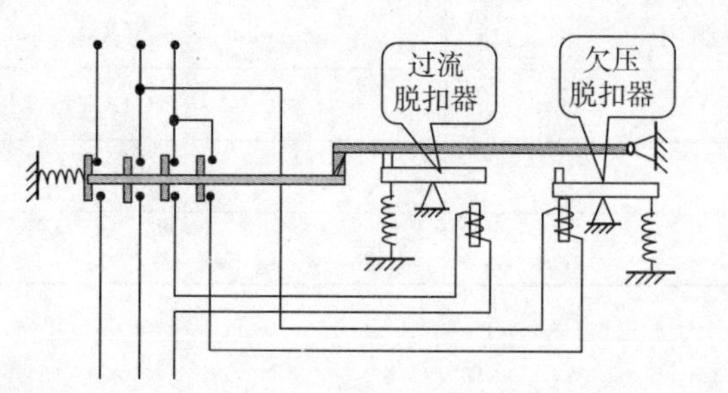

图 3-5　自动空气断路器

十一、熔断器

熔断器主要用作短路或过载保护,串联在被保护的线路中。线路正常工作时起通路作用;当线路短路或过载时熔断器熔断,起到保护线路上其他电气设备的作用,如图 3-6 所示。

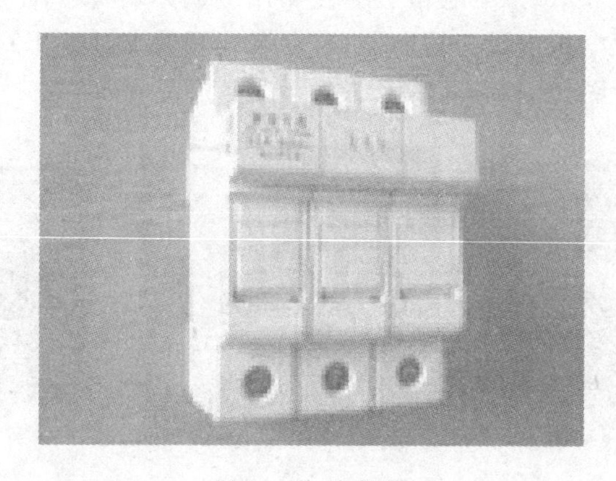

图 3-6　熔断器

十二、开关

照明开关按其安装方式可分为明装开关和暗装开关两种;按其操作方式可分为拉线开

关、跷板开关、床头开关等；按其控制方式可分为单控开关和双控开关等。如图 3－7 所示。

图 3－7　开关

十三、插座

插座是各种移动电器的电源接取口，如台灯、电视机、电风扇、洗衣机等都使用插座供电。插座的安装高度应符合设计的规定，当设计无规定时应符合施工规范要求。

插座的接线应符合下列要求：

(1)单相两孔插座，面对插座的右孔与相线相接，左孔与零线相接。

(2)单相三孔、三相四孔及三相五孔插座的接地线或接零线均应接在上孔。插座的接地端子不应与零线端子直接连接。

(3)同一场所的三相插座，其接线的相位必须一致。

十四、照明灯具的安装方式

(1)吸顶式：照明器吸附在顶棚上。

(2)悬吊式：照明器挂吊在顶棚上。根据挂吊的材料不同，可分为线吊式、链吊式和管吊式。

(3)壁式：照明器吸附在墙壁上。

(4)嵌入式：照明器的大部分或全部嵌入顶棚内，只露出发光面。

(5)台式：主要供局部照明用。

(6)庭院式。

如图 3－8 所示是部分灯具安装方式。

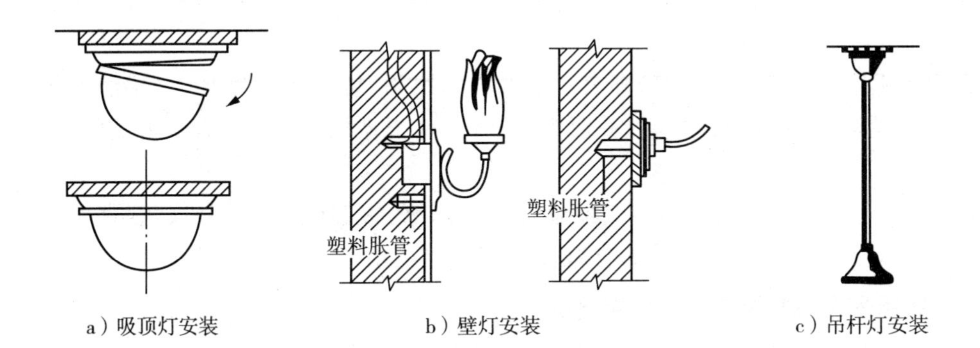

a）吸顶灯安装　　b）壁灯安装　　c）吊杆灯安装

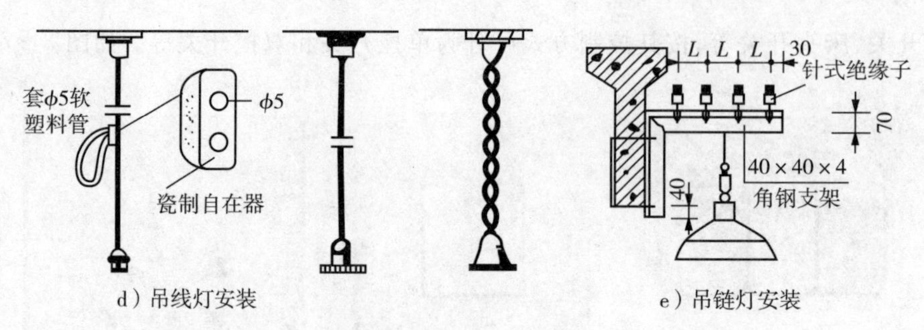

d）吊线灯安装　　　　e）吊链灯安装

图 3－8　部分灯具安装方式

思考题与习题

1. 照明灯具有哪些？

2. 控制中有哪些开关设备？

3. 熔断器的作用是什么？

任务二　照明与动力工程图

【学习目的】

掌握照明与动力工程图纸。

任务导入

照明工程图主要有施工说明、主要设备材料表、照明系统图、照明平面图、动力配电图等。

相关知识

一、照明系统图

主要表示照明供配电系统各部分的组成以及各部分之间的相互关系。照明系统图一般用单线图的形式绘制，图中还应标出配电箱、开关、熔断器、导线的型号和规格、保护管径及其敷设方式、用电设备名称等。

WP1－BLV(3×50＋1×35)即表示 1 号电力线路，导线型号为 BLV(铝芯聚氯乙烯绝缘导线)，共有 4 根导线，其中 3 根截面为 $50mm^2$，1 根截面为 $35mm^2$，采用瓷瓶配线，沿墙明敷设。

BLX(3×4)G15－WC 表示有 3 根截面为 $4mm^2$ 的铝芯橡皮绝缘导线，穿直径 15mm 的水煤气钢管，沿墙暗敷设，在此未标注线路的用途也是允许的。

二、照明平面图阅读方法及注意事项

(1)了解建筑物的基本情况，如房屋结构、房间分布与功能等。

(2)应按阅读建筑电气工程图的一般顺序进行阅读。首先应阅读施工说明，施工说明表

达了图中无法表示或不易表示，但又与施工有关的问题。

(3)阅读照明系统图，了解整个系统的基本组成及其相互关系。了解进户线规格型号、干线数量和规格型号、各支路的负荷分配情况和连接情况等。

(4)阅读照明平面图，熟悉电气设备、灯具等在建筑物内的分布及安装位置，同时明确它是属于哪条支路的负荷，从而弄清它们之间的连接关系。一般从进线开始，经过配电箱后，一条支路一条支路地看。由于照明灯具控制方式的多样性，使得导线之间的连接关系较复杂，需注意的是，相线必须经开关后再接灯座，而零线则可直接进灯座，保护线则直接与灯具金属外壳相连接。

(5)平面图只表示设备和线路的平面位置而很少反映空间高度。但在阅读平面图时，必须建立起空间概念。这对造价技术人员特别重要，可以防止在编制工程预算时，造成垂直敷设管线的漏计。

(6)相互对照，综合看图。为避免建筑电气设备及电气线路与其他建筑设备及管路在安装时发生位置冲突，在阅读照明平面图时要对照阅读建筑设备安装工程施工图，同时还要了解相关规范，如电气线路与管道间的距离应符合相关规定。

三、工程图

(1)照明工程图图例如表 3－3 所示。

表 3－3　照明工程图图例

编号	符号	名称	规格型号	安装方式	安装高度	备　注
1		配电箱		暗装	1.5m	参照系统图
2	⊗	防水灯	甲方自选	吸顶		
3	Ⓗ	节能灯具	甲方自选	吸顶		
4		单联开关	86 系列	暗装	1.3m	
5		双联开关	86 系列	暗装	1.3m	
6		单联双控开关	86 系列	暗装	1.3m	
7		声光控开关	甲方自选	暗装	1.3m	
8		触摸延时开关	86 系列	暗装	1.3m	
9		电源插座	250V 10A	暗装	1.3m	二、三孔组合，安全型
10		空调插座	250V 16A	暗装	1.8m	住宅客厅安装高度 0.3m
11		排气扇插座	250V 10A	暗装	2.0m	二、三孔组合，安全型
12		防水插座	250V 10A	暗装	1.6m	二、三孔组合，安全型
13		防水插座(2.3m)	250V 10A	暗装	2.3m	三孔，防水型
14		10A 空调插座	250V 10A	暗装	1.8m	
15		吸油烟机插座	250V 10A	暗装	2.0m	三孔，防水型
16	UPS	UPS 不间断电源箱	系统配套	暗装	距顶 0.3m	

(2)图 3-9 是某住宅两个卧室的照明平面与接线图。图中有 3 盏灯,功率都是 32W,吸顶安装。配电箱是 AL1,有两个单联开关,两个双控开关。导线穿过 PC 管,管径 16mm。接线的方法是相线经过开关,再接到灯具光源的一个引出线上,经光源后,再由另一个引出线,经零线回到电源的中性点。保护线在必要时直接与灯具的接地端子连接起来。

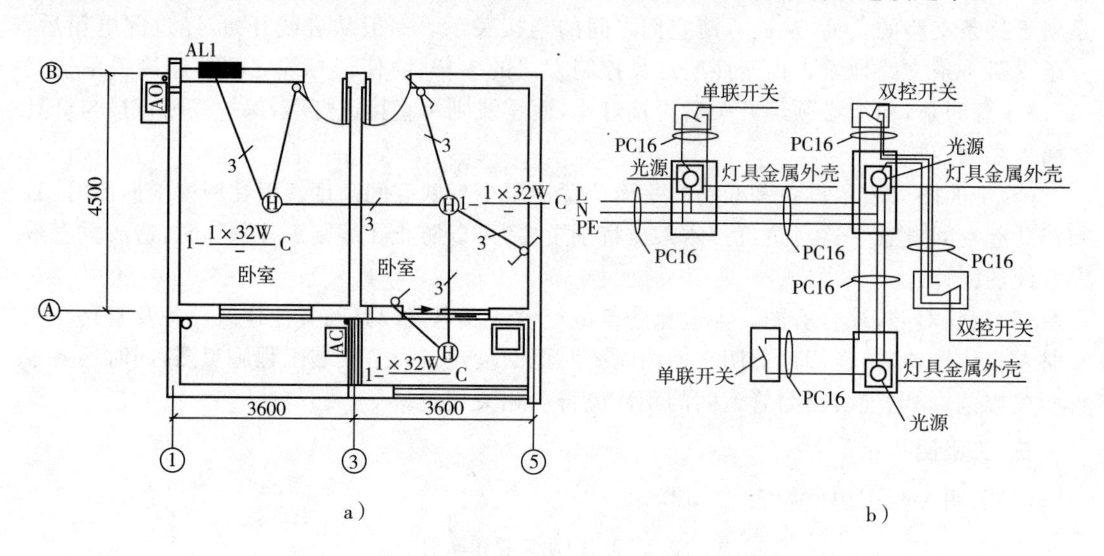

图 3-9 某住宅两个卧室的照明平面与接线图

(3)图 3-10 是某局部照明平面与接线图。图中有 12 套双管荧光灯,功率是 36W,管吊安装,安装高度是 3 米。所有灯具外壳都要接 PE 线,L 线经过开关,再接到灯具光源的一个引出线上,经光源后,再由另一个引出线,经 N 线回到电源的中性点。

(4)图 3-11 是某一个教室的照明平面与接线图。图中共有 6 套双管荧光灯、2 套黑板灯、2 台电扇。电源线路由教室右侧引进来,三根线共管。教室前面 4 套灯具由双联开关控制,吊扇分别在门口控制,黑板灯在讲台处控制。

(5)图 3-12 是某住宅小区照明配电系统图。当施工图中有配电干线系统图或竖向系统图时,应首先阅读该图。通过阅读干线系统图,可以了解本建筑物配电系统的基本情况,如建筑物内设有多少个配电箱,各配电箱之间的关系、接线情况等,对配电系统有一个初步了解,然后再配合配电箱系统图及平面布置图,即可迅速地对整个系统全面了解。

系统采用三相四线制电力电缆进入全楼总配电箱 AP1,总箱分出两个回路,分别为两个单元放射式配电到各单元一层电表箱 AW1。配出线为聚氯乙烯绝缘聚氯乙烯护套铠装铜芯电力电缆,规格为 4×25+1×16(L 线、N 线截面为 $25mm^2$,PE 线截面为 $16mm^2$),保护管为 Φ80mm 水煤气管,埋地敷设,标注为 VV22(4×25+1×16)-RC80-FC。各户设配电箱,各户配电箱电源分别由电表箱放射式引出回路供电,配线截面为 $10mm^2$。塑料绝缘铜线,穿保护管为 Φ32mm 硬质阻燃管,沿墙敷设,标注为 BV(3×10)-PC32-WC。楼梯间照明及公共用电由专用回路供电,采用三根 $2.5mm^2$ 塑料绝缘铜芯线穿 Φ16mm 硬质阻燃管,沿墙敷设,标注为 BV(3×2.5)-PC16-WC。各户配电均采用单相供电,相序在各户箱旁标注。

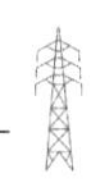

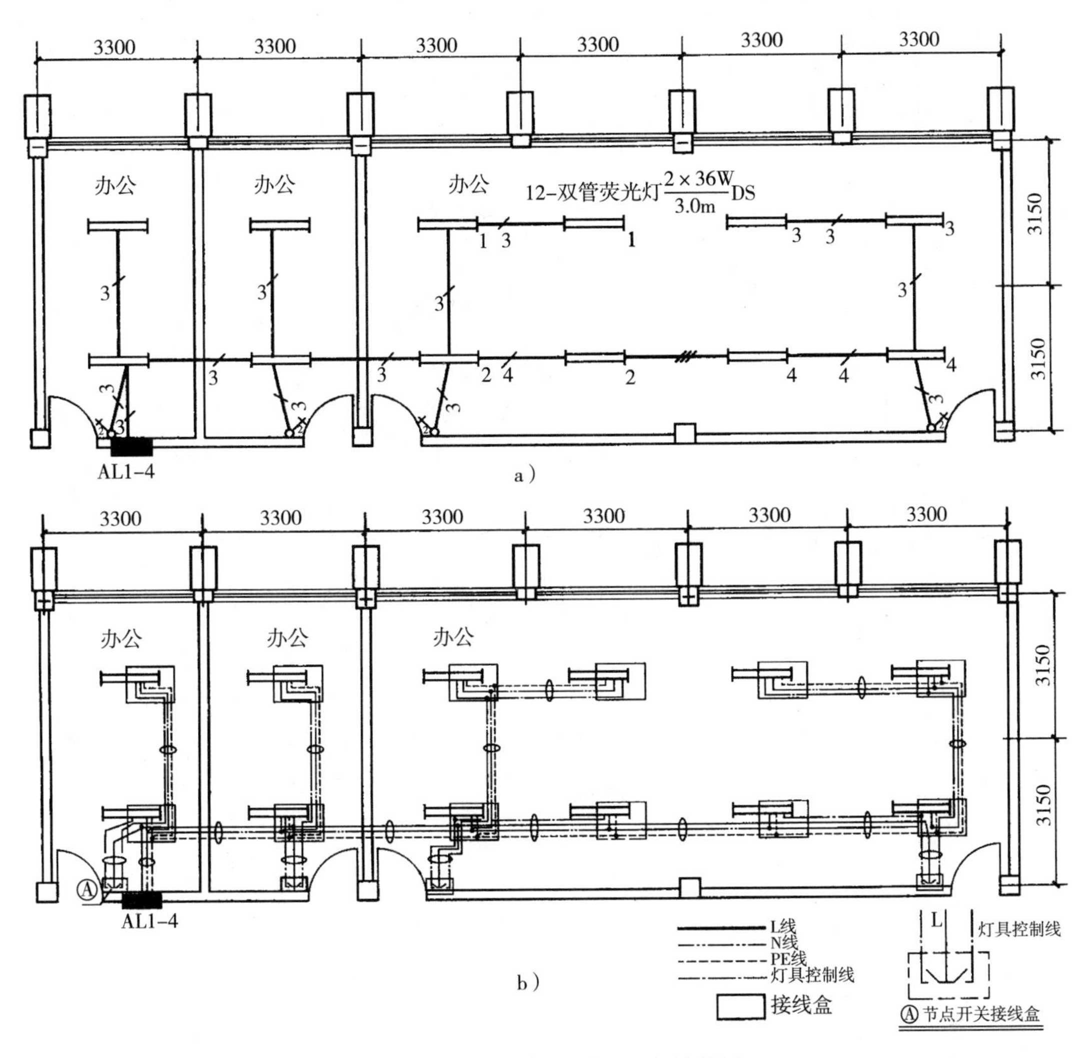

图 3－10　某局部照明平面与接线图

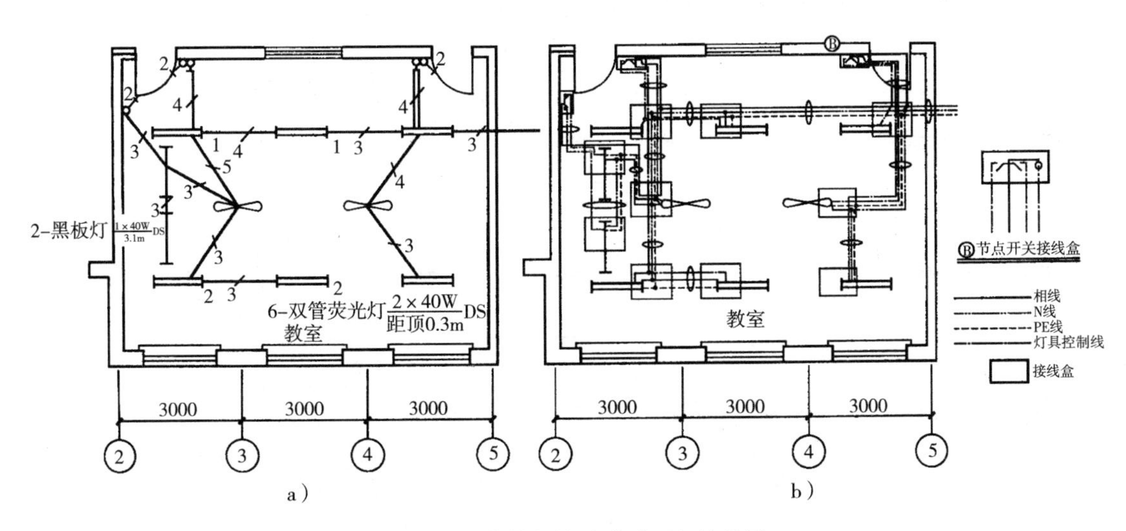

图 3－11　某教室的照明平面与接线图

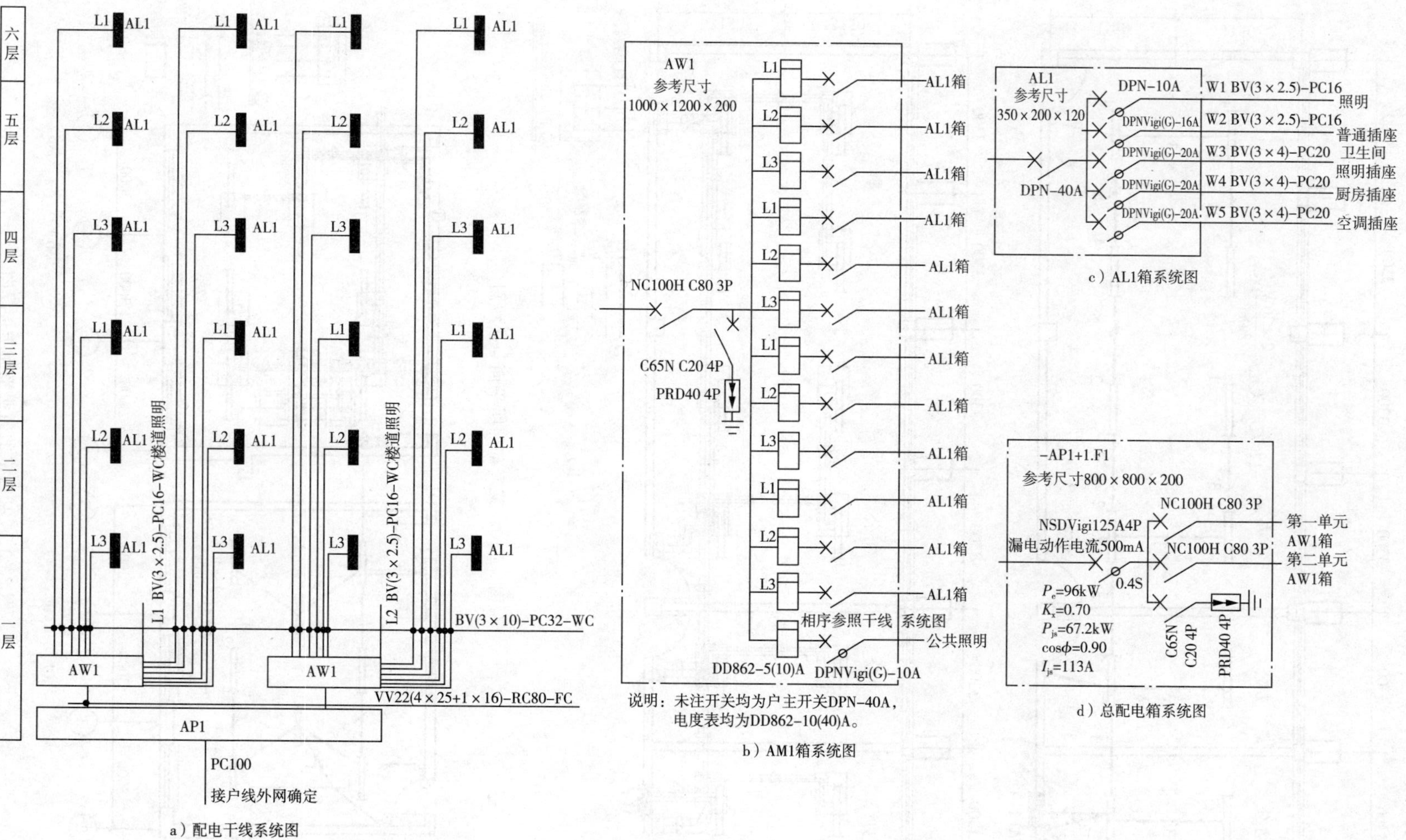

图3－12 某小区照明配电系统图

总配电箱 AP1，安装在首层，内设主开关 NSDVigi125A4P，本开关整定值 125A，带有预防电器火灾的四极漏电保护器，漏电动作电流 500mA，动作时间 0.2s；配有四极电泳保护器 PRD40 4P；各单元保护开关为 NC100H C80 3P，属于三极断路器，整定电流 80A。全楼安装容量 96kW，需要系数 0.7，功率因数 0.9，计算电流 113A。AW1 箱，单元各户电表集中安装在一层表箱内，配有四极电泳保护器 PRD40 4P，各户电表为 10(40)A 单相电度表，规格为 DD862-10(40)A，保护开关采用 40A 零火双断的微型断路器，标注为 DPN-40A，保护开关及电度表规格型号统一在图下的注中说明。设楼道公用电电度表为 5(10)A 单相电表，标注为 DD862-5(10)A，保护开关带过电压保护及漏电保护的零火双断微型断路器，标注为 DPNVigi(G)-10A。各户分别设分户配电箱，分户配电箱内分为照明、普通插座、卫生间插座、厨房插座、空调支路。其中照明支路编号为 W1，配出管线为三根 2.5mm^2 铜芯塑料铜线(L 线、N 线、PE 线)，穿 Φ16mm 硬质阻燃管，沿墙、顶棚敷设，标注为 BV(3×2.5)-PC16-WC、CC，保护开关为 10A 零火双断断路器。普通插座支路配出管线为 BV(3×2.5)-PC16-WC、CC，保护开关为零火双断的带漏电保护及过电压保护的微型断路器，标注为 DPNVigi(G)-16A。其余支路配出管线为 BV(3×4)-PC20-WC、CC，保护开关为 DPNVigi(G)-20A。

(6)把 AP 和 AW，AW 和 AL 连接起来，如图 3-13 所示。

(7)住宅照明平面图如图 3-14 所示。本图从电流入户的方向依次阅读，先后顺序为：进户线、配电柜、回路、配电箱、支路、支路上的用电设备。

(8)某综合楼的配电系统图如图 3-15 至图 3-22 所示。

本工程建筑面积 5100m^2，一层层高 3.6m，二至五层层高 3m，建筑高度约 16m，框架结构，现浇混凝土楼板。一、二层为门市；三至六层分为两部分，一部分为宾馆，一部分为写字楼。本工程的所有气体放电灯均就地补偿，或采用电子镇流器，功率因数不低于 0.9，所有的插座回路配漏电保护器，漏电保护器的动作电流 30mA，联合接地并做总等电位联结，接地电阻小于 1Ω，卫生间做局部等电位联结。平面图中未标注的管线照明为 BV-2.5 穿管管径 3 根以下 PC20，4～5 根 PC25，6 根以上 SC32，8 根以上管线不得穿在同一管中，不同支路不得共管敷设。普通插座采用 BV(3×2.5)-PC20-WC、CC，空调回路 BV(3×4)-PC25-WC、CC，空调插座箱回路 BV(5×4)-PC32-WC、CC，客房部分配电箱至客房内配电箱间的配电管线为 BV(3×10)-KBG32-WC、CE；装修时在吊顶内敷设的管线均穿钢管(整条线路)敷设，管径同上。PE 线必须用绿/黄导线或标识。

本楼为三相四线电缆进户，配电柜 AA 采用 GZ1 系列配电柜，其防护等级 IP55。主开关带有漏电保护，漏电动作电流 500mA。同时，柜内设有电泳保护器，型号为 PRD40 4P，保护开关，型号为 C65N C20 4P，主开关后设有电流互感器及电度表，型号分别为 LMZ-1-0.5 400/5 及 DT862-5(10)。配电柜配出 9 路电源，门市为 2 路：一路采用树干式连接了 6 套门市，干线为 YJV(4×25+1×16)-PC50-WC，保护开关 NC100H-C80A-3P；另一路采用树干式连接了 8 套门市，干线为 YJV(4×35+1×16)-PC63-WC，保护开关为 NC100H-C100A-3P。每套门市设有电度表箱和每层一个照明配电箱，在每个电度表箱内 T 接，引出线路进入每套门市的配电箱，配线为 BV(5×16)-PC40-WC。一、二层门厅部分采用一路树干式配电，保护开关为 NC100H-D32A-3P，管线为 YJV(5×10)-SC50-SCE。门市部分树干式连接，干线敷设在墙内，用素混凝土梁保护。AW 箱安装高度 2.5m。在配电干线系统图的 P3 回路标注有“参 04D701-1-34”，此处是选用了国家标准图集，“04D701-1”为电气竖井设备安装图集，“34”为图集所在的页码，经查图集为穿刺分支电力电缆安装。本工程的电梯在配电室引出专用回路供电，配电线管为 YJV(5×10)-SC50-SCE。

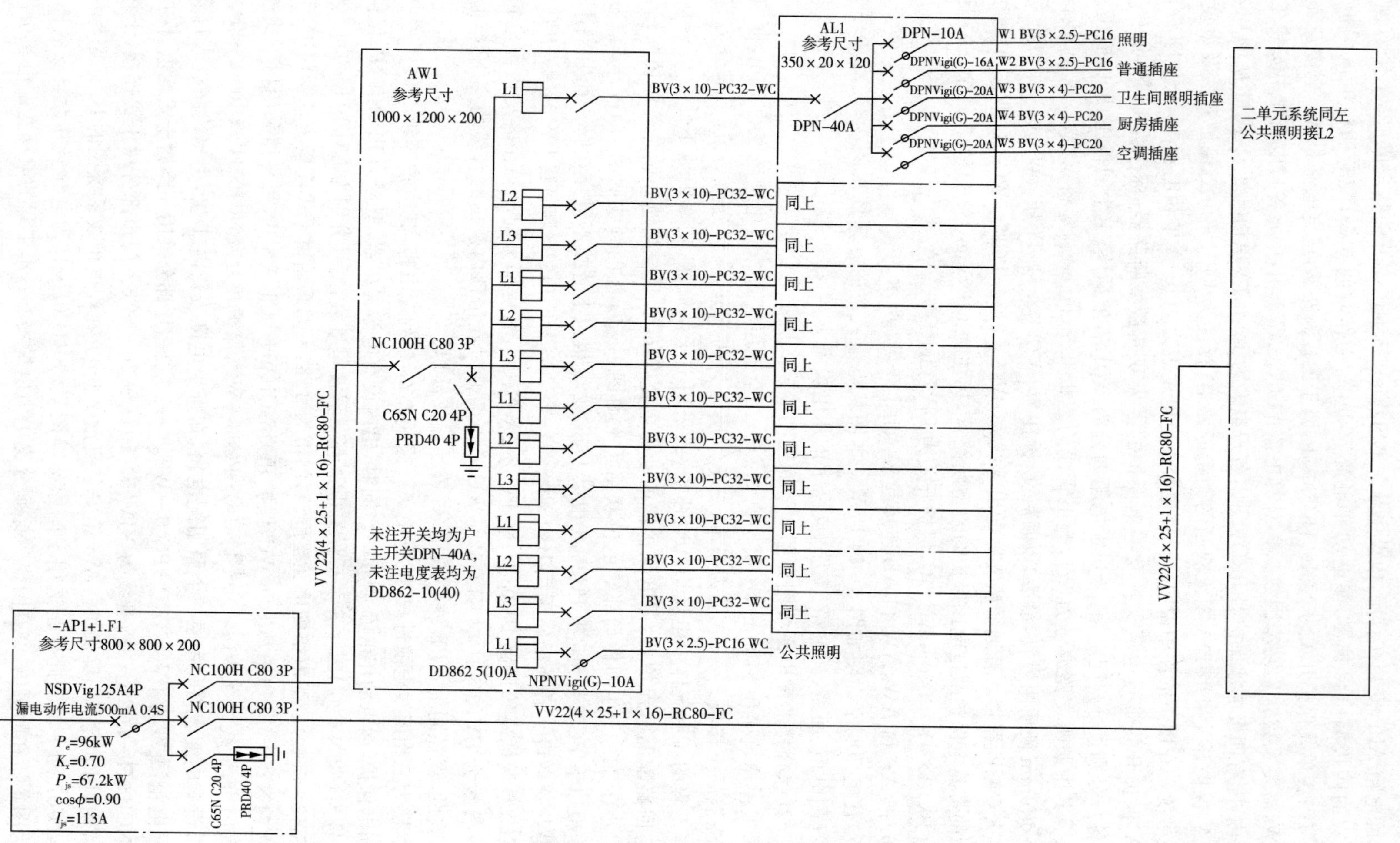
AW1
参考尺寸
1000×1200×200
AL1
参考尺寸
350×20×120
DPN–10A
DPN–40A
DPNVigi(G)–16A
DPNVigi(G)–20A
W1 BV(3×2.5)–PC16 照明
W2 BV(3×2.5)–PC16 普通插座
W3 BV(3×4)–PC20 卫生间照明插座
W4 BV(3×4)–PC20 厨房插座
W5 BV(3×4)–PC20 空调插座
二单元系统同左
公共照明接L2
BV(3×10)–PC32–WC
同上
BV(3×2.5)–PC16 WC
公共照明
NC100H C80 3P
C65N C20 4P
PRD40 4P
未注开关均为户
主开关DPN–40A,
未注电度表均为
DD862–10(40)
DD862 5(10)A
NPNVigi(G)–10A
VV22(4×25+1×16)–RC80–FC
–AP1+1.F1
参考尺寸800×800×200
NSDVig125A4P
漏电动作电流500mA 0.4S
P_e=96kW
K_x=0.70
P_{js}=67.2kW
cosφ=0.90
I_{js}=113A

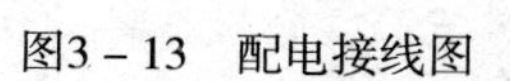
图3－13 配电接线图

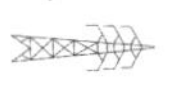

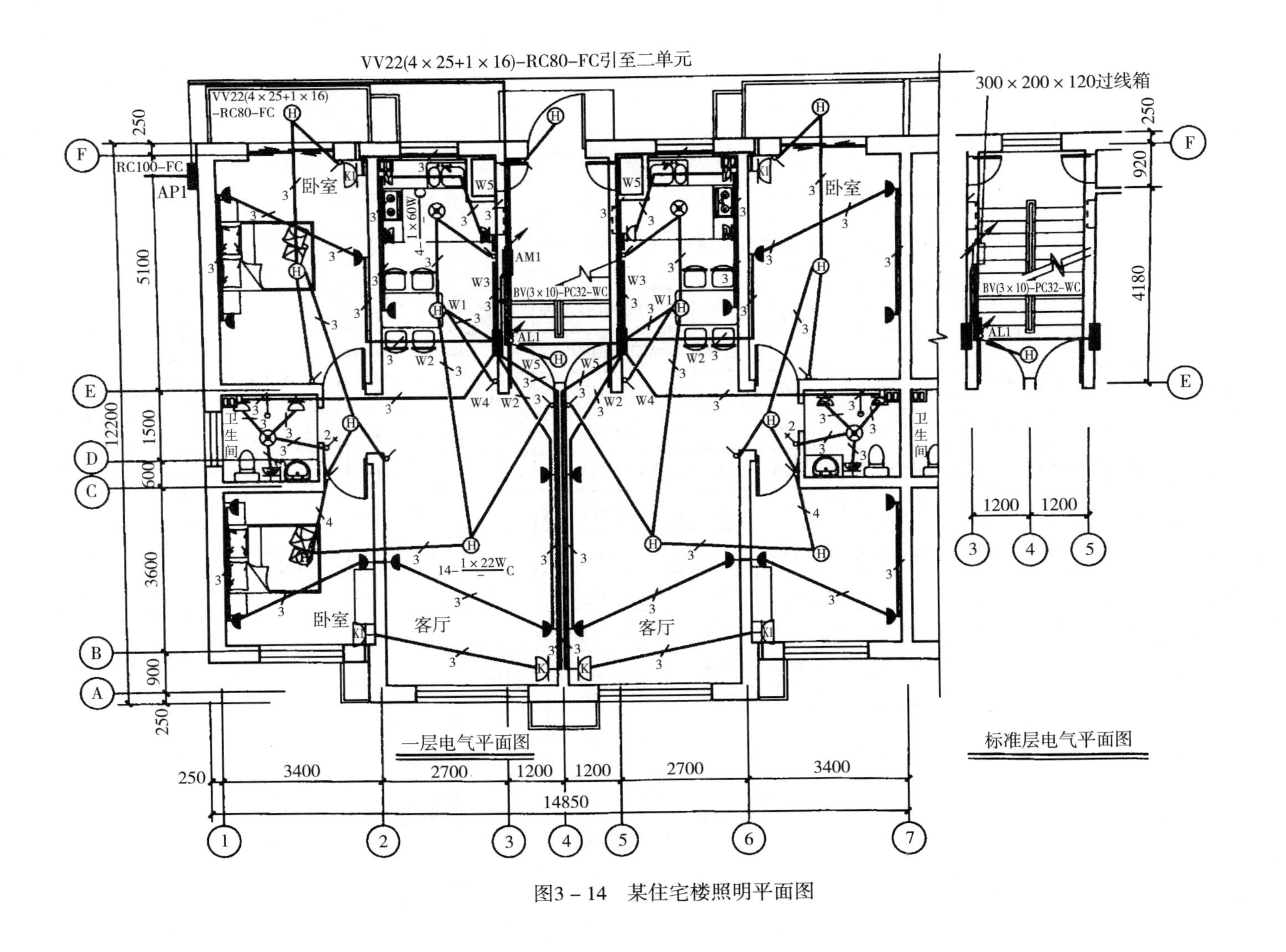

图3-14 某住宅楼照明平面图

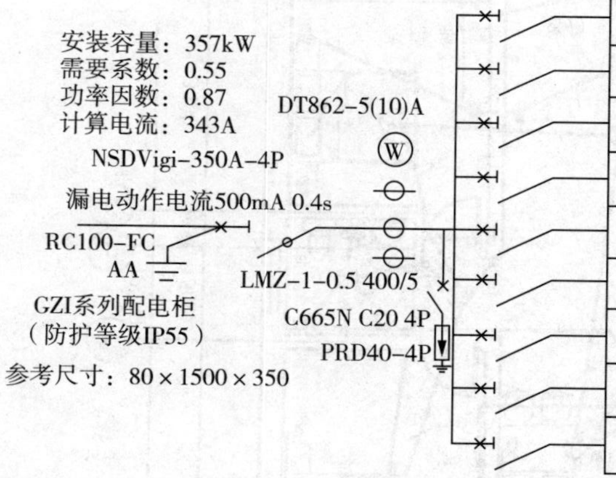

安装容量：357kW
需要系数：0.55
功率因数：0.87
计算电流：343A

DT862-5(10)A

NSDVigi-350A-4P

漏电动作电流500mA 0.4s

RC100-FC
AA

LMZ-1-0.5 400/5

C665N C20 4P

PRD40-4P

GZI系列配电柜
（防护等级IP55）

参考尺寸：80×1500×350

回路编号	开关型号	安装容量(kW)	需要系数	用途	配线
P1	NC100H-C80A-3P	54	0.75	一、二层门市	YJV(4×25+1×16)-PC50-WC
P2	NC100H-C100A-3P	72	0.70	一、二层门市	YJV(4×35+1×16)-PC63-WC
P3	NSD-125A-3P	101.3	0.57	三至五层客房	YJV(4×50+1×25)-SC100
P4	NC100H-D32A-3P	6.2	1.00	一、二层门厅	YJV(5×10)-SC50-SCE
P5	NC100H-C63A-3P	41.4	0.71	三至五层办公照明	YJV(5×16)-SC50-SCE
P6	NC100H-C63A-3P	72.0	0.41	三至五层办公空调	YJV(5×16)-SC50-SCE
P7	NC100H-D32A-3P	11.0	1.00	电梯	YJV(5×10)-SC50-SCE
	NC100H-D32A-3P	备用			
	NC100H-D32A-3P	备用			

图3－15　总配电柜系统图

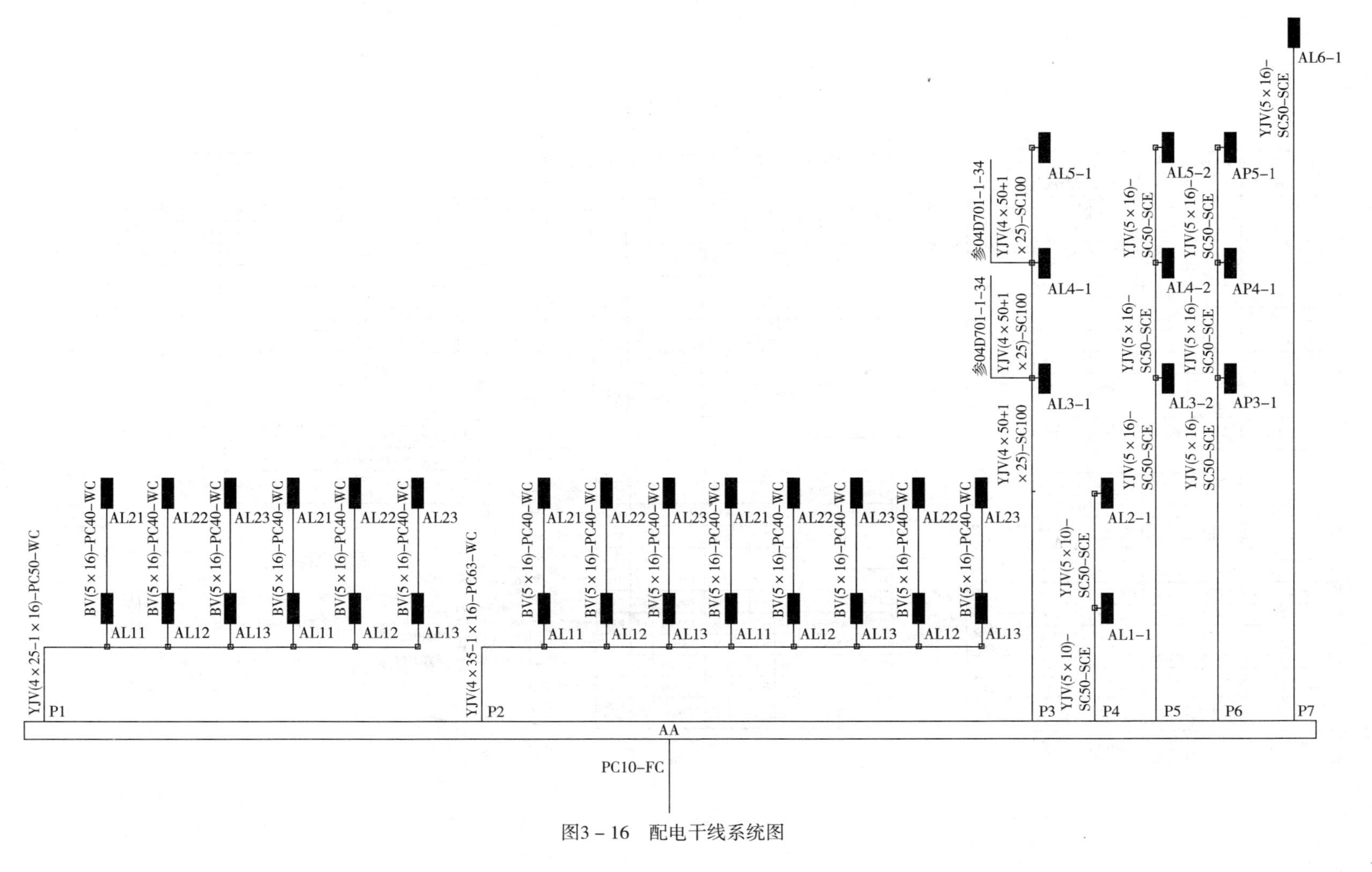

图3-16　配电干线系统图

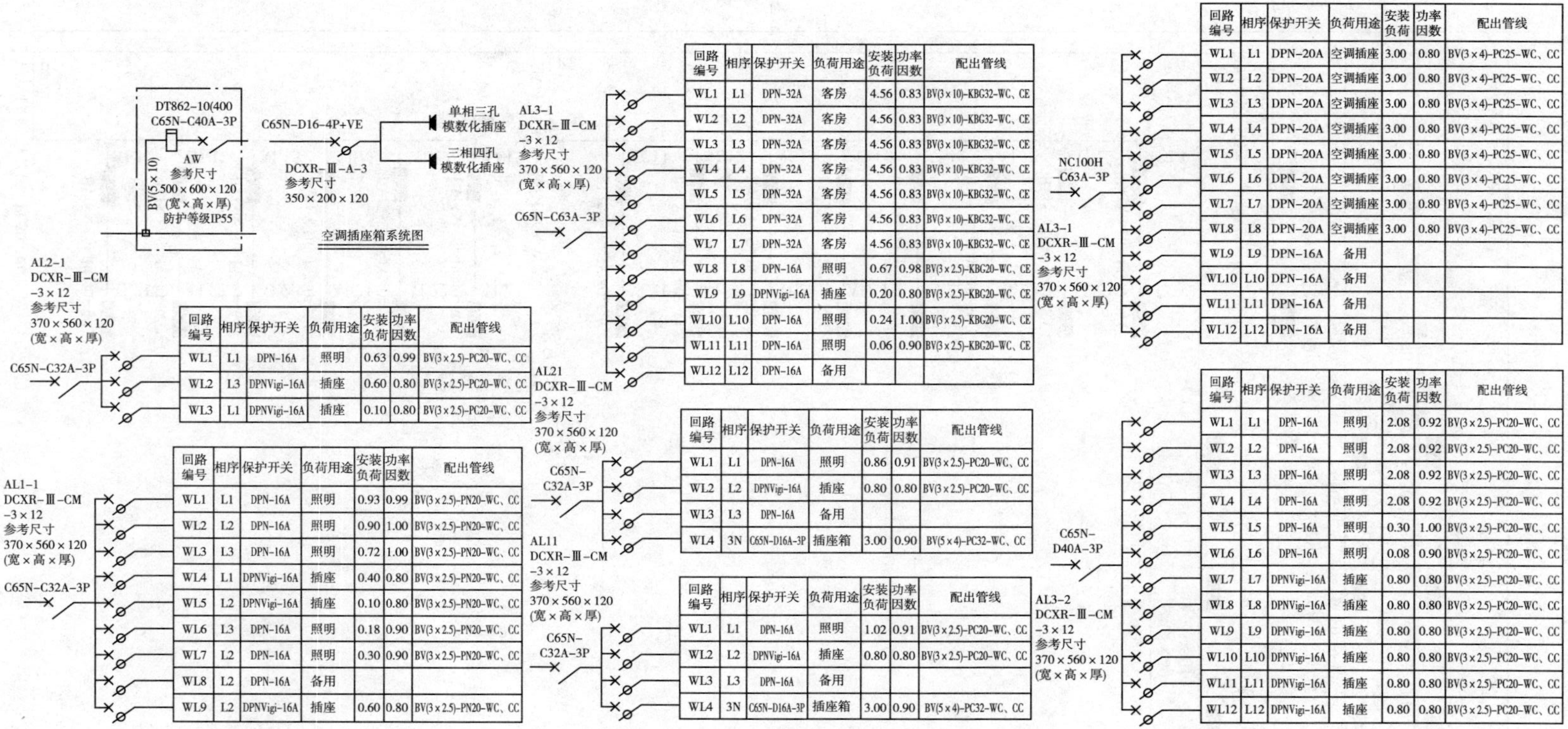

DT862-10(40)
C65N-C40A-3P
AW
参考尺寸
500×600×120
(宽×高×厚)
防护等级IP55
BV(5×10)

C65N-D16-4P+VE
DCXR-Ⅲ-A-3
参考尺寸
350×200×120
单相三孔模数化插座
三相四孔模数化插座

空调插座箱系统图

AL2-1
DCXR-Ⅲ-CM
-3×12
参考尺寸
370×560×120
(宽×高×厚)
C65N-C32A-3P

回路编号	相序	保护开关	负荷用途	安装负荷	功率因数	配出管线
WL1	L1	DPN-16A	照明	0.63	0.99	BV(3×2.5)-PC20-WC、CC
WL2	L3	DPNVigi-16A	插座	0.60	0.80	BV(3×2.5)-PC20-WC、CC
WL3	L1	DPNVigi-16A	插座	0.10	0.80	BV(3×2.5)-PC20-WC、CC

AL1-1
DCXR-Ⅲ-CM
-3×12
参考尺寸
370×560×120
(宽×高×厚)
C65N-C32A-3P

回路编号	相序	保护开关	负荷用途	安装负荷	功率因数	配出管线
WL1	L1	DPN-16A	照明	0.93	0.99	BV(3×2.5)-PN20-WC、CC
WL2	L2	DPN-16A	照明	0.90	1.00	BV(3×2.5)-PN20-WC、CC
WL3	L3	DPN-16A	照明	0.72	1.00	BV(3×2.5)-PN20-WC、CC
WL4	L1	DPNVigi-16A	插座	0.40	0.80	BV(3×2.5)-PN20-WC、CC
WL5	L2	DPNVigi-16A	插座	0.10	0.80	BV(3×2.5)-PN20-WC、CC
WL6	L3	DPN-16A	照明	0.18	0.90	BV(3×2.5)-PN20-WC、CC
WL7	L2	DPN-16A	照明	0.30	0.90	BV(3×2.5)-PN20-WC、CC
WL8	L2	DPN-16A	备用			
WL9	L2	DPNVigi-16A	插座	0.60	0.80	BV(3×2.5)-PN20-WC、CC

AL3-1
DCXR-Ⅲ-CM
-3×12
参考尺寸
370×560×120
(宽×高×厚)
C65N-C63A-3P

回路编号	相序	保护开关	负荷用途	安装负荷	功率因数	配出管线
WL1	L1	DPN-32A	客房	4.56	0.83	BV(3×10)-KBG32-WC、CE
WL2	L2	DPN-32A	客房	4.56	0.83	BV(3×10)-KBG32-WC、CE
WL3	L3	DPN-32A	客房	4.56	0.83	BV(3×10)-KBG32-WC、CE
WL4	L4	DPN-32A	客房	4.56	0.83	BV(3×10)-KBG32-WC、CE
WL5	L5	DPN-32A	客房	4.56	0.83	BV(3×10)-KBG32-WC、CE
WL6	L6	DPN-32A	客房	4.56	0.83	BV(3×10)-KBG32-WC、CE
WL7	L7	DPN-32A	客房	4.56	0.83	BV(3×10)-KBG32-WC、CE
WL8	L8	DPN-16A	照明	0.67	0.98	BV(3×2.5)-KBG20-WC、CE
WL9	L9	DPNVigi-16A	插座	0.20	0.80	BV(3×2.5)-KBG20-WC、CE
WL10	L10	DPN-16A	照明	0.24	1.00	BV(3×2.5)-KBG20-WC、CE
WL11	L11	DPN-16A	照明	0.06	0.90	BV(3×2.5)-KBG20-WC、CE
WL12	L12	DPN-16A	备用			

AL21
DCXR-Ⅲ-CM
-3×12
参考尺寸
370×560×120
(宽×高×厚)
C65N-C32A-3P

回路编号	相序	保护开关	负荷用途	安装负荷	功率因数	配出管线
WL1	L1	DPN-16A	照明	0.86	0.91	BV(3×2.5)-PC20-WC、CC
WL2	L2	DPNVigi-16A	插座	0.80	0.80	BV(3×2.5)-PC20-WC、CC
WL3	L3	DPN-16A	备用			
WL4	3N	C65N-D16A-3P	插座箱	3.00	0.90	BV(5×4)-PC32-WC、CC

AL11
DCXR-Ⅲ-CM
-3×12
参考尺寸
370×560×120
(宽×高×厚)
C65N-C32A-3P

回路编号	相序	保护开关	负荷用途	安装负荷	功率因数	配出管线
WL1	L1	DPN-16A	照明	1.02	0.91	BV(3×2.5)-PC20-WC、CC
WL2	L2	DPNVigi-16A	插座	0.80	0.80	BV(3×2.5)-PC20-WC、CC
WL3	L3	DPN-16A	备用			
WL4	3N	C65N-D16A-3P	插座箱	3.00	0.90	BV(5×4)-PC32-WC、CC

NC100H
-C63A-3P
AL3-1
DCXR-Ⅲ-CM
-3×12
参考尺寸
370×560×120
(宽×高×厚)

回路编号	相序	保护开关	负荷用途	安装负荷	功率因数	配出管线
WL1	L1	DPN-20A	空调插座	3.00	0.80	BV(3×4)-PC25-WC、CC
WL2	L2	DPN-20A	空调插座	3.00	0.80	BV(3×4)-PC25-WC、CC
WL3	L3	DPN-20A	空调插座	3.00	0.80	BV(3×4)-PC25-WC、CC
WL4	L4	DPN-20A	空调插座	3.00	0.80	BV(3×4)-PC25-WC、CC
WL5	L5	DPN-20A	空调插座	3.00	0.80	BV(3×4)-PC25-WC、CC
WL6	L6	DPN-20A	空调插座	3.00	0.80	BV(3×4)-PC25-WC、CC
WL7	L7	DPN-20A	空调插座	3.00	0.80	BV(3×4)-PC25-WC、CC
WL8	L8	DPN-20A	空调插座	3.00	0.80	BV(3×4)-PC25-WC、CC
WL9	L9	DPN-16A	备用			
WL10	L10	DPN-16A	备用			
WL11	L11	DPN-16A	备用			
WL12	L12	DPN-16A	备用			

C65N-
D40A-3P
AL3-2
DCXR-Ⅲ-CM
-3×12
参考尺寸
370×560×120
(宽×高×厚)

回路编号	相序	保护开关	负荷用途	安装负荷	功率因数	配出管线
WL1	L1	DPN-16A	照明	2.08	0.92	BV(3×2.5)-PC20-WC、CC
WL2	L2	DPN-16A	照明	2.08	0.92	BV(3×2.5)-PC20-WC、CC
WL3	L3	DPN-16A	照明	2.08	0.92	BV(3×2.5)-PC20-WC、CC
WL4	L4	DPN-16A	照明	2.08	0.92	BV(3×2.5)-PC20-WC、CC
WL5	L5	DPN-16A	照明	0.30	1.00	BV(3×2.5)-PC20-WC、CC
WL6	L6	DPN-16A	照明	0.08	0.90	BV(3×2.5)-PC20-WC、CC
WL7	L7	DPNVigi-16A	插座	0.80	0.80	BV(3×2.5)-PC20-WC、CC
WL8	L8	DPNVigi-16A	插座	0.80	0.80	BV(3×2.5)-PC20-WC、CC
WL9	L9	DPNVigi-16A	插座	0.80	0.80	BV(3×2.5)-PC20-WC、CC
WL10	L10	DPNVigi-16A	插座	0.80	0.80	BV(3×2.5)-PC20-WC、CC
WL11	L11	DPNVigi-16A	插座	0.80	0.80	BV(3×2.5)-PC20-WC、CC
WL12	L12	DPNVigi-16A	插座	0.80	0.80	BV(3×2.5)-PC20-WC、CC

图3－17　配电箱系统图

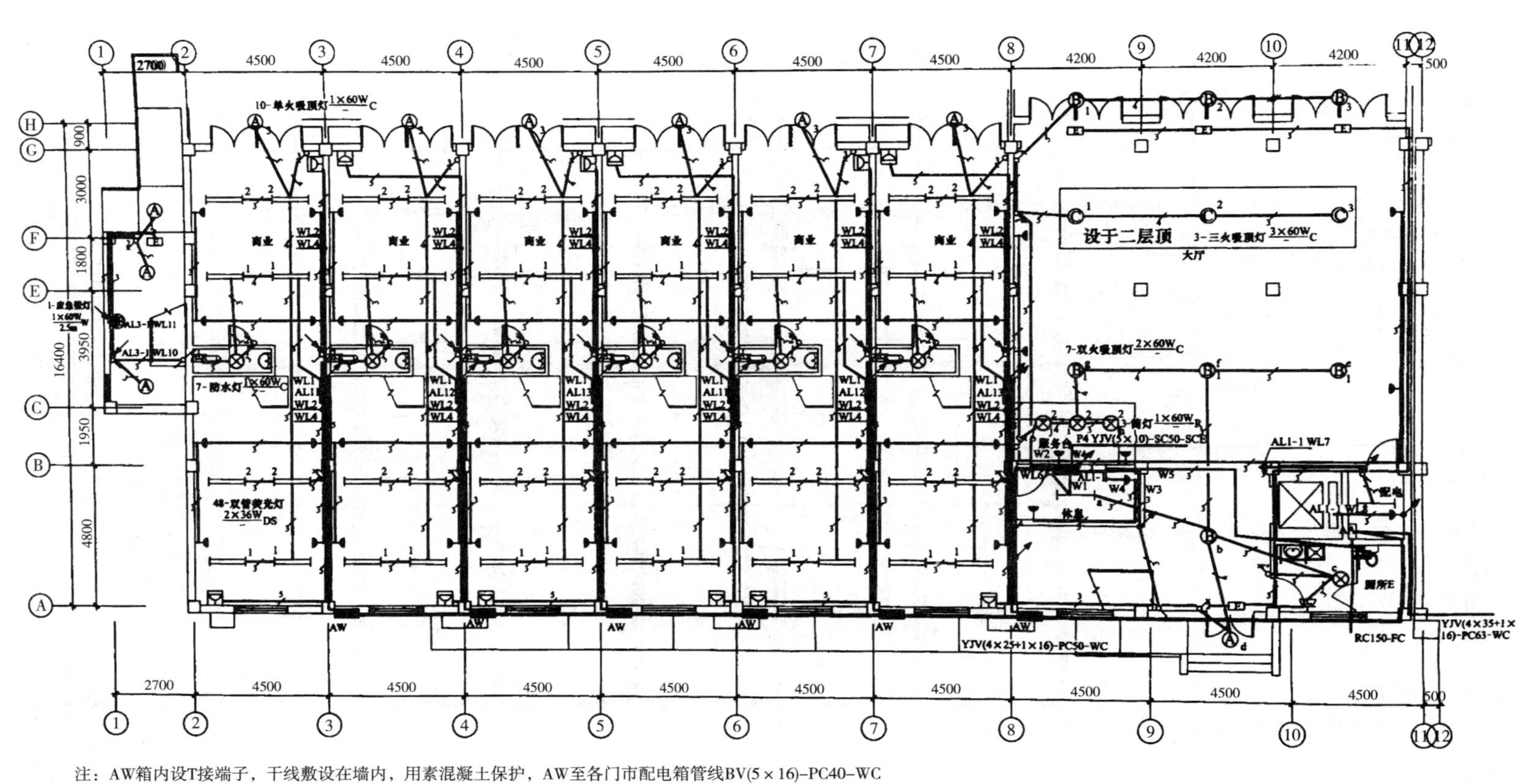

注：AW箱内设T接端子，干线敷设在墙内，用素混凝土保护，AW至各门市配电箱管线BV(5×16)-PC40-WC

图3－18　一层照明平面图

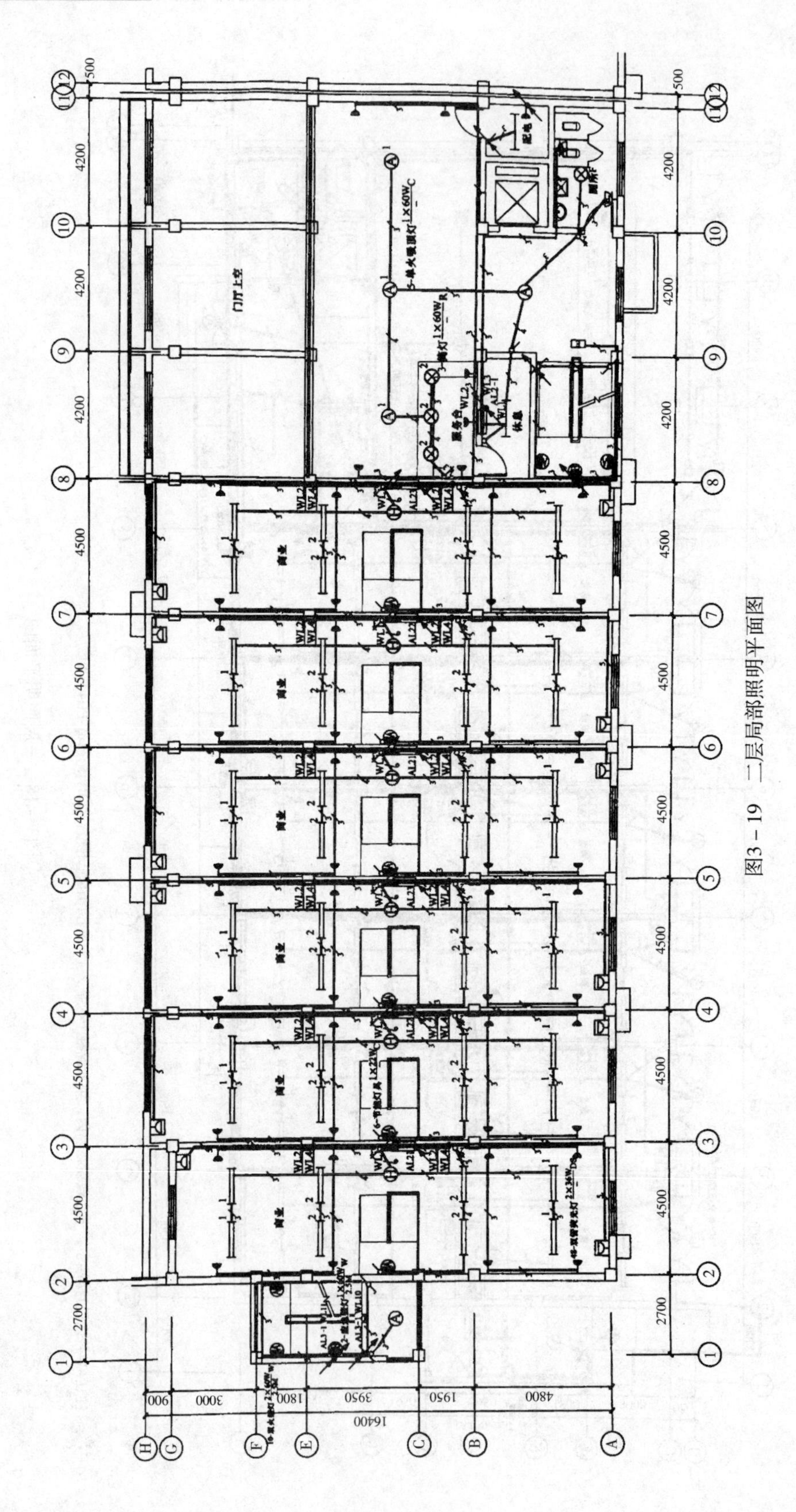

图3－19　二层局部照明平面图

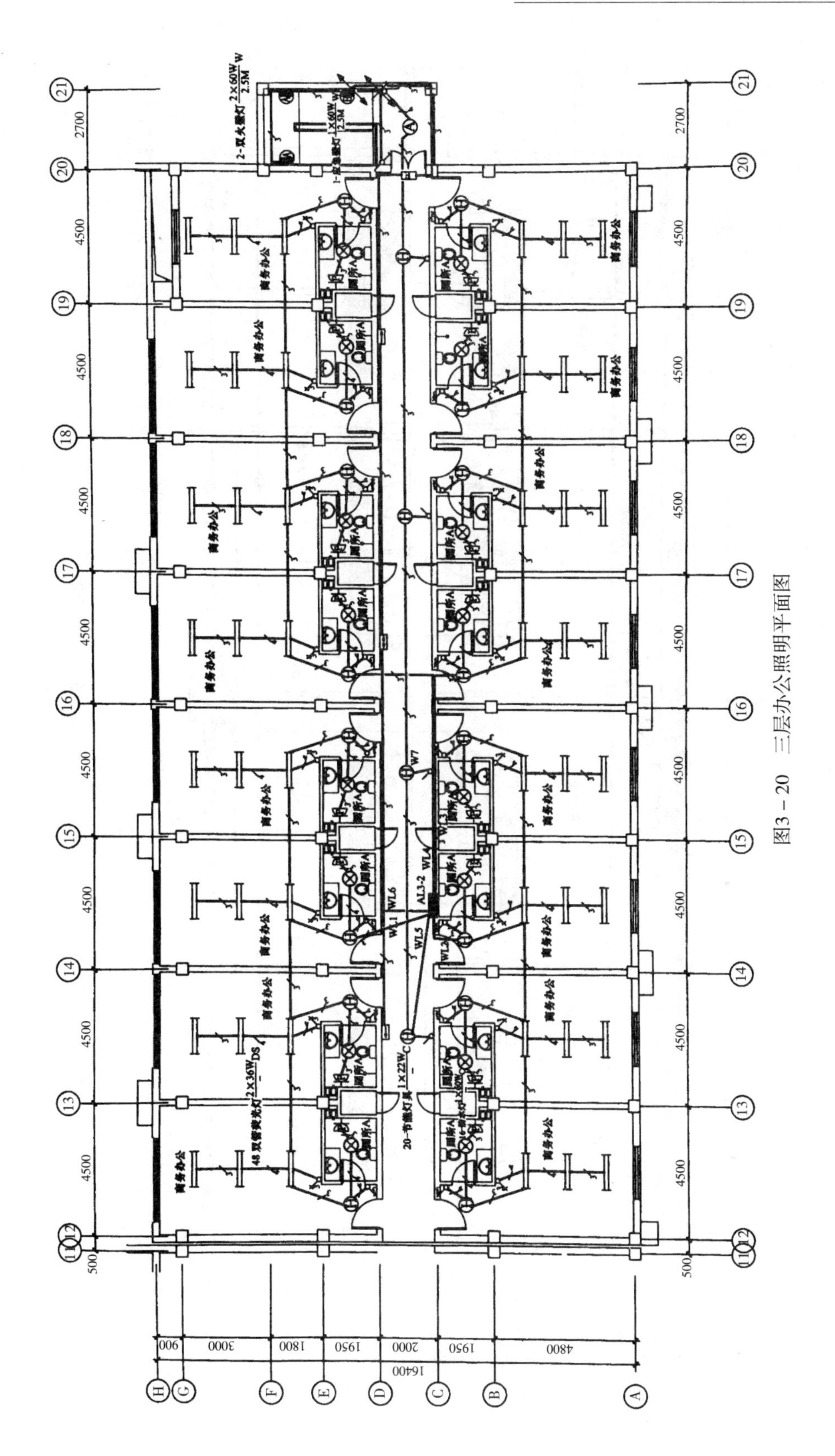

图3-20　三层办公照明平面图

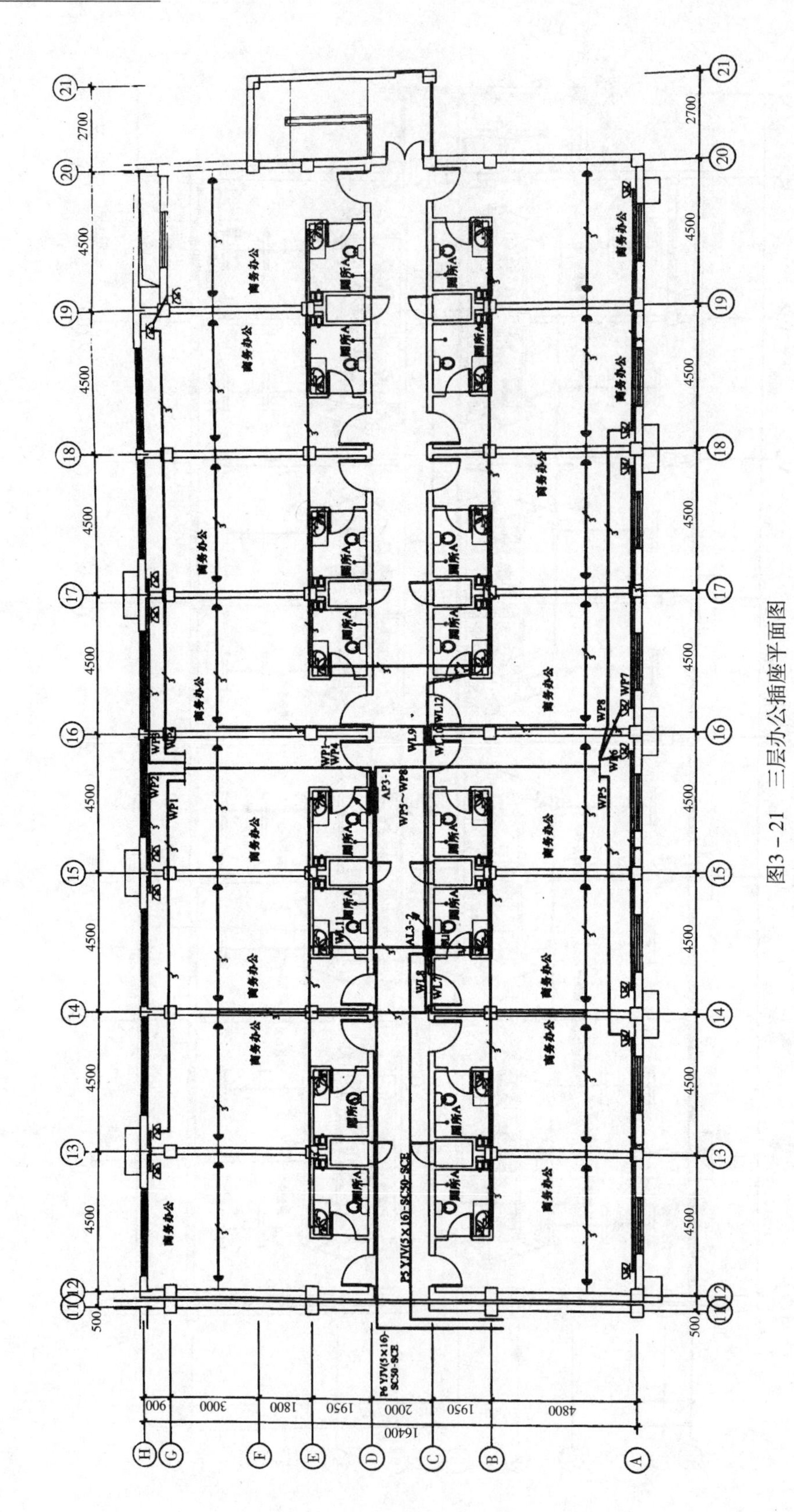

图3-21　三层办公插座平面图

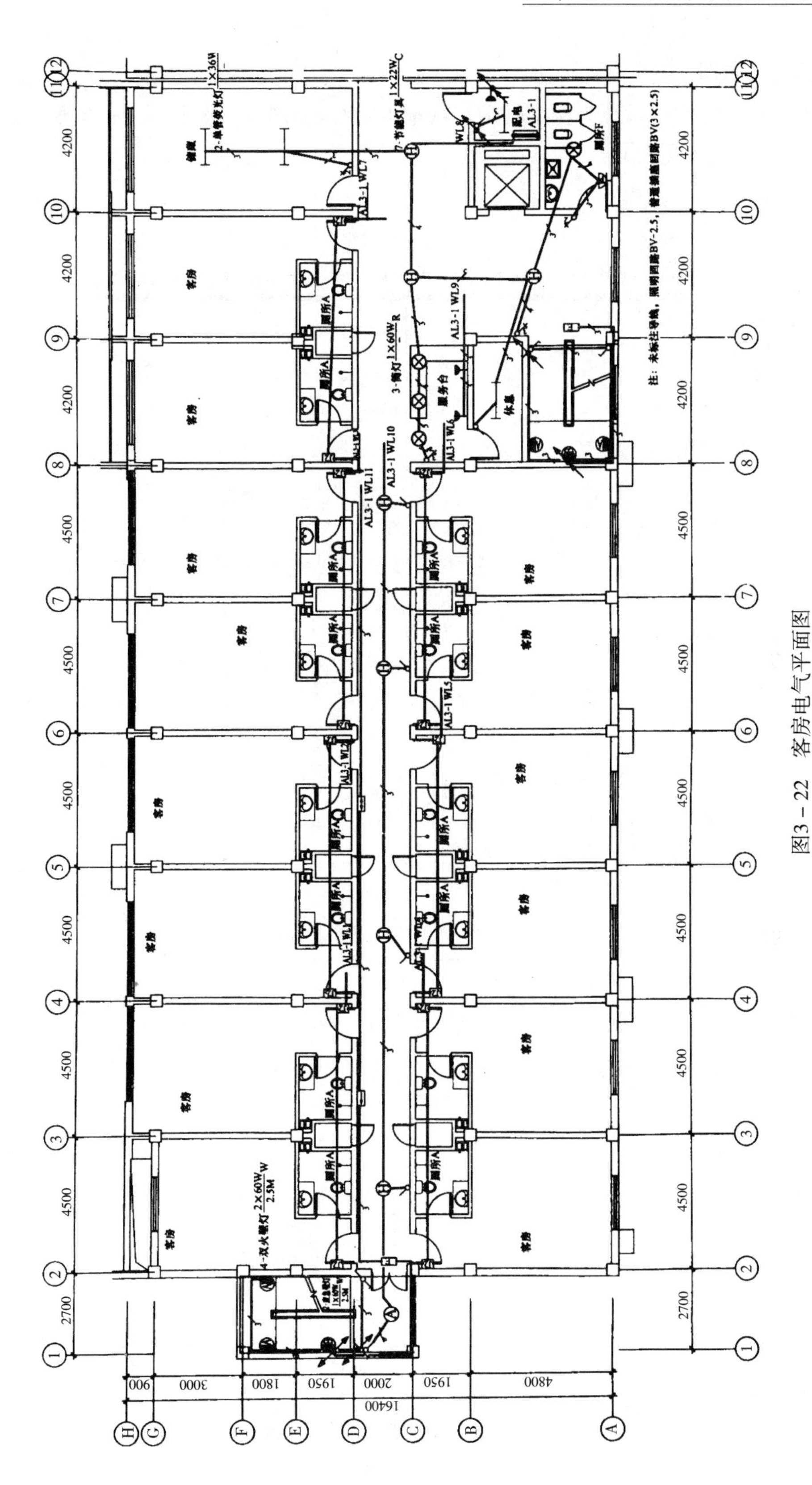

图3－22　客房电气平面图

四、动力工程图

(1)以锅炉房的配电系统为例。锅炉房的配电系统，如图 3－23 和图 3－24 所示。锅炉动力平面图如图 3－25 所示。

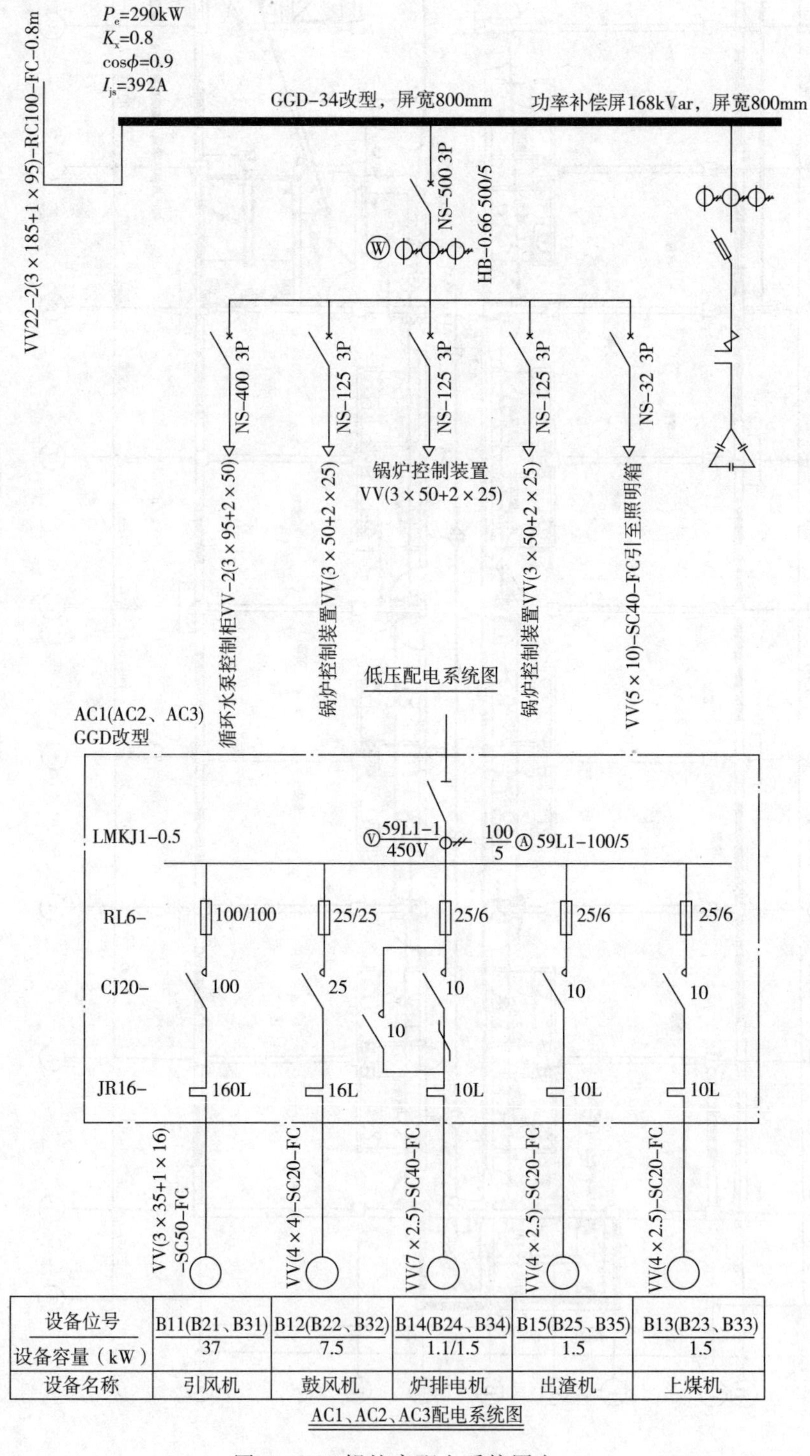

设备位号 设备容量（kW）	B11(B21、B31) 37	B12(B22、B32) 7.5	B14(B24、B34) 1.1/1.5	B15(B25、B35) 1.5	B13(B23、B33) 1.5
设备名称	引风机	鼓风机	炉排电机	出渣机	上煤机

AC1、AC2、AC3配电系统图

图 3－23 锅炉房配电系统图之一

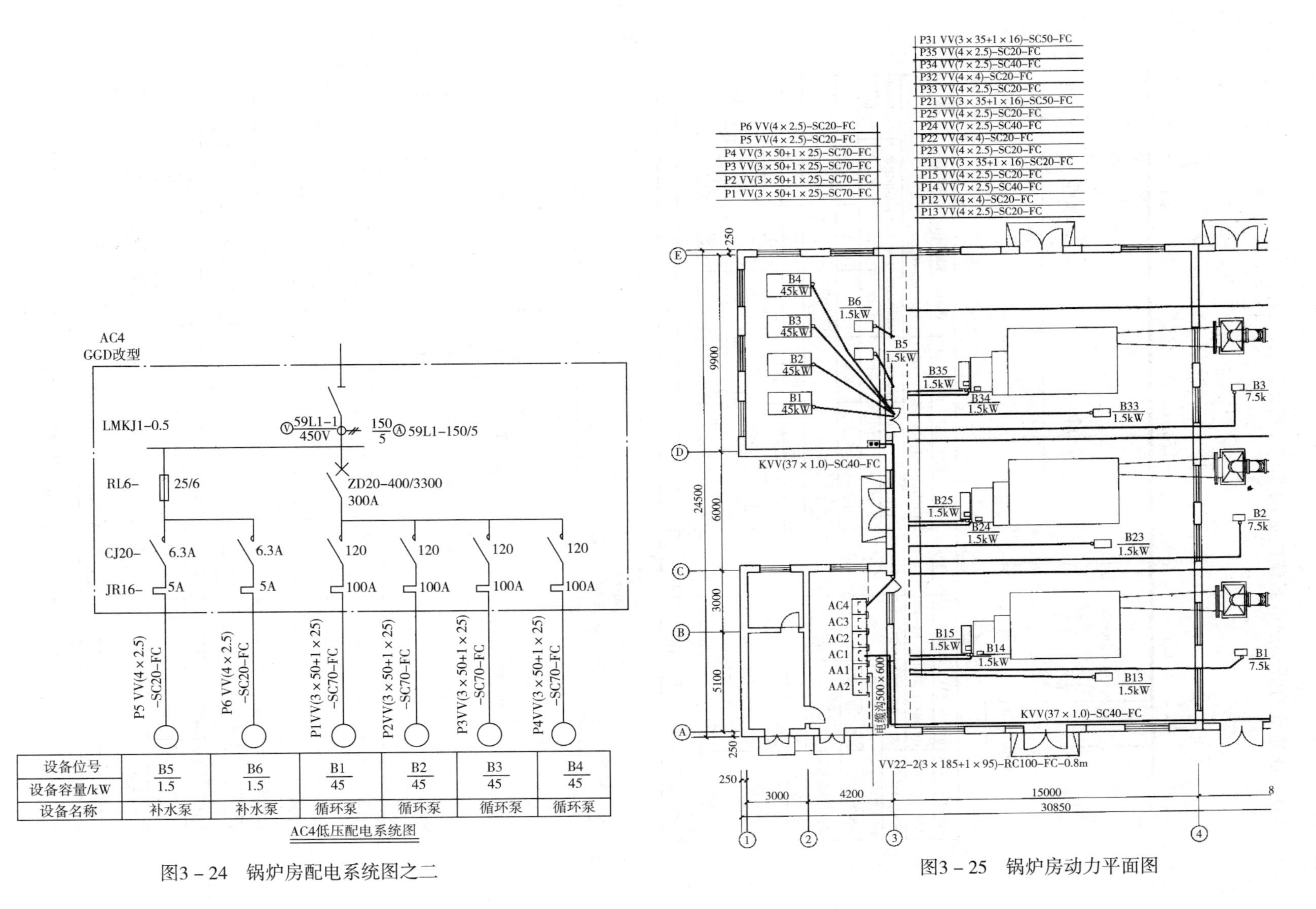

设备位号	B5	B6	B1	B2	B3	B4
设备容量/kW	1.5	1.5	45	45	45	45
设备名称	补水泵	补水泵	循环泵	循环泵	循环泵	循环泵

AC4低压配电系统图

图3-24　锅炉房配电系统图之二

图3-25　锅炉房动力平面图

(2)商业建筑的低压配电系统图如图 3 - 26 所示。

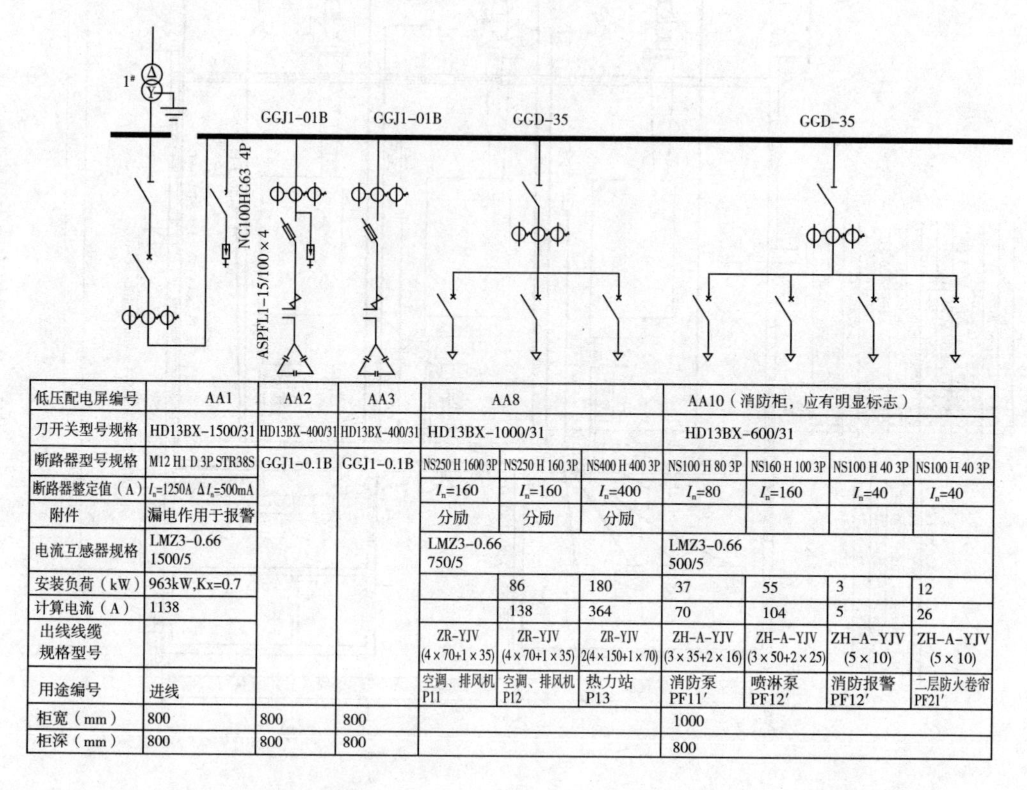

低压配电屏编号	AA1	AA2	AA3	AA8			AA10（消防柜，应有明显标志）			
刀开关型号规格	HD13BX-1500/31	HD13BX-400/31	HD13BX-400/31	HD13BX-1000/31			HD13BX-600/31			
断路器型号规格	M12 H1 D 3P STR38S	GGJ1-0.1B	GGJ1-0.1B	NS250 H 1600 3P	NS250 H 160 3P	NS400 H 400 3P	NS100 H 80 3P	NS160 H 100 3P	NS100 H 40 3P	NS100 H 40 3P
断路器整定值（A）	I_n=1250A ΔI_n=500mA			I_n=160	I_n=160	I_n=400	I_n=80	I_n=160	I_n=40	I_n=40
附件	漏电作用于报警			分励	分励	分励				
电流互感器规格	LMZ3-0.66 1500/5			LMZ3-0.66 750/5			LMZ3-0.66 500/5			
安装负荷（kW）	963kW,Kx=0.7				86	180	37	55	3	12
计算电流（A）	1138				138	364	70	104	5	26
出线线缆规格型号				ZR-YJV (4×70+1×35)	ZR-YJV (4×70+1×35)	ZR-YJV 2(4×150+1×70)	ZH-A-YJV (3×35+2×16)	ZH-A-YJV (3×50+2×25)	ZH-A-YJV (5×10)	ZH-A-YJV (5×10)
用途编号	进线			空调、排风机 P11	空调、排风机 P12	热力站 P13	消防泵 PF11′	喷淋泵 PF12′	消防报警 PF12′	二层防火卷帘 PF21′
柜宽（mm）	800	800	800				1000			
柜深（mm）	800	800	800				800			

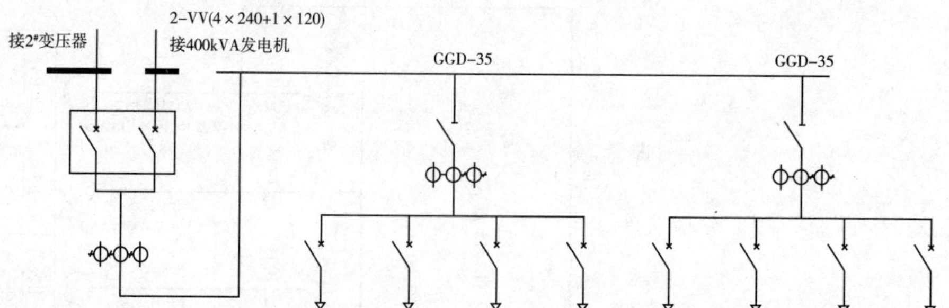

低压配电屏编号	AA19	AA22（消防柜，应有明显标志）				AA23（消防柜，应有明显标志）			
刀开关型号规格		HB13BX-600/31				HB13BX-600/31			
断路器型号规格	ATS NS630/630 H 4P-UT	NS100 H 80 3P	NS160 H 160 3P	NS160 H 40 3P	NS100 H 40 3P	NS100 H 40 3P	NS100 H 40 3P	NS100 H 40 3P	NS100 H 40 3P
断路器整定值		I_n=80	I_n=160	I_n=40	I_n=40	I_n=40	I_n=40	I_n=40	I_n=40
附件									
电流互感器规格	LMZ3-0.66 750/5	LMZ3-0.66 500/5				LMZ3-0.66 200/5			
安装负荷（kW）	355	37	60	3	12	12	12	12	
计算电流（A）	600	70	116	5	26	26	26	26	
出线线缆规格型号		NH-A-YJV (3×35+2×16)	NH-A-YJV (3×50+2×25)	NH-A-YJV (5×10)	NH-A-YJV (5×10)	NH-A-YJV (5×10)	NH-A-YJV (5×10)	NH-A-YJV (5×10)	
用途编号		消防泵 PF11′	喷淋泵 PF12′	消防报警 PF12′	二层防火卷帘 PF21′	三层防火卷帘 PF31′	四层防火卷帘 PF41′	电梯 PF52′	备用
柜宽（mm）	800	1000	1000			1000			
柜深（mm）	800	800	800			800			

图 3 - 26　商业建筑的低压配电系统图(未完待续)

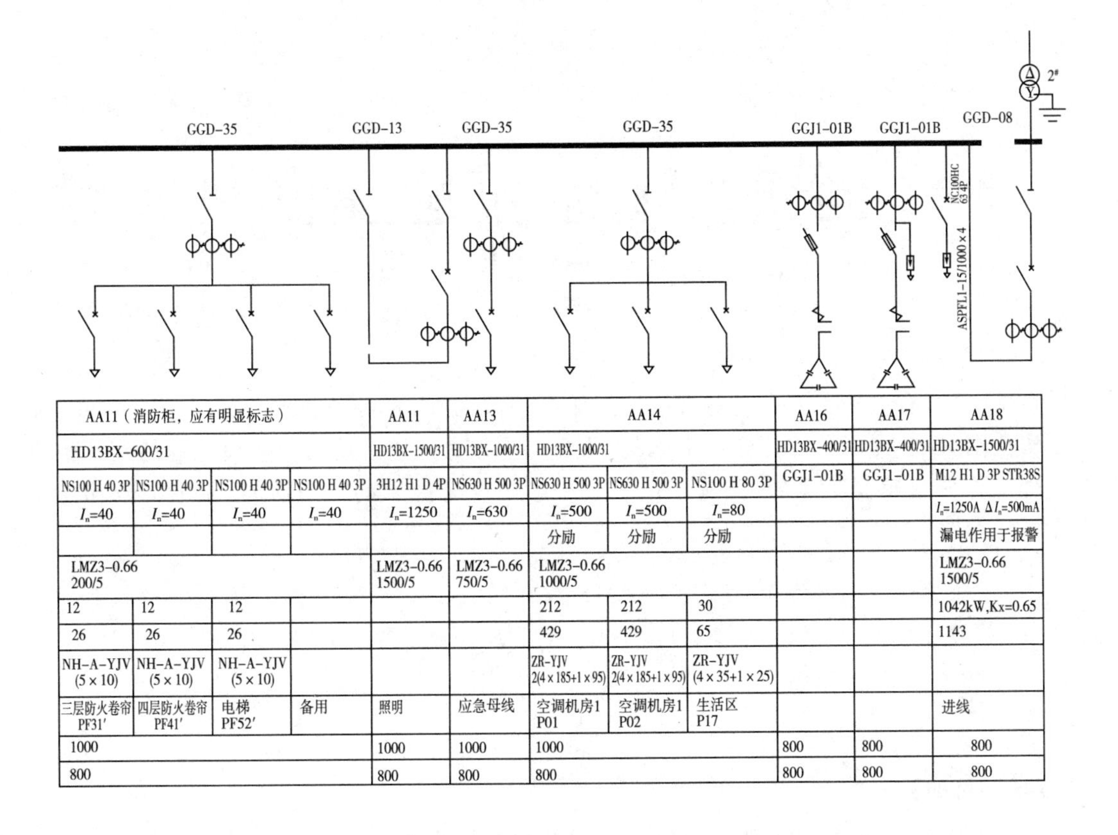

AA11（消防柜，应有明显标志）				AA11	AA13	AA14			AA16	AA17	AA18
HD13BX-600/31				HD13BX-1500/31	HD13BX-1000/31	HD13BX-1000/31			HD13BX-400/31	HD13BX-400/31	HD13BX-1500/31
NS100 H 40 3P	NS100 H 40 3P	NS100 H 40 3P	NS100 H 40 3P	3H12 H1 D 4P	NS630 H 500 3P	NS630 H 500 3P	NS630 H 500 3P	NS100 H 80 3P	GGJ1-01B	GGJ1-01B	M12 H1 D 3P STR38S
I_n=40	I_n=40	I_n=40	I_n=40	I_n=1250	I_n=630	I_n=500	I_n=500	I_n=80			I_n=1250A ΔI_n=500mA
						分励	分励	分励			漏电作用于报警
LMZ3-0.66 200/5				LMZ3-0.66 1500/5	LMZ3-0.66 750/5	LMZ3-0.66 1000/5					LMZ3-0.66 1500/5
12	12	12				212	212	30			1042kW,Kx=0.65
26	26	26				429	429	65			1143
NH-A-YJV (5×10)	NH-A-YJV (5×10)	NH-A-YJV (5×10)				ZR-YJV 2(4×185+1×95)	ZR-YJV 2(4×185+1×95)	ZR-YJV (4×35+1×25)			
三层防火卷帘 PF31′	四层防火卷帘 PF41′	电梯 PF52′	备用	照明	应急母线	空调机房1 P01	空调机房1 P02	生活区 P17			进线
1000				1000	1000	1000			800	800	800
800				800	800	800			800	800	800

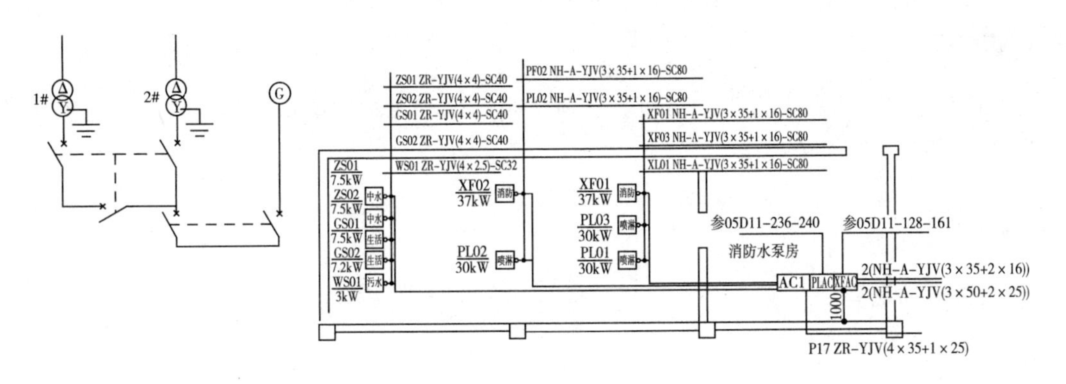

图 3－26　商业建筑的低压配电系统图(续上)

思考题与习题

1. 认识动力系统图中的导线和导线型号。
2. 动力工程是如何配电的？

单元四 防雷与接地工程图

在施工中，有些施工人员对防雷接地工作不够重视，认为其技术性不强、工艺较简单，加上工作范围又窄小，因此往往作业不规范，从而产生很大危害。防雷与接地工程的施工验收在监理工作中显得至关重要，其施工质量直接影响整个建筑的使用功能、使用安全和使用寿命。

任务一 防雷设备

【学习目的】

了解雷电危害，掌握防直击雷、感应雷、雷电波侵入的措施。

任务引入

我们在很多地方都可以看到避雷针和避雷带。电气工程中防雷工程的设计和施工是必不可少的，防雷工程非常重要。

相关知识

一、雷电的危害

1. 直击雷过电压

直击雷过电压是雷闪直接击中电工设备导电部分时所出现的过电压。雷闪击中带电的导体，如架空输电线路导线，称为直接雷击。雷闪击中正常情况下处于接地状态的导体，如输电线路铁塔，直击雷的电压峰值通常可达几万伏甚至几百万伏，电流峰值可达几万安乃至几十万安。

防直击雷措施：通常都是采用避雷针、避雷带、避雷线、避雷网或金属物件作为接闪器，将雷电流接收下来，并通过金属导体引下线导引至埋于大地起散流作用的接地装置，再泄散入地。

直击雷产生的危害如图 4 - 1 所示。

图 4-1　直击雷危害图

2. 感应雷过电压

感应雷过电压是雷闪击中电工设备附近地面，在放电过程中由于空间电磁场的急剧变化而使未直接遭受雷击的电工设备或线路(包括二次设备、通信设备)上感应出的过电压。感应雷过电压最高可达 500～600kV。

防感应雷的措施是将所有的金属体都接地。

感应雷危害实例：2003 年 5 月 12 日，河北阜平县海沿村奶牛场上空一道闪电后，大厅的 36 头奶牛应声倒地。其原因是大厅的钢结构屋架及分隔奶牛的铁栏杆没有良好接地，如图 4-2 所示，致使打雷时铁栏杆上出现的感应电压通过牛体放电使奶牛触电。

3. 雷电波侵入

雷电感应电压沿架空线路或金属管道窜入室内，从而损坏电器设备或发生火灾。据统计，供电系统由于雷电波侵入造成的雷害事故占整个雷害事故的 50%～70%。

预防措施：一般采用电缆引入室内。

4. 雷电反击危害

防雷装置接收雷击时，会在放电通道出现高电位，如果金属物体与防雷装置的距离不够，就会对其放电，称为雷电反击，如图 4-3 所示。雷电反击也会使电气设备绝缘损坏或引起火灾。

图 4-2　钢结构屋架的奶牛厂

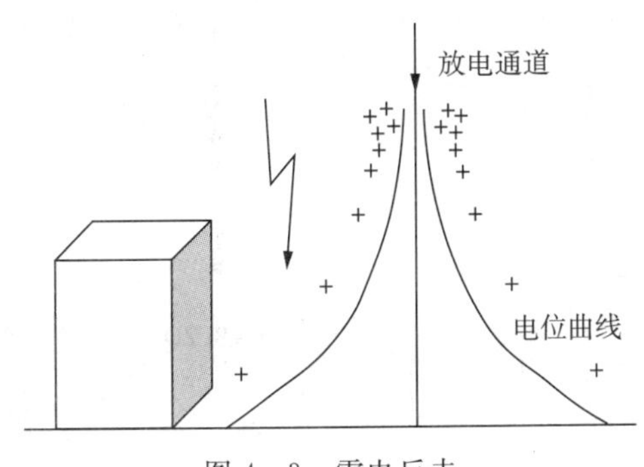

图 4-3　雷电反击

二、防雷装置

防雷装置由接闪器、引下线和接地装置三部分组成。

1. 接闪器

接闪器又称受雷装置，是接受雷击电流的金属导体。接闪器可由独立避雷针，架空避雷线，直接装在建筑物上的避雷针、避雷带或避雷网，用作接闪器的金属屋面和金属构件等各形式之一或任意组合而成。

(1)避雷针

作用：引雷作用。

要求：足够截面积，防腐；安装在较高位置，如木杆、铁塔、烟囱、钢筋混凝土杆、变电所照明灯塔等的顶端。

一般保护范围：露天的配电装置、发电机的配电线路、烟囱、冷切塔、存储爆炸性或可燃性的仓库等。

材料：一般由圆钢、钢管加工而成，其直径选择如表 4-1 所示。

表 4-1　材料直径选择

<table>
<tr><td>针长</td><td>圆钢直径</td><td>钢管直径</td><td rowspan="4">多安装于高耸、面积狭窄建筑物(如烟囱、旗杆、天线等)的顶端，或重要建筑物的重点防雷部位</td></tr>
<tr><td>≤1m</td><td>≥12mm</td><td>≥20mm</td></tr>
<tr><td>1～2m</td><td>≥16mm</td><td>≥25mm</td></tr>
<tr><td colspan="3">较长的避雷针应由不同直径的钢管组成</td></tr>
</table>

避雷针外形如图 4-4 所示。

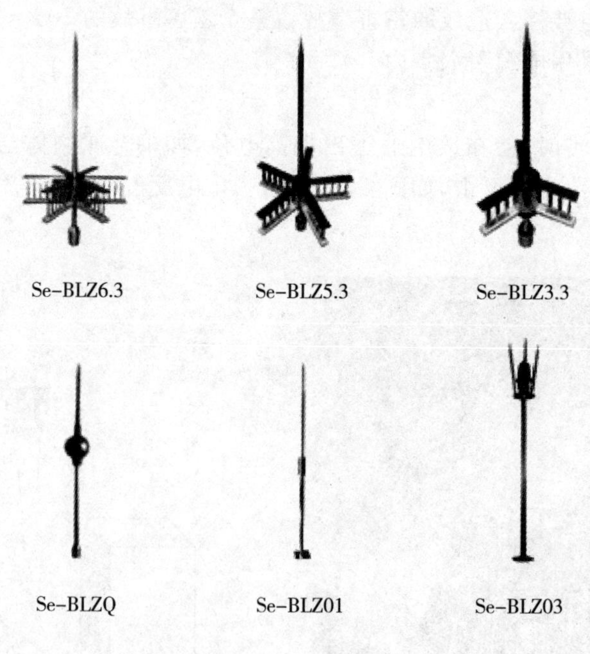

图 4-4　避雷针

避雷针的安装固定如图 4－5 所示。

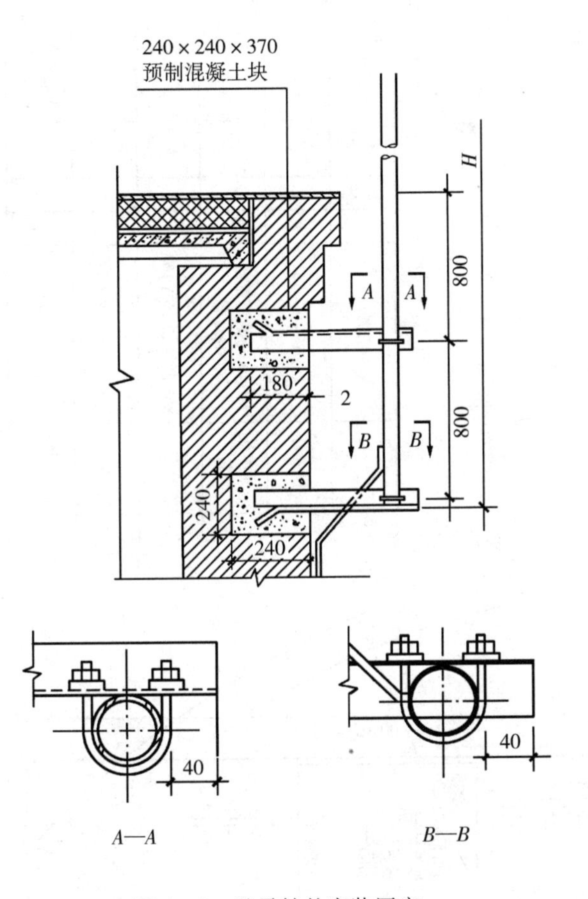

图 4－5　避雷针的安装固定

避雷针的保护范围：用图 4－6 举例说明，避雷针高 35m，在 7.30m 的高度，保护半径是 35.23m；在 6.50m 的高度，保护半径是 36.72m，故而整个变配电所都在避雷针的保护范围之内。

(2)避雷线

避雷线的作用：避雷线也叫架空地线，它是悬挂在高空的接地导线，其作用和避雷针一样，是将雷电引向自己，并安全地将雷电流导入大地，因此安装避雷线也是防雷保护的主要措施之一。

避雷线的材料：避雷线一般采用截面为 35～70mm^2 的镀锌钢绞线，需要用支持物将它悬挂起来，并顺着每一根支柱引下接地线，与接地装置相连。

安装避雷线是送电线路防雷保护最基本的措施之一，它可以防止雷电直击于导线。此外避雷线还可以用来保护面积较大的发电厂和变电所内的屋外配电装置。建筑物和储存可燃物或有爆炸性的危险品的仓库，必要时还可以编成防雷保护网来保护。用防雷保护网保护重要的仓库和一些古代文物建筑，不但效果好，而且不影响建筑物的美观。

避雷线如图 4－7 所示。

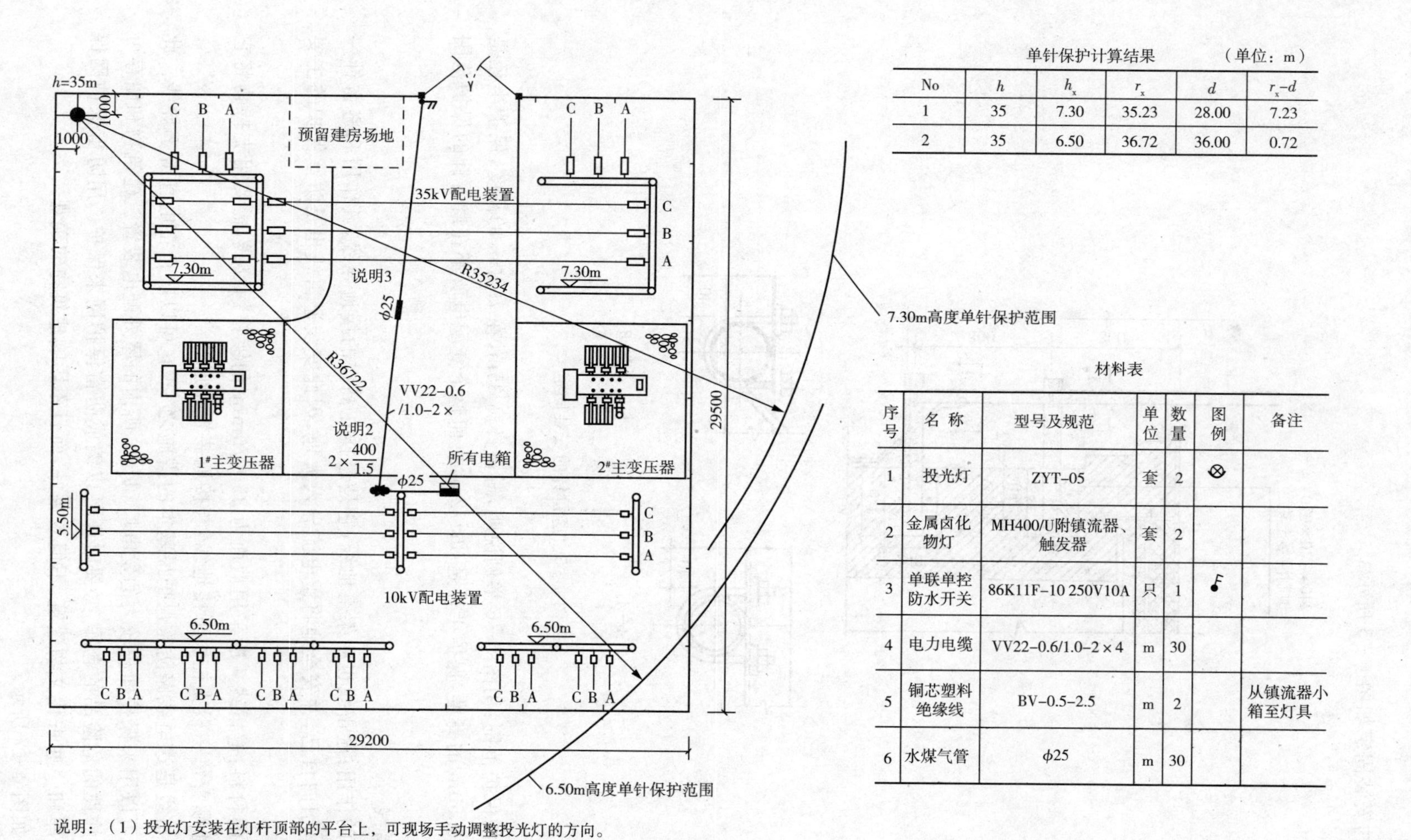

单针保护计算结果　　　　（单位：m）

No	h	h_x	r_x	d	r_x-d
1	35	7.30	35.23	28.00	7.23
2	35	6.50	36.72	36.00	0.72

材料表

序号	名称	型号及规范	单位	数量	图例	备注
1	投光灯	ZYT-05	套	2	⊗	
2	金属卤化物灯	MH400/U附镇流器、触发器	套	2		
3	单联单控防水开关	86K11F-10 250V10A	只	1	[illegible]	
4	电力电缆	VV22-0.6/1.0-2×4	m	30		
5	铜芯塑料绝缘线	BV-0.5-2.5	m	2		从镇流器小箱至灯具
6	水煤气管	φ25	m	30		

说明：（1）投光灯安装在灯杆顶部的平台上，可现场手动调整投光灯的方向。

（2）$n\times\frac{P}{h}\left[只数\times\frac{功率(W)}{高度(m)}\right]$。

（3）φ25 穿管埋设及管径。

图4-6　避雷针保护范围举例

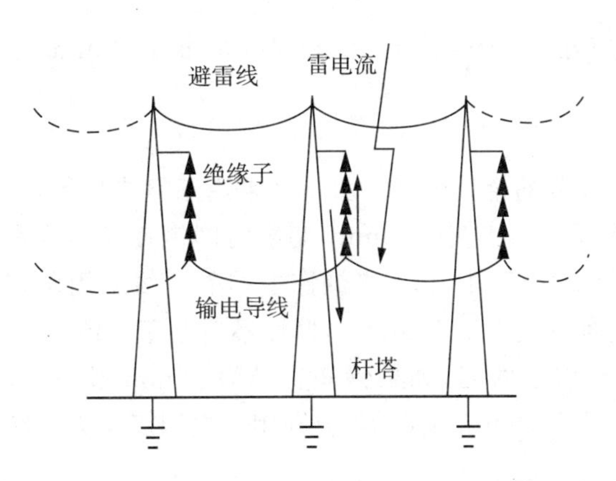

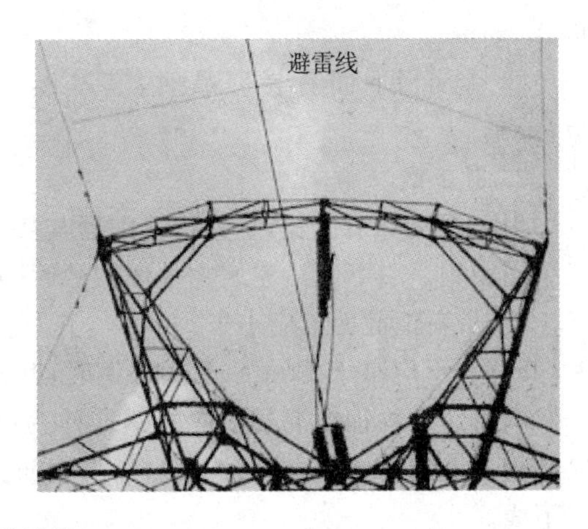

图 4-7 避雷线

(3)避雷带和避雷网

避雷带和避雷网的安装位置:避雷带和避雷网普遍用来保护建筑物免受直击雷和感应雷,因而应敷设在建筑物或构筑物易受雷击的部位。对屋顶上的特殊突出结构(如烟囱、水箱、旗杆等)应另加保护措施。当采用避雷带时,屋面上任何一点距避雷带不应大于 10m,当有 3 条及以上平行避雷带时,每隔 30～40m 宜将平行的避雷带连接起来。明装避雷带距屋面 100～150mm,支持卡间距为 1m,转角处不超过 0.5m。避雷带可以在建筑物的女儿墙上暗敷或直接利用建筑结构设计中女儿墙上原有的通长钢筋代替。

避雷带和避雷网的材料:避雷带或避雷网采用圆钢或扁钢,一般采用圆钢。圆钢直径不应小于 8mm,扁钢截面不应小于 $48mm^2$,其厚度不应小于 4mm。当烟囱顶上采用避雷环时,其圆钢直径不应小于 12mm,扁钢截面不应小于 $100mm^2$,厚度不应小于 4mm。

避雷带如图 4-8 所示。

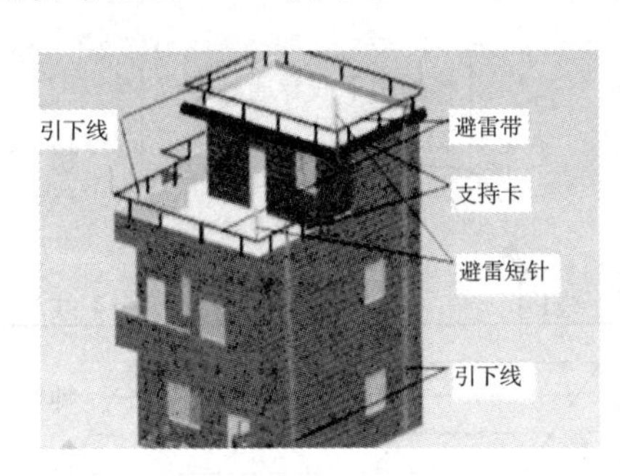

图 4-8 避雷带

(4)利用金属屋面作为接闪器

除第一类防雷建筑(凡制造、使用或贮存炸药、火药、起爆药、火工品等大量爆炸物质的建筑物,因电火花而引起爆炸,会造成巨大破坏和人身伤亡者)外,金属屋面的建筑物宜利用其屋面作为接闪器,并应符合下列要求:

① 金属板之间应具有持久的贯通连接,金属板之间采用搭接时,其搭接长度不应小于 100mm。

② 金属板下面无易燃品时,其厚度不应小于下列数值:铁板和铜板 0.5mm,铝

板 0.7mm。

③ 金属板下面有易燃品时，其厚度不应小于下列数值：铁板 4mm，铜板 5mm，铝板 7mm。

2. 引下线

引下线又称引流器，是连接接闪器与接地装置的金属导体。引下线采用圆钢或扁钢，一般采用圆钢。引下线沿建筑物外墙明敷时圆钢直径不应小于 8mm，暗敷时圆钢直径不应小于 12mm；扁钢截面不应小于 48mm²，其厚度不应小于 4mm。当烟囱上的引下线采用圆钢时，其直径不应小于 12mm；采用扁钢时，其截面不应小于 100mm²，厚度不应小于 4mm。

利用建筑物钢筋混凝土中的钢筋作为防雷引下线时，如果钢筋直径为 16mm 及以上，应利用 2 根钢筋作为一组引下线；如果钢筋直径为 10mm 及以上，应利用 4 根钢筋作为一组引下线。

引下线如图 4－9 所示，引下线的连接与测试如图 4－10 所示。

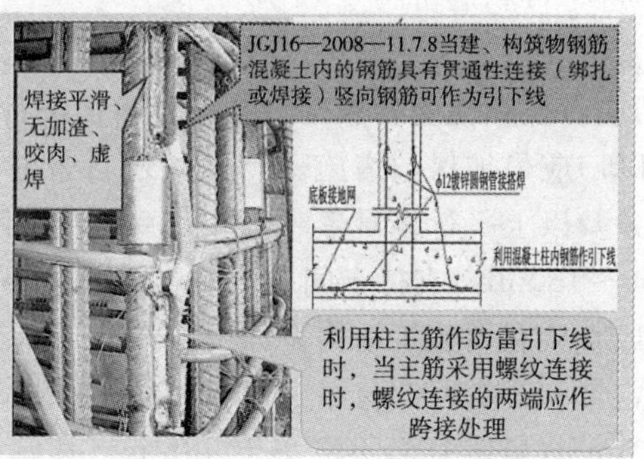

图 4－9　引下线

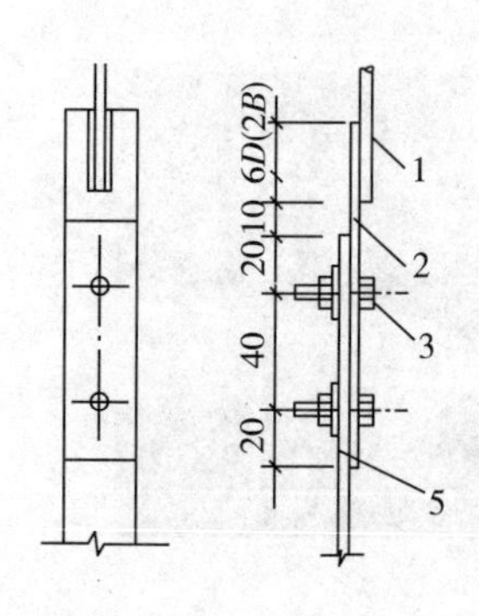

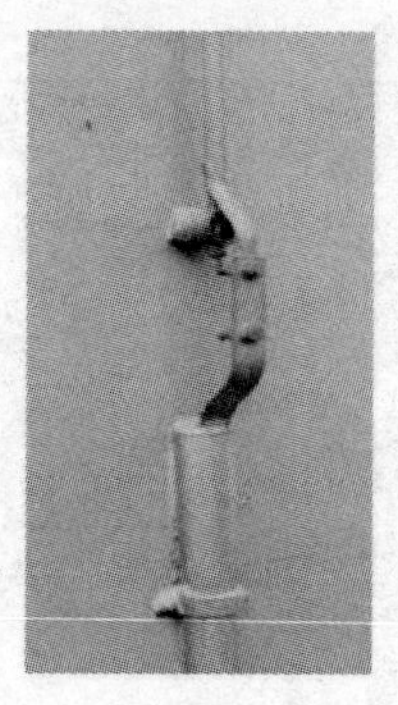
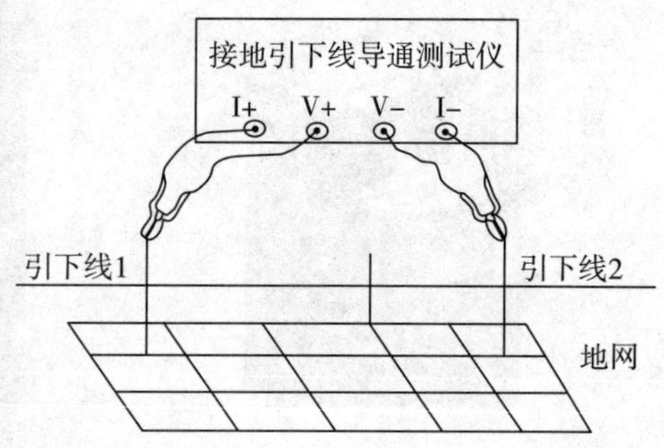

图 4－10　引下线连接与测试

3. 接地装置

接地装置是埋在地下的接地导线和接地体的总称，它把雷电流发散到大地中去。设计时应优先利用建筑物基础钢筋作为自然接地体，否则应单独埋设人工接地体。垂直埋设的接地体宜采用圆钢、钢管或角钢，其长度一般为 2.5m，垂直接地体之间的距离一般为 5m。水平埋设的接地体宜采用扁钢或圆钢，埋深 0.8 米。圆钢直径不应小于 10mm；扁钢截面不小于 100mm²，其厚度不小于 4mm；角钢厚度不小于 4mm；钢管壁厚不应小于

3.5mm。接地体埋设深度不宜小于0.5～0.8m，并应远离由于高温影响使土壤电阻率升高的地方。在腐蚀性较强的土壤中，接地体应采取热镀锌等防腐措施或采用铅包钢或铜包钢等接地材料。

接地体如图4-11所示，接地工程图如图4-12所示。

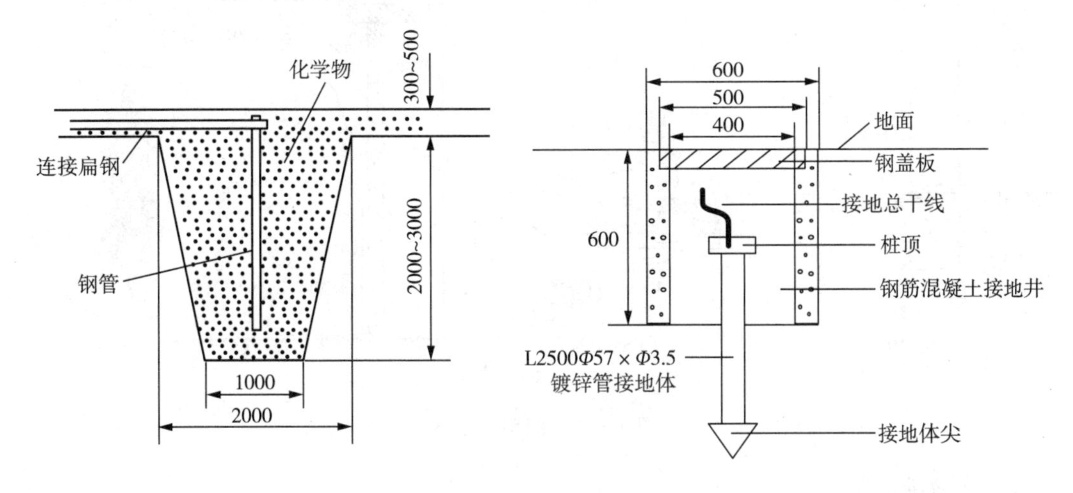

图4-11　接地体

图4-12　接地工程图

4. 避雷器

避雷器用来防护雷电产生的大气过电压（即高电位）沿线路侵入变配电所或其他建筑物内，以免高电位危害被保护设备。它应与被保护的设备并联，当线路上出现危险过电压时，它就对地放电，从而保护设备绝缘。避雷器的形式有阀型避雷器、管型避雷器、浪涌保护器等。

(1)阀型避雷器

阀型避雷器是电力系统中的主要防雷保护设备之一。它主要由火花间隙和阀电阻片组成，装在密封的瓷套管内。当电力系统中没有过电压时，阀片的电阻很大，避雷器的火花间隙具有足够的对地绝缘强度，阻止线路工频电流流过。但是，当电力系统中出现了危险的过电压时，阀片电阻变得很小，火花间隙很快被击穿，使雷电流畅通地向大地排放。过电压一旦消失，线路便会恢复工频电压，阀片呈现很大的电阻，使火花间隙绝缘恢复而切断工频电流，从而保证线路恢复正常运行。图4-13是阀型避雷器。

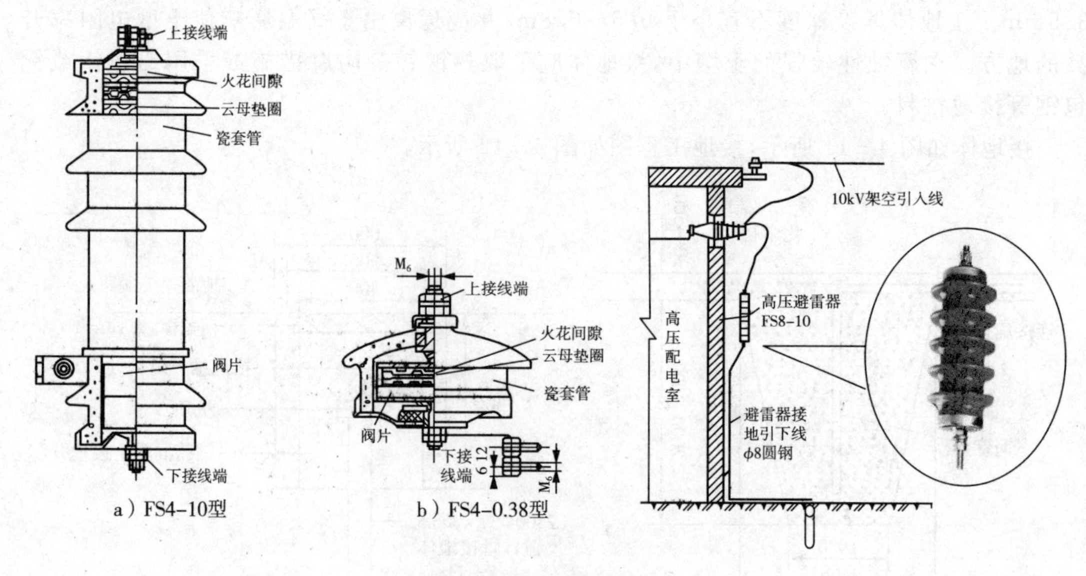

图 4 - 13　阀型避雷器

(2)管型避雷器

管型避雷器由产气管、内部间隙和外部间隙三部分组成。当线路上遭到雷击或发生感应雷时,大气过电压将管型避雷器的外部间隙和内部间隙击穿,强大的雷电流通过接地装置入地。但是,随之而来的是供电系统的工频电流,其值也很大。雷击电流和工频电流在管子内部间隙发生的强烈电弧,使管内壁的材料燃烧,产生大量灭弧气体。由于管子容积很小,这些气体的压力很大,因而从管口喷出,强烈吹弧,在电流经过零值时,电弧熄灭。这时外部间隙的空气恢复了绝缘,使管型避雷器与系统隔离,系统恢复正常运行。管型避雷器一般只用于线路上,在变配电所内一般都采用阀型避雷器。

管型避雷器结构原理如图 4 - 14 所示。

(3)浪涌保护器

浪涌保护器(如图 4 - 15 所示)又叫电涌保护器,主要有两种类型,即电源开关型浪涌保护器和电压限制型浪涌保护器。

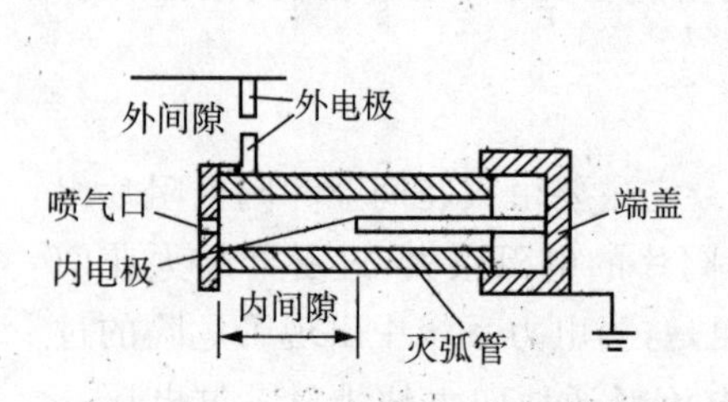

图 4 - 14　管型避雷器结构原理

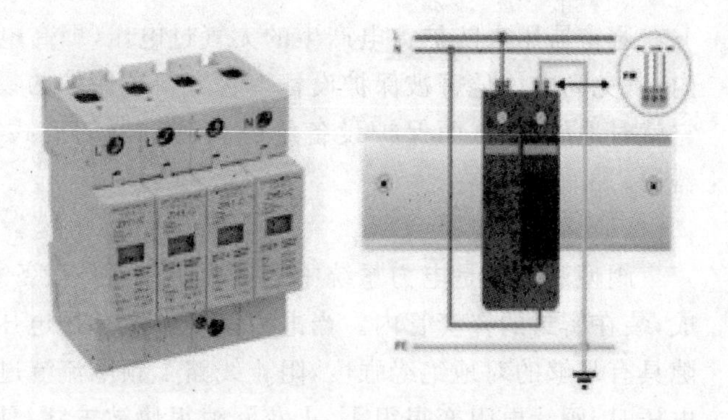

图 4 - 15　浪涌保护器

电源开关型浪涌保护器由放电间隙、气体放电管、晶闸管和三端双向可控硅元件构成。

无电涌出现时为高阻抗，当出现电压电涌时突变为低阻抗，以泄放沿电源线或信号线传导来的过电压。

电压限制型浪涌保护器则采用压敏电阻器和抑制二极管组成，无电涌出现时为高阻抗，随着电涌电流和电压的增加，阻抗跟着连续变小，从而抑制了沿电源线或信号线传导来的过电压或过电流。

5. 保护间隙

保护间隙是最为简单经济的防雷设备。它的结构十分简单、成本低、维护方便，但保护性能差、灭弧能力小、容易造成接地或短路故障，引起线路开关跳闸或熔断器熔断，造成停电。所以对于装有保护间隙的线路上，一般要求装设自动重合闸装置与其配合，以提高供电可靠性。保护间隙如图 4 - 16 所示。

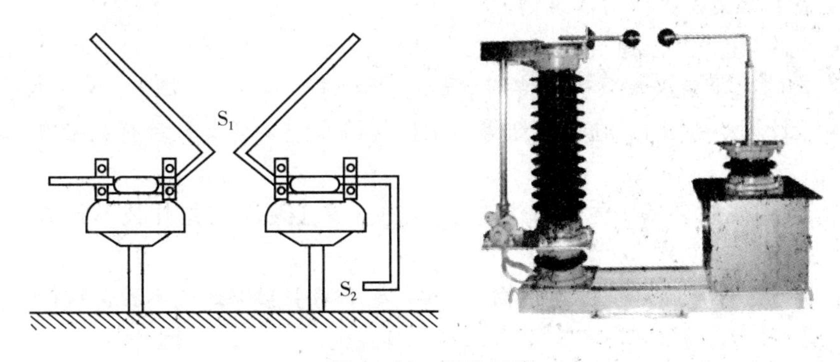

图 4 - 16 保护间隙

思考题与习题

1. 雷击有哪些危害?
2. 避雷设备有哪些?

任务二 防雷工程图

【学习目的】

掌握防雷工程施工要点与工程图形。

任务引入

在建筑物土建施工阶段，防雷设施须一起进行施工，能看懂工程图纸对施工或工程监理是很关键的。

相关知识

一、建筑物的防雷分类

建筑物应根据其重要性、使用性质、发生雷电事故的可能性和后果，按是防雷要求分为第一类、第二类、第三类防雷建筑物。

1. 第一类防雷建筑物

遇下列情况之一时，应划为第一类防雷建筑物。

① 凡制造、使用或贮存炸药、火药、起爆药、火工品等大量爆炸物质的建筑物，因电火花而引起爆炸，会造成巨大破坏和人身伤亡者。

② 具有0区或10区爆炸危险环境的建筑物。

③ 具有1区爆炸危险环境的建筑物，因电火花而引起爆炸，会造成巨大破坏和人身伤亡者。

2. 第二类防雷建筑物

遇下列情况之一时，应划分为第二类防雷建筑物。

① 国家级重点文物保护的建筑物。

② 国家级的会堂、办公建筑物、大型展厅和博览建筑物、大型火车站、国宾馆、国家级档案馆、大型城市的重要给水水泵房等特别重要的建筑物。

③ 国家级计算中心、国际通讯枢纽等对国民经济有重要意义且装有大量电子设备的建筑物。

④ 制造、使用或贮存爆炸物质的建筑物，且电火花不易引起爆炸或不致造成巨大破坏和人身伤亡者。

⑤ 具有1区爆炸危险环境的建筑物，且电火花不易引起爆炸或不致造成巨大破坏和人身伤亡者。

⑥ 具有2区或11区爆炸危险环境的建筑物。

⑦ 工业企业内有爆炸危险的露天钢质封闭气罐。

⑧ 预计雷击次数大于0.06次/年的省部级办公建筑物及其他重要或人员密集的公共建筑物。

⑨ 预计雷击次数大于0.3次/年的住宅、办公楼等一般性民用建筑物。

3. 第三类防雷建筑物

遇下列情况之一时，应划为第三类防雷建筑物。

① 省级重点文物保护的建筑物及省级档案馆。

② 预计雷击次数大于或等于0.012次/年，且小于或等于0.06次/年的省部级办公建筑物及其他重要或人员密集的公共建筑物。

③ 预计雷击次数大于或等于0.06次/年，且小于或等于0.3次/年的住宅、办公楼等一般性民用建筑物。

④ 预计雷击次数大于或等于0.06次/年的一般性工业建筑物。

⑤ 根据雷击后对工业生产的影响及产生的后果，并结合当地气象、地形、地质及周围环境等因素，确定需要防雷的21区、22区、23区火灾危险环境。

⑥ 在平均雷暴日大于15天/年的地区，高度在15m及以上的烟囱、水塔等孤立的高耸建筑物；在平均雷暴日小于或等于15天/年的地区，高度在20m及以上的烟囱、水塔等孤立的高耸建筑物。

二、建筑物的防雷措施

各类防雷建筑物均应采取防直击雷和防雷电波侵入的措施，第一类防雷建筑物和具有

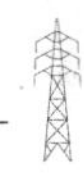

爆炸危险环境的第二类防雷建筑物还应采取防雷电感应的措施。装有防雷装置的建筑物，在防雷装置与其他设施和建筑物内人员无法隔离的情况下，应采取等电位联结。

1. 第一类防雷建筑物的防雷措施

(1)防直击雷措施：采用独立避雷针或避雷线。

① 独立避雷针、避雷线或避雷网，应能保护整个建筑物的屋面及其突出部位，包括风帽、放散管等，对于排放爆炸危险气体、蒸气或粉尘的管道，其保护范围应高出管顶 2m。架空避雷网的网格尺寸不应大于 5m×5m 或 6m×4m。

独立避雷针的杆塔、架空避雷针的端部和架空避雷网的各支柱处应至少设两根引下线。

② 为防止反击，独立避雷针和架空避雷线(网)的支柱及其接地装置至被保护建筑物及与其有联系的管道、电缆等金属物之间的距离应符合规程规定。

③ 架空避雷线至屋面和各种突出屋面的风帽、放散管等物体之间的距离应符合规程规定。

④ 独立避雷针、架空避雷线(网)应使用独立的接地装置，每一引下线的冲击接地电阻不宜大于 10Ω。

(2)防雷电感应措施：将所有金属体都可靠接地。

① 建筑物内的设备、管道、构架、电缆金属外皮、钢屋架、钢窗等较大金属物和突出屋面的放散管、风管等金属物均应接地，以防止静电感应产生火花。金属屋面周边每隔 18～24m 采用引下线接地一次。混凝土屋面内的钢筋，应绑扎或焊接成闭合回路，每隔 18～24m 采用引下线接地一次。

② 防止电磁感应产生火花，平行敷设的管道、构架和电缆等应采用金属线跨接，跨接点的间距不应小于 30m；交叉净距小于 100mm 时，其交叉处应跨接。

③ 防止雷电感应的接地装置应和电气设备接地装置共用，其工频接地电阻不应大于 10Ω。防止雷电感应的接地装置与独立避雷针、架空避雷线(网)的接地装置之间的距离应符合前述要求。屋内接地线与防雷电感应接地装置的连接不应少于两处。

(3)防雷电波侵入的措施：采用电缆埋地引入，并将架空金属管道可靠接地。

① 低压线路宜全线采用电缆直接埋地敷设，在入户端应将电缆的金属外皮、钢管接到防雷电感应的接地装置上。当全线采用电缆有困难时，入户前应使用一段金属铠装电缆埋地引入，其长度应符合下述表达式的要求，但不应小于 15m，即

$$l \geqslant 2\sqrt{\rho}$$

式中：l——金属铠装电缆埋于地中的长度(m)；

ρ——埋电缆处的土壤电阻率(Ω·m)。

② 在电缆与架空线连接处，还应装设避雷器。避雷器、电缆金属外皮、钢管和绝缘子铁脚、金具等应连接在一起接地，其冲击接地电阻不应大于 10Ω。

③ 架空金属管道在进出建筑物处应与防电感应的接地装置相连。距离建筑物 100m 内的管道，应每隔 25m 左右接地一次，其冲击接地电阻不应大于 20Ω，并宜利用金属支架或钢筋混凝土支架的焊接、绑扎钢筋网作为引下线，宜用其钢筋混凝土基础作为接地装置。埋地或地沟内的金属管道，在进出建筑物处亦应与防电感应的接地装置相连。

④ 当建筑物太高或因其他原因难以装设独立避雷针、架空避雷线(网)时,可将避雷针或网格不大于5m×5m或6m×4m的避雷网或由其混合组成的接闪器直接装在建筑物上,并必须符合下列要求:一是所有避雷针应采用避雷带互相连接;二是引下线不应少于两根,并应沿建筑物四周均匀或对称布置,其间距不应大于12m;三是排放爆炸危险气体、蒸气或粉尘的管道应符合防直击雷的要求。

(4)建筑物应装设均压环,环间垂直距离不应大于12m,所有引下线、建筑物的金属结构和金属设备均应连到环上,均压环可利用电气设备的接地干线环路。

(5)防直击雷的接地装置应围绕建筑物敷设成环形接地体,每根引下线的冲击接地电阻不应大于10Ω,并应和电气设备接地装置及所有进入建筑物的金属管道相连,此接地装置可兼作防雷电感应之用。

(6)当建筑物高于30m时,还应采取以下防侧击雷的措施:一是从30m起每隔不大于6m沿建筑物四周设水平避雷带并与引下线相连接;二是30m及以上外墙上的栏杆、门窗等较大的金属物与防雷装置连接。

(7)在电源引入的总配电箱处宜装设过电压保护器。

(8)当树木高于建筑物且不在接闪器保护范围之内时,树木与建筑物之间的净距不应小于5m。

2. 第二类防雷建筑物的防雷措施

(1)防直击雷措施

① 宜采用装设在建筑物上的避雷网(带)、避雷针或由其混合组成的接闪器。避雷带(网)沿建筑物易受雷击的部位敷设,并应在整个屋面组成不大于10m×10m或12m×8m的网格。所有避雷针应采用避雷带相互连接。

② 突出屋面的放散管、风管、烟囱等物体,应按下列方式保护:

a. 排放爆炸危险气体、蒸气或粉尘的放散管、呼吸阀、排风管等管道,在管顶或附近设置避雷针,针尖应使管顶上方1m在避雷针保护范围内。若为金属放散管或金属烟囱等,则可直接与接地装置相连接。

b. 排放无爆炸危险气体、蒸气或粉尘的放散管及烟囱,1区、11区和2区爆炸危险环境的自然通风管,装有阻火器的排放爆炸危险气体、蒸气或粉尘的放散管、呼吸阀、排风管等金属物体,可不装接闪器,但应和屋面防雷装置相连。在屋面接闪器保护范围之外的非金属物体应装接闪器,并和屋面防雷装置相连接。

③ 引下线不应少于两根,并应沿建筑物四周均匀或对称布置,其间距不应大于18m。

④ 每根引下线的冲击接地电阻不应大于10Ω。防直击雷接地宜和防雷电感应、电气设备、信息系统等共用同一接地装置,并宜与埋地金属管道相连;在共用接地装置与埋地金属管道相连的情况下,接地装置宜围绕建筑物敷设成环形接地体。

(2)防雷电感应措施

① 建筑物内的设备、管道、构架等主要金属物,应就近接至防直击雷接地装置或电气设备的保护接地装置上。

② 平行敷设的管道、构架和电缆金属外皮等长金属物应按第一类防雷建筑物防雷电感应的相应措施处理,但长金属物连接处可不跨接。

③ 建筑物内防雷电感应的接地干线与接地装置的连接不应少于两处。

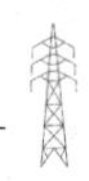

④ 在电气接地装置与防雷的接地装置共用或相连的情况下：当低压电源线路用全长电缆或架空线转换电缆引入时，宜在电源线路引入的总配电箱处装设过电压保护器；当Yyn0型或Dyn11型接线的配电变压器设在本建筑物内或敷设于外墙处时，在高压侧采取电缆进线的情况下，宜在变压器高、低压侧各相上装设避雷器；在高压侧采用架空进线的情况下，除应按国家规范的规定在高压侧装设避雷器外，还宜在低压侧各相上装设避雷器。

(3)防雷电波侵入措施

① 当低压线路全长采用埋地电缆或敷设在架空金属线槽内的电缆引入时，在入户端宜将电缆金属外皮、金属线槽接地；对具有爆炸危险环境的二类防雷建筑物，上述金属物还应与防雷的接地装置相连接。

② 具有爆炸危险环境的二类防雷建筑物，其低压电源线路应符合下列要求：

a. 低压架空线应改换一般埋地金属铠装电缆直接埋地引入，其埋地长度应符合要求，但电缆埋地的长度不应小于15m。入户端的电缆金属外皮、钢管应与防雷的接地装置相连。在电缆与架空线连接处应设避雷器。避雷器、电缆金属外皮、钢管和绝缘子铁脚、金具等应连在一起接地，其冲击接地电阻不应大于10Ω。

b. 平均雷暴日小于30天/年的地区的建筑物，可采用低压架空线直接引入建筑物内，但应符合下列要求：在入户处应装设避雷器，或设2～3mm的空气间隙，并应与绝缘子铁脚、金具连在一起接到防雷的接地装置上，其冲击接地电阻不应大于5Ω；入户处的三基电杆绝缘子铁脚、金具应接地，靠近建筑物的电杆，其冲击接地电阻不应大于10Ω，其余两基电杆不应大于20Ω。

③ 除具有爆炸危险环境之外的二类防雷建筑物，其低压电源线路应符合下列要求：

a. 当低压架空线转换金属铠装电缆直接埋地引入时，埋地长度应大于或等于15m，其他要求与上一款相同。

b. 当架空线直接引入时，在入户处应加装避雷器，并将其与绝缘子铁脚、金具连在一起接到电气设备的接地装置上。靠近建筑物的两基电杆上的绝缘子铁脚应接地，其冲击接地电阻不应大于30Ω。

④ 架空和埋地的金属管道在进出建筑物处应就近与防雷的接地装置相连接；当不相连接时，架空管道应接地，其冲击接地电阻不应大于10Ω。对具有爆炸危险环境的建筑物，引入、引出该建筑物的金属管道在进出处应与防雷的接地装置相连；对架空金属管道还应在距建筑物约25m处接地一次，其冲击接地电阻不应大于10Ω。

⑤ 高度超过45m的钢筋混凝土结构、钢结构建筑物，还应采取以下防侧击和等电位的保护措施：

a. 钢结构和混凝土的钢筋应互相连接。

b. 应利用钢柱或柱子钢筋作为防雷装置引下线。

c. 应将45m及以上外墙上的栏杆、门窗等较大的金属物与防雷装置连接。

d. 竖直敷设的金属管道及金属物的顶端、底端与防雷装置连接。

⑥ 有爆炸危险的露天钢质封闭气罐，当其壁厚不小于4mm时，可不装设接闪器，但应接地，且接地点不应少于两处；两接地点间距离不宜大于30m，冲击接地电阻不应大于30Ω，放散管和呼吸阀的保护应符合规定。

3. 第三类防雷建筑物的防雷措施

(1)防直击雷措施

① 宜采用装设在建筑物上的避雷网(带)或避雷针或由二者混合组成的接闪器。避雷带(网)沿建筑物易受雷击的部位敷设,并应在整个屋面组成不大于20m×20m或24m×16m的网格。平屋面的建筑物,当其宽度不大于20m时,可仅沿周边敷设一圈避雷带。

② 每根引下线的冲击接地电阻不宜大于30Ω,但对第三类防雷建筑物所规定的省部级办公建筑其冲击电阻不宜大于10Ω,其接地装置宜与电气设备等接地装置共用。防雷接地装置宜与埋地金属管道连接。当不共用、不相连接时,两者在地中的距离不应小于2m。在共用接地装置与埋地金属管道相连接的情况下,接地装置围绕建筑物敷设成环形接地体。

③ 突出屋面的物体的保护方式与第二类防雷建筑物相同。

④ 砖烟囱、钢筋混凝土烟囱,宜在烟囱上装设避雷针或避雷环保护,多支避雷针应连接在闭合环上。当非金属烟囱无法采用单支或双支避雷针保护时,应在烟囱口装设环形避雷带,并应均匀布置3支高出烟囱口至少0.5m的避雷针。钢筋混凝土烟囱的钢筋应在其顶部和底部与引下线和贯通连接的金属爬梯相连。高度不超过40m的烟囱,可只设一根引下线,超过40m时设两根引下线。可利用螺栓连接或焊接的一座金属爬梯作为两根引下线用。金属烟囱应作为接闪器和引下线。

⑤ 引下线一般不应少于两根,但周长不超过25m且高度不超过40m的建筑物可只设一根引下线,引下线应沿建筑物四周均匀或对称布置,其间距不应大于25m。

⑥ 在电气设备接地装置与防雷接地装置共用和相连接的情况下,当低压电源线路用全长电缆或架空线转换电缆引入时,宜在电源线路引入的总配电箱处装设过电压保护器。

(2)防雷电波侵入的措施

① 对电缆进出线,应在进出端将电缆的金属外皮、钢管等与电气设备接地相连,当电缆转换为架空线时,应在转换处装设避雷器。避雷阀、电缆金属外皮和绝缘子铁脚、金具等应连接在一起接地,其冲击接地电阻不宜大于30Ω。

② 对低压架空进出线,应在进出处装设避雷器并与绝缘子铁脚、金具连接在一起,接到电气设备的接地装置上。当采用多回路架空进出线时,可仅在母线或总配电箱处装设一组避雷器或其他形式的过电压保护器,但绝缘子铁脚、金具仍应接到接地装置上。

③ 进出建筑物的架空金属管道,在进出处应就近接到防雷或电气设备的接地装置上或独自接地,其冲击接地电阻不宜大于30Ω。

④ 高度超过60m的建筑物,其防侧击雷和等电位保护措施与第二类防雷建筑物相似,并应将60m及以上外墙上的栏杆、门窗等较大的金属物与防雷装置连接。

4. 其他防雷措施

(1)当一座防雷建筑物中兼有第一类、第二类、第三类防雷建筑物时,其防雷分类和防雷措施应符合下列规定:

① 当第一类防雷建筑物的面积占建筑物总面积30%及以上时,该建筑物应确定为第一类防雷建筑物。

② 当第一类防雷建筑物的面积占建筑物总面积的30%以下,且第二类防雷建筑物的面积占建筑物总面积的30%及以上,或当这两类防雷建筑物的面积均小于建筑物总面积

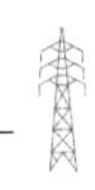

的 30%，但其面积之和又大于 30%时，该建筑物应确定为第二类防雷建筑物。但对第一类防雷建筑物的防雷电感应和防雷电波侵入，应采取第一类防雷建筑物的保护措施。

③ 当第一、二类防雷建筑物的面积之和小于建筑物总面积的 30%，且不可能遭直接雷击时，该建筑物可确定为第三类防雷建筑物，但对第一、二类防雷建筑物的防雷电感应和防雷电波侵入，应采取各自类别的保护措施；当可能遭直接雷击时，应按各自类别采取防雷措施。

(2)当防雷建筑物中仅有一部分为第一类、第二类、第三类防雷建筑物时，其防雷措施应符合下列规定：

① 当防雷建筑物可能遭直接雷击时，应按各自类别采取防雷措施。

② 当防雷建筑物不可能遭直接雷击时，可不采取防直击雷措施，而仅按各自类别采取防雷电感应和防雷电波侵入的措施。

③ 当防雷建筑物的面积占建筑物总面积的 50%以上时，该建筑物应按本节第一条的规定采取防雷措施。

(3)当采用接闪器保护建筑物、封闭气罐时，其外表面的 2 区爆炸危险环境可不在滚球法确定的保护范围内。

(4)固定在建筑物上的节日彩灯、航空障碍信号灯及其他用电设备的线路，应根据建筑物的重要性采取相应的防止雷电波侵入的措施。

(5)露天的易燃物堆场，应采用防直击雷措施。

(6)在避雷针、避雷线上严禁挂电话线、广播线、电视接收天线。

三、防雷工程图

1. 建筑物防雷接地工程图的内容

(1)小型建筑物应绘制屋顶防雷平面图，形状复杂的大型建筑物除绘制屋顶防雷平面图外，还应绘制立面图。平面图中应有主要轴线号、尺寸、标高，标注避雷针、避雷带、引下线位置，注明材料型号规格，所涉及的标准图编号、页次，图样应标注比例。

(2)绘制接地平面图(可与屋顶防雷平面图重合)，绘制接地线、接地极、测试点、断接卡等的平面位置，标明材料型号、规格、相对尺寸及涉及的标准图编号、页次，图样应标注比例。

(3)当利用建筑物(或构筑物)钢筋混凝土内的钢筋作为防雷接闪器、引下线、接地装置时，应标注连接点、接地电阻测试点、预埋件位置及敷设方式，注明所涉及的标准图编号、页次。

(4)随图说明可包括：防雷类别和采取的防雷措施(包括防侧击雷、防雷击电磁脉冲、防高电位引入)、接地装置形式、接地材料要求、敷设要求、接地电阻值要求；当利用桩基、基础内钢筋作接地极时，应采取的措施。

(5)除防雷接地外的其他电气系统的工作或安全接地的要求(如电源接地形式，直流接地，局部等电位、总等电位接地等)，如果采用共用接地装置，应在接地平面图中叙述清楚，交代不清楚的应绘制相应图样(如局部等电位平面图等)。

2. 建筑物防雷接地工程的要点

(1)建筑物防雷工程

① 合理确定建筑物的防雷分类，并采取相应的防雷措施。

② 屋面采用避雷带作为接闪器时，其布置应符合表 4－2 的规定。

表 4-2　接闪器布置

建筑物防雷类别	滚球半径/m	避雷网网格尺寸/m
第一类防雷建筑物	30	≤5×5 或≤6×4
第二类防雷建筑物	45	≤10×l0 或≤12×8
第三类防雷建筑物	60	≤20×20 或≤24×16

③ 避带雷宜安装在屋顶的外檐和建筑物的突出部位，宽度不大于 20m 的平屋面的第三类防雷建筑物，可仅沿周边敷设一圈避雷带，否则应按上述避雷网格尺寸要求设计。高出接闪层的所有金属突出物均应与接闪层上的防雷装置相连，构成统一的导电系统。高出接闪层的非金属突出物，如烟囱、透气管、天窗等，不在保护范围内时，应在其上都增加避雷带、避雷网或避雷针保护。

④ 高度超过 30m 的第一类防雷建筑物，高度超过 45m 的第二类防雷建筑物，高度超过 60m 的第三类防雷建筑物应采取防侧击和等电位保护措施。

⑤ 防雷引下线应优先利用建筑物钢筋混凝土柱或剪力墙中的主钢筋，还宜利用建筑物的钢柱、金属烟囱等作为引下线。当利用建筑物钢筋混凝土主钢筋作为自然引下线，并同时采用基础钢筋作为接地装置时，不设断接卡，但应在室外适当地点设若干与柱内钢筋相连的连接板，供测量、外接人工接地体、做等电位联结用。当利用建筑物钢筋混凝土主钢筋作为自然引下线时，应符合下列要求：

a. 当钢筋直径不小于 16mm 时，应利用 2 根钢筋贯通作为一组引下线。

b. 当钢筋直径为 8～10mm 时，应利用 4 根钢筋贯通作为一组引下线。

c. 不应采用直径 6mm 以下的钢筋作为引下线。

d. 不得利用独立基础的柱内主钢筋作为引下线，应在建筑物的外墙面明敷引下线，并尽可能不靠近柱子。

⑥ 引下线的数量及间距应按以下要求设置：

a. 当采用专用引下线时，引下线的数量不宜少于 2 根；当利用建筑物钢筋混凝土中的钢筋作为引下线时，其引下线的数量不做具体规定。

b. 第一类防雷建筑物引下线间距不应大于 12m，第二类防雷建筑物引下线间距不应大于 18m，第三类防雷建筑物引下线间距不应大于 25m。

⑦ 接地装置应优先利用建筑物钢筋混凝土内的钢筋。有钢筋混凝土地梁时，应将地梁内钢筋连成环形接地装置；没有钢筋混凝土地梁时，可在建筑物周边无钢筋的闭合条形混凝土内，用 40mm×4mm 热镀锌扁钢直接敷设在槽坑外沿，形成环形接地。如果结构基础被塑料、橡胶、油毡等防水材料包裹或涂有沥青质的防水层时，应利用基础内的钢筋作为接地装置；在有塑料、橡胶、油毡等防水材料情况下，当采用等电位联结时，宜在基础槽最外边做周圈式接地装置（同时施工），基础和地下地面内的钢筋应连成一体，作为等电位联结的一部分。

⑧ 当采用共用接地装置时，其接地电阻值应按各系统中最小值要求设置。在结构完成后，必须通过测试点测试接地电阻，若达不到设计要求，可在柱子预埋测试板处增设人

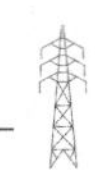

工接地极。人工接地极应埋设在地面 0.8m 以下，在跨越建筑物门口或人行通道处应埋深 3m 以下或采用 50～80mm 的沥青层绝缘，其宽度应超过接地装置 2m，以减小跨步电压。

(2)电气及电子设备的过电压保护

闪电电流及闪电高频电磁场所形成的闪电电磁脉冲，通过接地装置或电气线路导体的传导耦合和空间交变电磁场的感应耦合，在电气及电子设备中产生危险的过电压和过电流，对设备产生致命的伤害。此外，电力系统内部开关操作以及高压系统故障亦会在低电压配电系统中产生“电涌”，危及设备的安全。因此建筑物防雷设计除应遵守前述要求外，还应采取对雷击电磁脉冲干扰的防护措施，综合运用分流、均压(等电位)、接地、屏蔽、合理布线、保护(器件)等技术手段对电气及电子设备实施全面保护。电源系统的保护措施除接地、等电位联结外，一般在各防雷区界面处的供电电源配电箱内装设电涌保护器，对重要场所的电气设备配电箱装设第二级、第三级电涌保护器。建筑物电子信息系统的防雷设计，应满足雷电防护分区、分级确定的防雷等级要求。需要保护的电子信息系统必须采取等电位联结与接地保护措施。电子信息系统设备机房宜选择在建筑物底层中心部位，并采取屏蔽措施。电子信息系统设备由 TN 交流配电系统供电时，配电线路必须采取 TN－S 系统的接地方式，并在配电箱内装设多级电涌保护器。信号线路和电子设备均装设过电压抑制波(浪涌保护器)。

(3)防雷工程图

防雷工程图如图 4－17、图 4－18 所示。

图 4－17 为某居住小区的高层住宅楼防雷平面图。本工程地下一层为公共车库，地上 1～32层为居民住宅，顶层设有电梯机房。建筑物长为 31.8m，宽为 14.9m，最大高度为 93.6m。本建筑物防雷分类为二类。采用 Φ10mm 热镀锌圆钢做避雷带，并在屋面上组成不大于 10m×10m 的避雷网格，所有高出屋面的金属构件(架)以及通风孔、上人孔上的金属构件、送风机金属底座及管道等均与避雷带可靠相连接。航空障碍灯的支架上装设避雷短针:针高 15m，具体制作及安装方法选用标准图集，避雷针及其支架以及供电线路金属保护管与避雷带焊接。屋顶上不同高度的避雷带之间相互焊接，形成完整的电气通路。为防止侧向雷击，将建筑物 30m 及以上各层圈梁内的两根主筋(大于 416mm)，围绕建筑物构成均压环，并将其与所有的引下线焊接。外墙上所有的金属门窗，室外空调板内的钢筋及预埋件与圈梁钢筋引下线相连接。

本工程共设 12 处防雷引下线，引下线利用 4 根柱内主筋，上部与避雷带焊接，下部与基础钢筋焊接。在室外地坪上 0.5m 处设有 4 处测试点，并在测试点处距室外地坪下 0.8m 处甩出 1.0m 长的镀锌圆钢，备接人工接地极。接地装置共用综合接地装置，利用建筑物基础底梁及基础底板轴线上的上下两层钢筋内的两根主筋，要求接地电阻不大于 1Ω。

(4)防雷接地图

防雷接地图如图 4－18 所示。

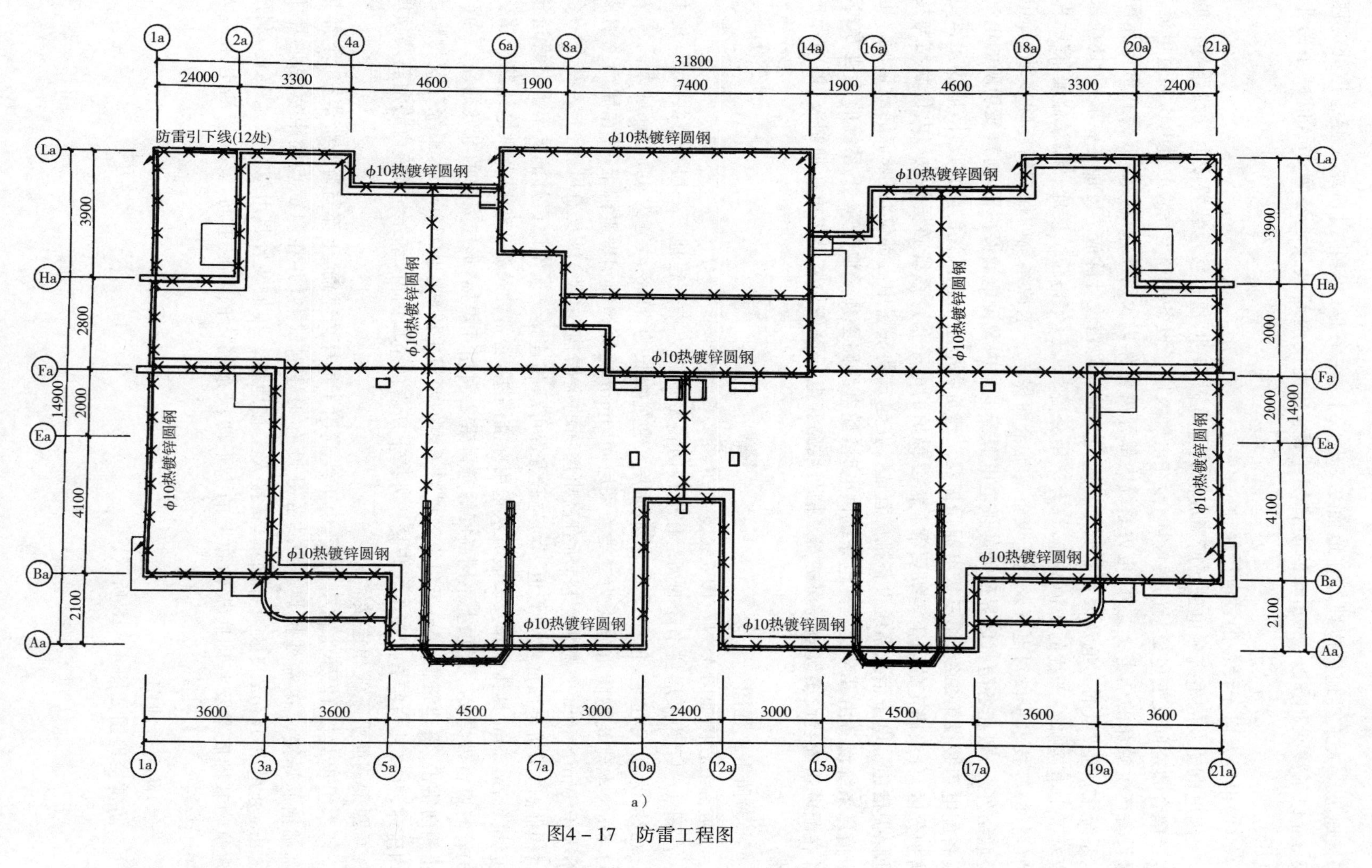
防雷引下线(12处)
ϕ10热镀锌圆钢
31800
24000
3300
4600
1900
7400
3900
2800
2000
4100
2100
14900
3600
4500
3000
2400

a）

图4－17　防雷工程图

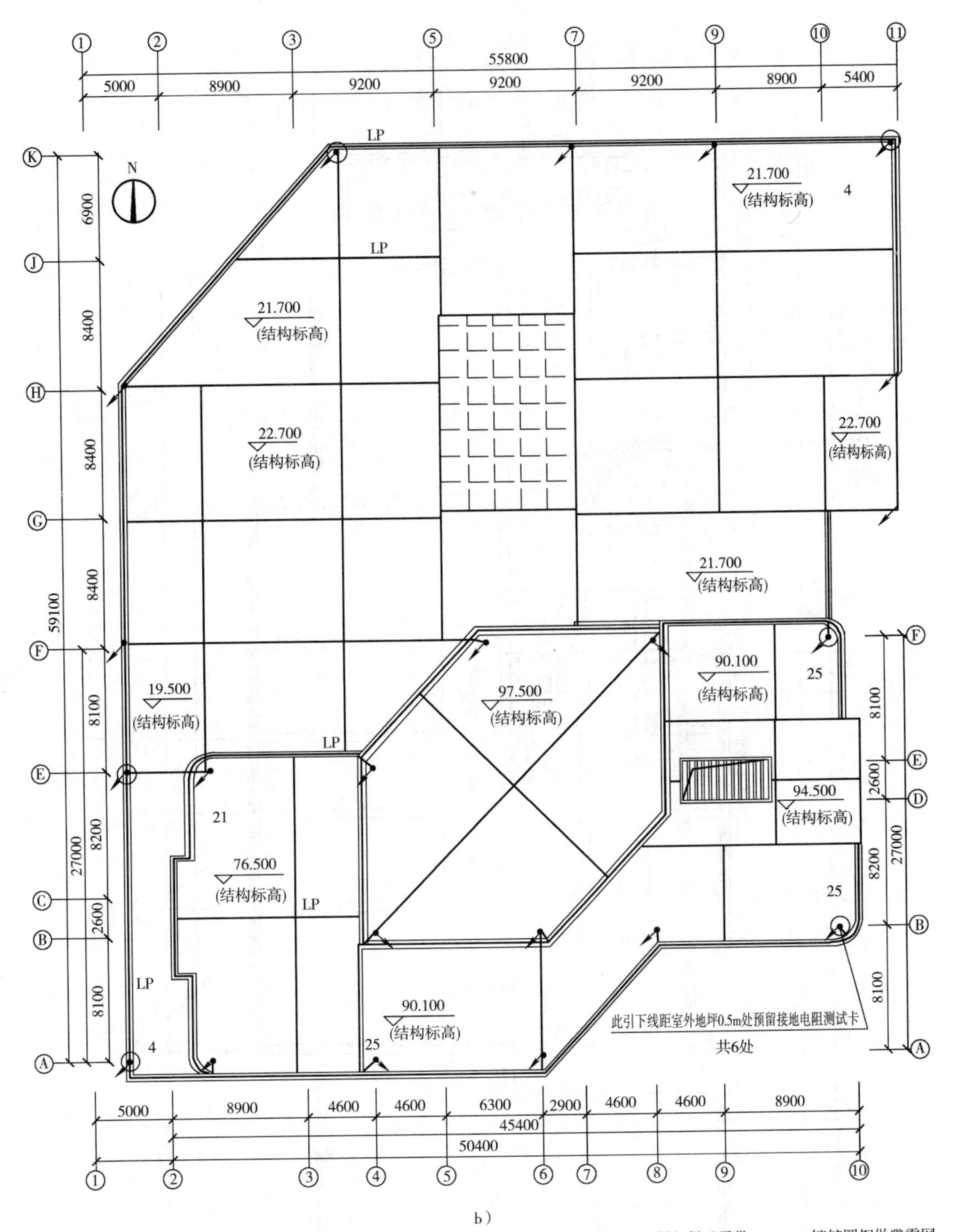

b）

注：（1）本工程按第二类防雷建筑物设置防雷保护措施。采用ϕ10mm镀锌圆钢或利用金属栏杆做避雷带，ϕ10mm镀锌圆钢做避雷网。
（2）突出屋面的所有金属构件，金属通风管、屋顶风机等均应与避雷带可靠焊接。
（3）利用柱内两根主筋兼作防雷装置引下线，主体建筑共12处，群楼共10处。
（4）本工程主楼42m以上应采取防侧击雷和等电位联结的保护措施，具体做法见设计说明。
（5）防雷装置安装做法见国家标准建筑设计图集D501-1《建筑物防雷设施安装》。

图 4－17　防雷工程图(续)

a)防雷工程之一；b)防雷工程之二

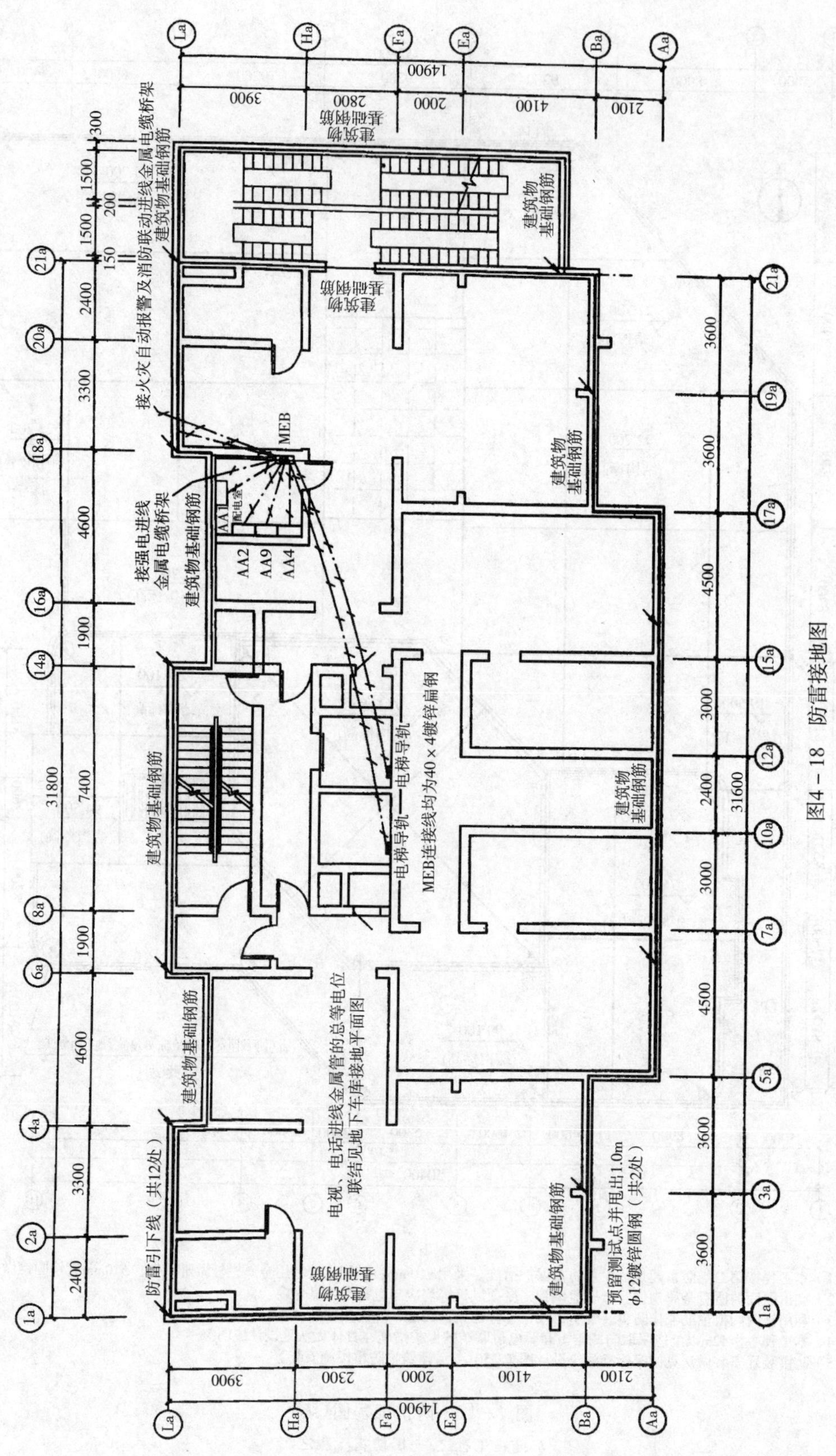
防雷引下线（共12处）
建筑物基础钢筋
电视、电话进线金属管的总等电位联结见地下车库接地平面图
预留测试点并甩出1.0m ф12镀锌圆钢（共2处）
MEB连接线均为40×4镀锌扁钢
电梯导轨
接强电进线金属电缆桥架
接火灾自动报警及消防联动进线金属电缆桥架
MEB
AA1
AA2
AA9
AA4
31800
31600
14900

图4－18 防雷接地图

思考题与习题

1. 第一类防雷建筑物的防雷措施是怎样的？
2. 第二类防雷建筑物的防雷措施是怎样的？
3. 如何认识防雷工程图？

任务三　接地工程图

【学习目的】

掌握接地技术，认识接地工程图纸。

任务引入

接地处理也是非常重要的，接地是让雷电流或短路电流迅速泄到地下。在施工中接地工程要做到位，达到质量验收合格或优秀的标准。

相关知识

一、保护接地

在正常情况下，将电气设备的金属外壳或构架用导线与接地极可靠地连接起来，使之与大地做电气上的连接，这种接地的方式就叫保护接地。保护接地如图 4－19 所示。

如果不采用保护接地，当发生人身触电时，由于触电电流不足以使熔断器熔断或使自动开关动作，因此危险电压一直存在，如果电网绝缘下降，则存在生命危险，如图 4－20 所示。采用保护接地之后，当发生人身触电时，由于保护接地电阻的并联，人身触电电压下降。假设人体电阻为 1000Ω，接地电阻为 4Ω，电网对地绝缘电阻为 19kΩ。通过人体与保护接地体并联连接，降低人身接触电压。

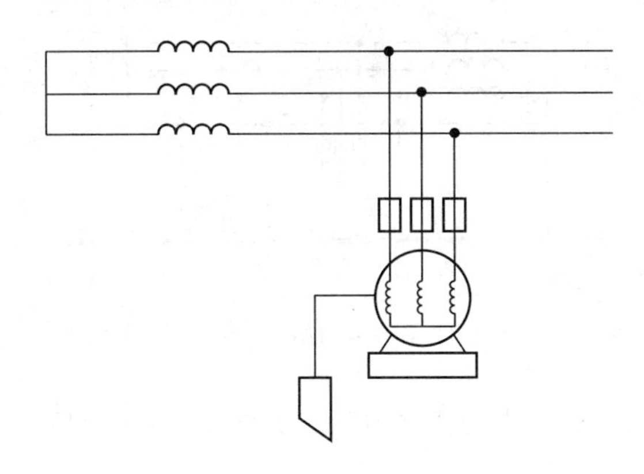

图 4－19　保护接地

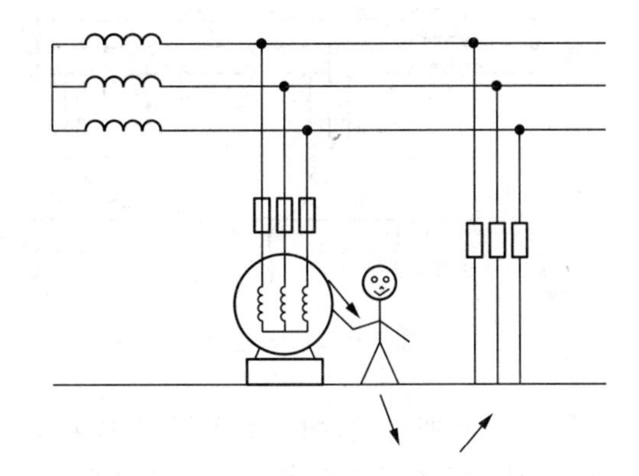

图 4－20　不进行保护接地的危险

接地电阻越小，接触电压越小，流过人体的电流越小。

三相三线制供电系统（中性点不接地系统）采用保护接地可靠。

对三相四线制系统，采用保护接地十分不可靠。一旦外壳带电时，电流将通过保护接地的接地极、大地、电源的接地极而回到电源。因为接地极的电阻值基本相同，则每个接地极电阻上的电压是相电压的一半。人体触及外壳时，就会触电。所以在三相四线制系统中的电气设备不推荐采用保护接地，最好采用保护接零，如图 4-21 所示。

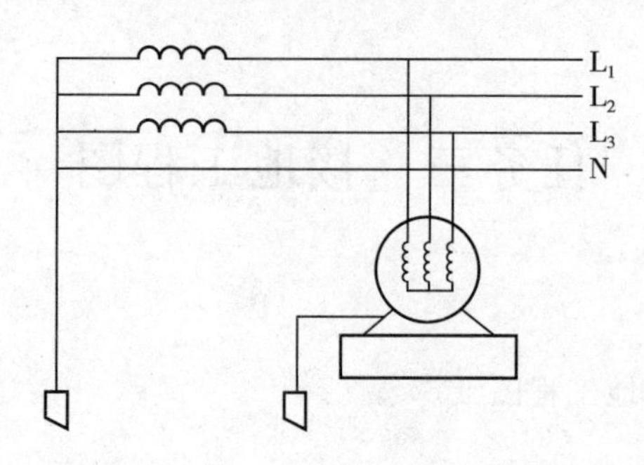

图 4-21　三相四线制系统中的电气设备不推荐采用保护接地

如果两台设备同时进行保护接地，两者都发生漏电，但不为同一相，则设备外壳将带危险电压。

如果将多个接地体用导体连接在一起，则可以解决此问题，此种方式称为等电位连接。连接线组成接地网，如图 4-22 所示。

保护接地要耗费很多钢材，因为保护接地的有限性在于接地电阻小。保护接地的目的是降低外壳电压，但由于工作性质的要求，并不需要立即停电（一般允许运行半小时），所以危险一直存在。从防止人身触电角度考虑，既然保护接地不能完全保证安全，那么就应当配漏电保护器；但从生产角度考虑，不允许漏电就即刻断电，所以这是个矛盾问题。使用中可根据现场实际情况决定漏电时是否断电，如果要求断电则安装跳闸线圈。

二、保护接零

保护接零又叫保护接中线。在三相四线制系统中，电源中线是接地的，将电气设备的金属外壳或构架用导线与电源零线（即中线）直接连接，就叫保护接零，如图 4-23 所示。

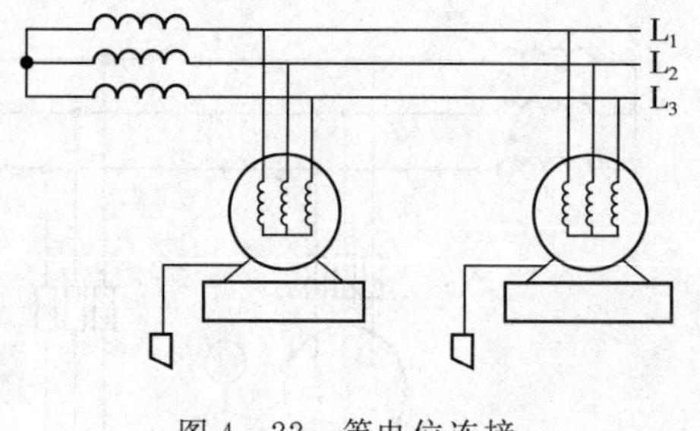

图 4-22　等电位连接

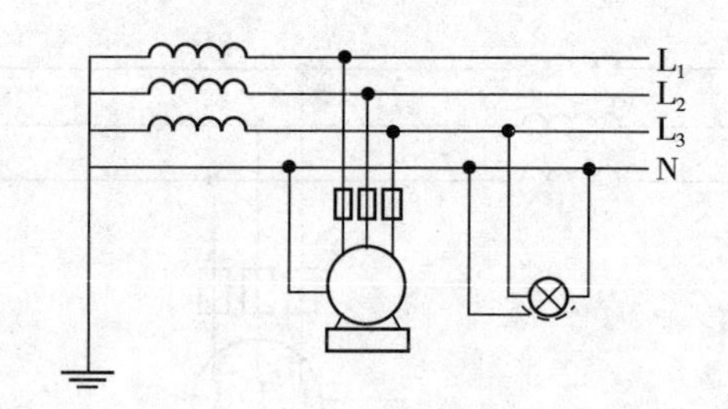

图 4-23　保护接零

对三相四线制，如果不采用保护接零，设备漏电时，人的接触电压为火线电压，十分危险，人体触及外壳便造成单相触电事故，如图 4-24 所示。

对三相四线制，如果采用保护接零，当设备漏电时，将变成单相短路，造成熔断器熔断或者开关跳闸切除电源，就消除了人的触电危险，因此采用保护接零是防止人身触电的有效手段。

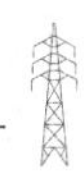

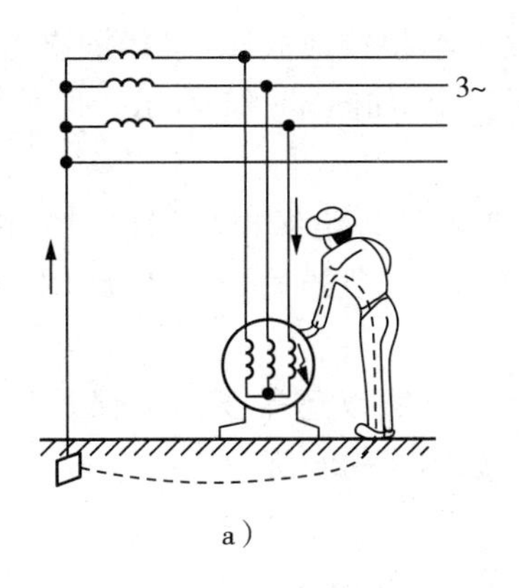

a)

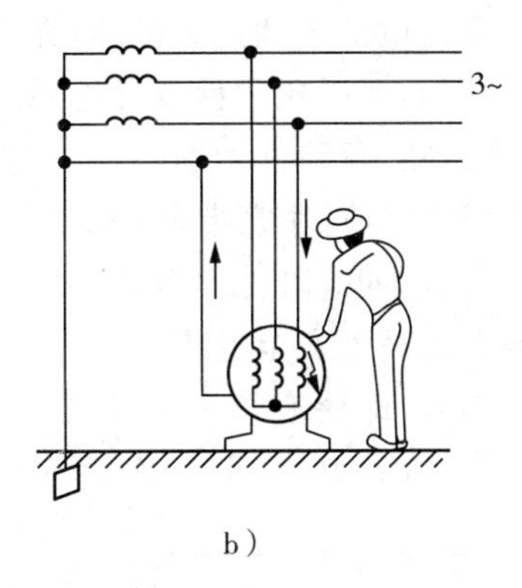

b)

图 4－24　保护接零的好处

a)无保护接零不安全；b)采用保护接零安全

这种安全技术措施用于中性点直接接地、电压为 380/220V 的三相四线制配电系统。三相三线制不可能进行保护接零，因为没有零线。

三、低压配电接地、接零系统的三种基本形式

按国际电工委员会(IEC)标准规定，低压配电接地、接零系统分为 IT、TT、TN 三种基本形式。在 TN 形式中又分有 TN－C、TN－S 和 TN－C－S 三种派生形式。

1. 符号含义

在上述形式中，第一个字母反映电源中性点的接地状态：

T——表示电源中性点工作接地；

I——表示电源中性点没有工作接地(或采用阻抗接地)。

第二个字母反映负载侧的接地状态：

T——表示负载保护接地，但与系统接地相互独立；

N——表示负载保护接零，与系统工作接地相连。

第三个字母：

C——表示零线(中性线)与保护零线共用一线。

第四个字母：

S——表示中性线与保护零线各自独立，各用各线。

2. 低压配电系统的基本形式

国际电工委员会规定，低压配电系统按接地方式的不同分为 IT 系统、TT 系统和 TN 系统。

IT 方式供电系统：中性点不与接地系统进行接地保护。

TT 方式供电系统：中性点直接与接地系统进行保护接地。在 TT 系统中负载的所有接地都称为保护接地。

TN 方式供电系统：中性点直接与接地系统进行保护接零，称为接零保护系统，分为 TN－C 系统和 TN－S 系统。

I 表示电源侧没有工作接地，T 表示负载侧电气设备进行接地保护。

① IT 系统适用于供电距离不长时，安全可靠。一般用于不允许停电或者要求严格连

续供电的地方。因为电源中性点不接地，如果发生单相接地故障，单相漏电电流很小，不会破坏电源电压的平衡，所以比中性点接地系统还安全，如图 4-25 所示。但是如果供电距离很长时，电容不容忽略，危险性增加。

② 当电气设备的金属外壳带电（相线外壳或者设备绝缘损坏漏电时），由于有接地保护，可以大大减少漏电的危险性。但是，低压断路器（自动开关）不一定跳闸，造成漏电设备的外壳电压对地电压高于安全电压。

当漏电比较小时，即使有熔断器也不一定熔断，所以还需要漏电保护器的保护，因此 TT 系统难以推广。系统耗费钢材，施工不方便，如图 4-26 所示。

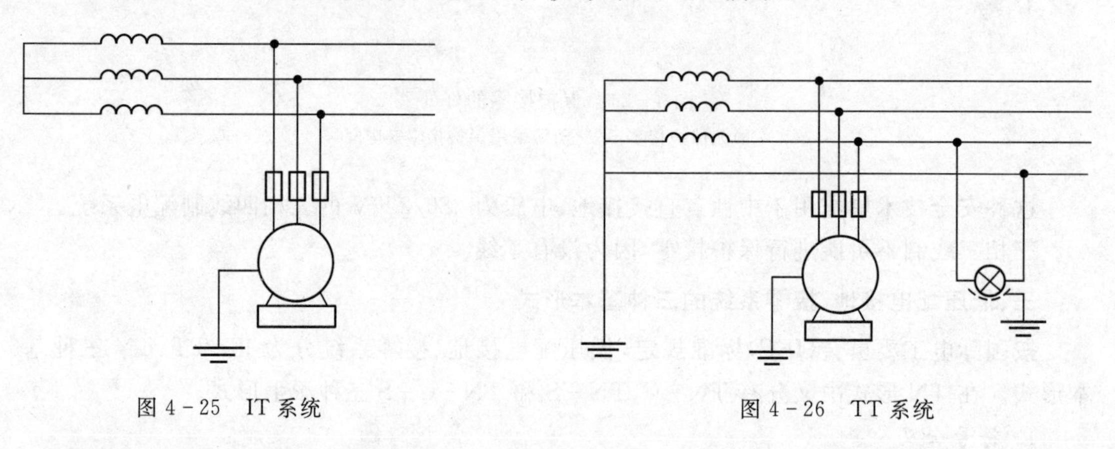

图 4-25 IT 系统　　图 4-26 TT 系统

③ 新国标规定，凡含有中性线的三相系统统称为三相四线制系统，即 TN 系统。这种系统将电气设备正常不带电的金属外壳与中性线相连接。在我国 380/220V 低压配电系统中，广泛采用中性点直接接地的运行方式，而且引出有中性线 N 和保护线 PE。

TN 系统按其 PE 线的形式又可分为 TN-C 系统、TN-S 系统和 TN-C-S 系统，如图 4-27 和图 4-28 所示。TN-C 系统的中性线 N 和保护线 PE 合为一根 PEN 线，电气设备的金属外壳与 PEN 线相连。若开关保护装置选择适当，可满足供电要求，并且其所用材料少，投资小，故在我国应用最普遍。

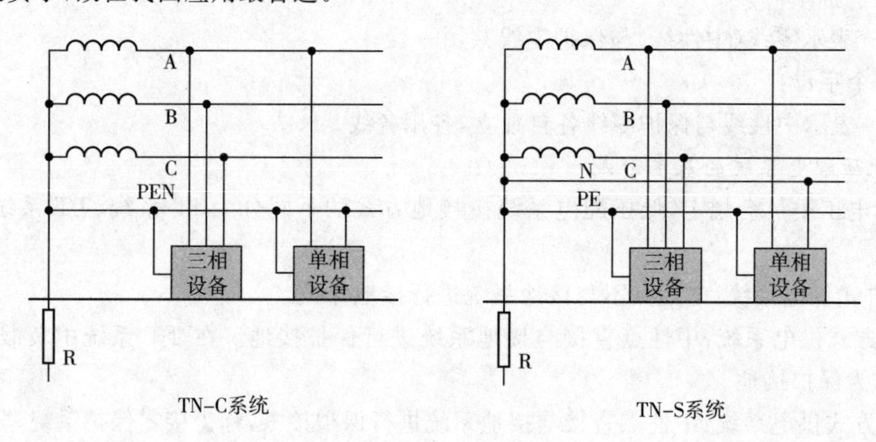

图 4-27 TN-C 系统和 TN-S 系统

由于三相不平衡，工作零线上有不平衡电流，对地有电压，所以与保护线相连接的电气

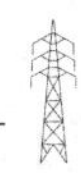

设备外壳对地有一定的电压。如果工作零线断线，则保护接零的漏电设备外壳带电。如果电源的相线碰地，则设备的外壳电压升高，使中性线的危险电位蔓延，因此它只适用于三相负载基本平衡情况。

TN－S系统的中性线N和保护线PE是分开的，所有设备的金属外壳均与公共PE线相连。正常时PE上无电流，因此各设备不会产生电磁干扰，所以适用于数据处理和精密检测装置使用。此外，N和PE分开，则当N断线也不影响PE线上设备防触电要求，故安全性高。缺点是用材料多，投资大，因此在我国应用不多。

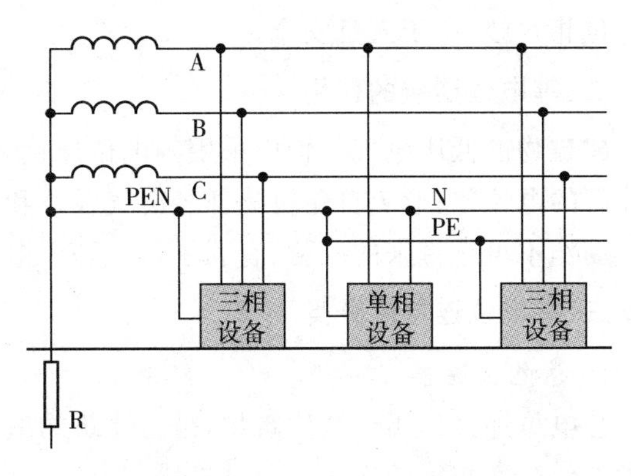

图4－28　TN－C－S系统

TN－S系统是把工作零线和专用保护线严格分开的系统，正常工作时，保护零线上没有电流，只有工作零线上有不平衡电流。PE线对地没有电压，电气设备金属外壳接在专用的保护线上，安全可靠。工作零线只用作单相负载回路。专用保护线(保护零线)不允许断线。

TN－C－S系统安全可靠，但造价高。这种系统前边为TN－C系统，后边为TN－S系统(或部分为TN－S系统)。它兼有两系统的优点，适于配电系统末端环境较差或有数据处理设备的场所。

思考题与习题

1. 什么是IT系统？
2. 什么是TN系统？

任务四　等电位连接图

【学习目的】

掌握总等电位、局部等电位连接的定义与工程图图纸。

任务引入

实际生活中，很多地方都需要进行等电位连接，比如在医院、游泳池、计算机房的工程中都要进行等电位连接。

相关知识

一、等电位连接的概念

等电位连接(也叫联结)是将分开的设备和装置的外露可导电部分用等电位连接导体或

电涌保护器连接起来，使它们的电位基本相等。接地一般是指电力系统、电气设备可导电金属外壳及其金属构架，用导体与大地相连接，使其被连接部分与地电位相等或接近。接地可视为以大地作为参考电位的等电位连接。为防止电击而设的等电位连接一般均作接地，与地电位相一致，有于人身安全。

二、等电位连接的作用

建筑物的低压电气装置应采用等电位连接，以降低建筑物内间接接触电压和不同金属物体间的电位差；避免自建筑物外经电气线路和金属管道引入的故障电压的危害；减少保护电气动作不可靠带来的威胁；有利于避免外界电磁场引起的干扰，改善装置的电磁兼容性。

三、等电位连接的分类

1. 总电位连接

总电位连接作用于全建筑物，是将建筑物电气装置外露可导电部分与装置外可导电部分做电位基本相等的连接。通过进线配电箱近旁的总等电位连接端子板(接地母排)将下列导电部分互相连通：

(1)进线配电箱的 PE(PEN)母排；

(2)公用设施的金属管道，如上水、下水、热力、燃气等管道；

(3)建筑物金属结构；

(4)如果建筑物设有人工接地极，也包括接地极引线。

总等电位连接主母线的截面不应小于装置最大保护线截面的一半，且不应小于 $6mm^2$。如果采用铜导线，其截面可不超过 $25mm^2$；如为其他金属时，其截面应能承受与之相当的载流量。总等电位连接如图 4-29、图 4-30 所示。

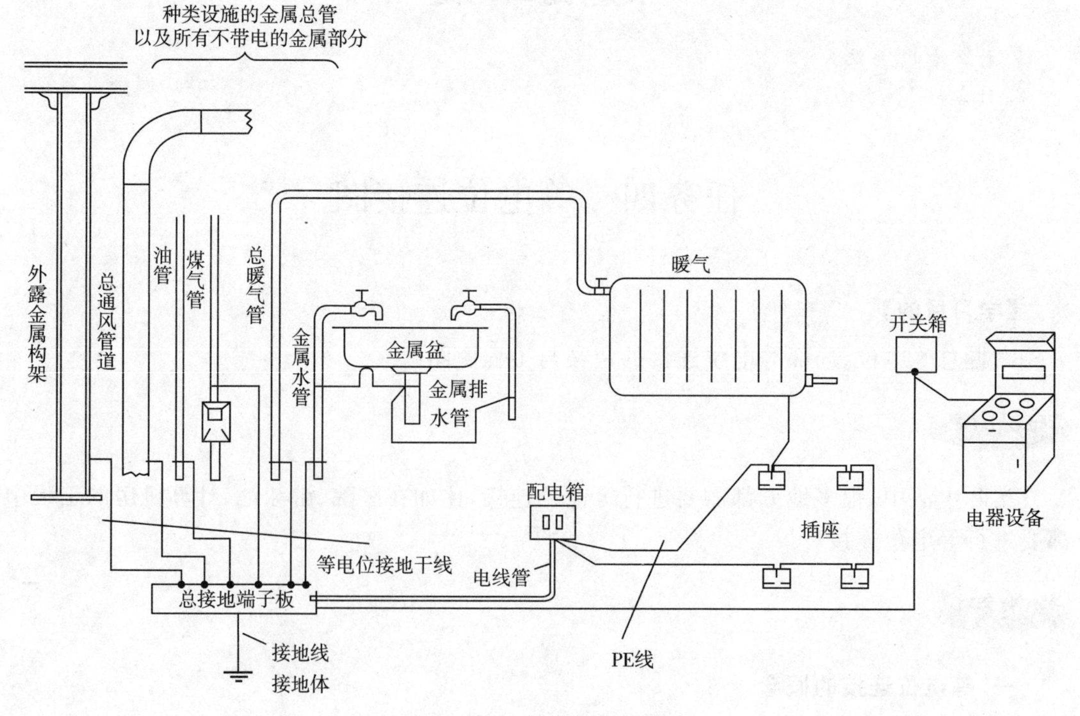

图 4-29　总等电位连接

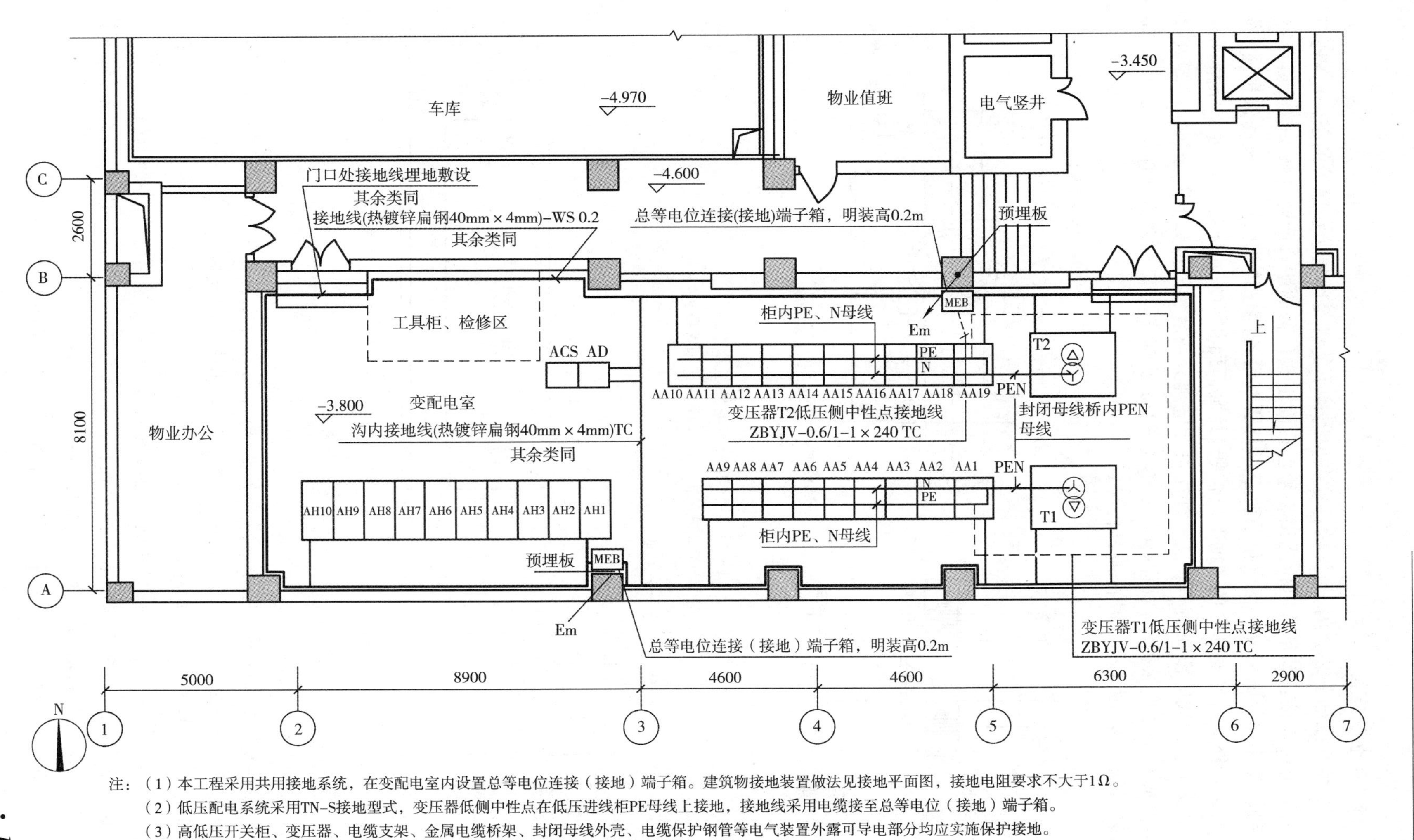

注：（1）本工程采用共用接地系统，在变配电室内设置总等电位连接（接地）端子箱。建筑物接地装置做法见接地平面图，接地电阻要求不大于1Ω。

（2）低压配电系统采用TN-S接地型式，变压器低侧中性点在低压进线柜PE母线上接地，接地线采用电缆接至总等电位（接地）端子箱。

（3）高低压开关柜、变压器、电缆支架、金属电缆桥架、封闭母线外壳、电缆保护钢管等电气装置外露可导电部分均应实施保护接地。

（4）接地装置安装做法见国家建筑标准设计图集D501-4《接地装置安装》。

图4-30 变配电室等电位连接

2. 辅助等电位连接

在一个装置或部分装置内，当仅做总等电位连接不能满足间接接触保护的条件时，还应采取辅助等电位连接。辅助等电位连接必须包括固定式设备的所有能同时触及的外露可导电部分和装置外可导电部分。等电位系统必须与所有设备的保护线（包括插座的保护线）连接。连接两个外露可导电部分的辅助等电位线，其截面面积不应小于接至该两个外露可导电部分的较小保护线的截面面积。连接外露可导电部分与装置外可导电部分的辅助等电位连接线，不应小于相应保护线截面的 1/2。图 4-31a 是管子与管子之间的连接，图 4-31b 是计量表两端跨接，图 4-32 是接地警告牌。

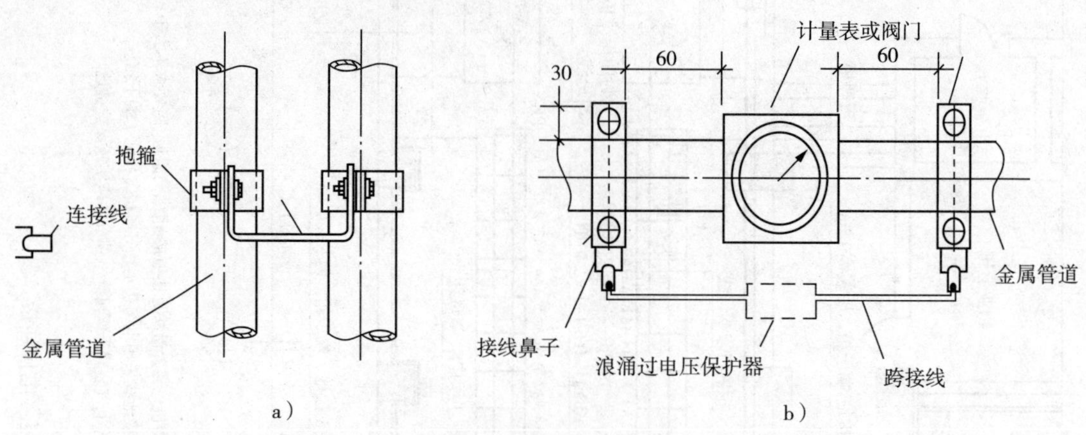

图 4-31 辅助等电位连接

a)管子与管子之间的连接；b)计量表两端跨接

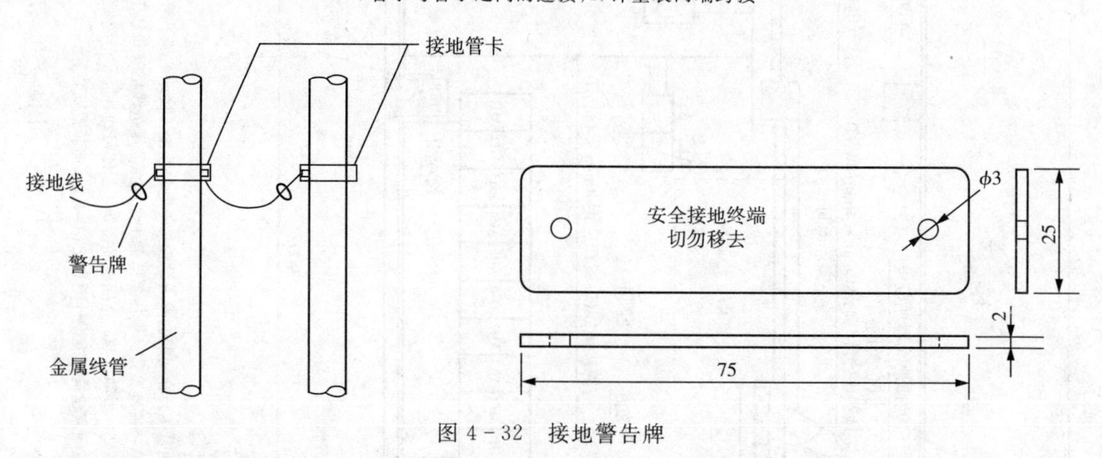

图 4-32 接地警告牌

3. 局部等电位连接

在一局部场所范围内将各可导电部分连通，称为局部等电位连接。可通过局部等电位连接端子板将 PE 母线（或干线）、金属管道、建筑物金属体等相互连通。

下列情况需做局部等电位连接：

（1）当电源网络阻抗过大，使自动断开电源时间过长，不能满足防电击要求时；

（2）由 TN 系统同一配电箱供电给固定式和移动式两种电气设备，而固定式设备保护断开电源时间不能满足移动式设备防电击要求时；

（3）为满足浴室、游泳池、医院手术室、农牧业等场所对防电击的特殊要求时；

(4)为避免爆炸危险场所因电位差产生电火花时；

(5)为满足防雷和信息系统抗干扰的要求时。

卫生间局部等电位连接如图 4 - 33 所示。

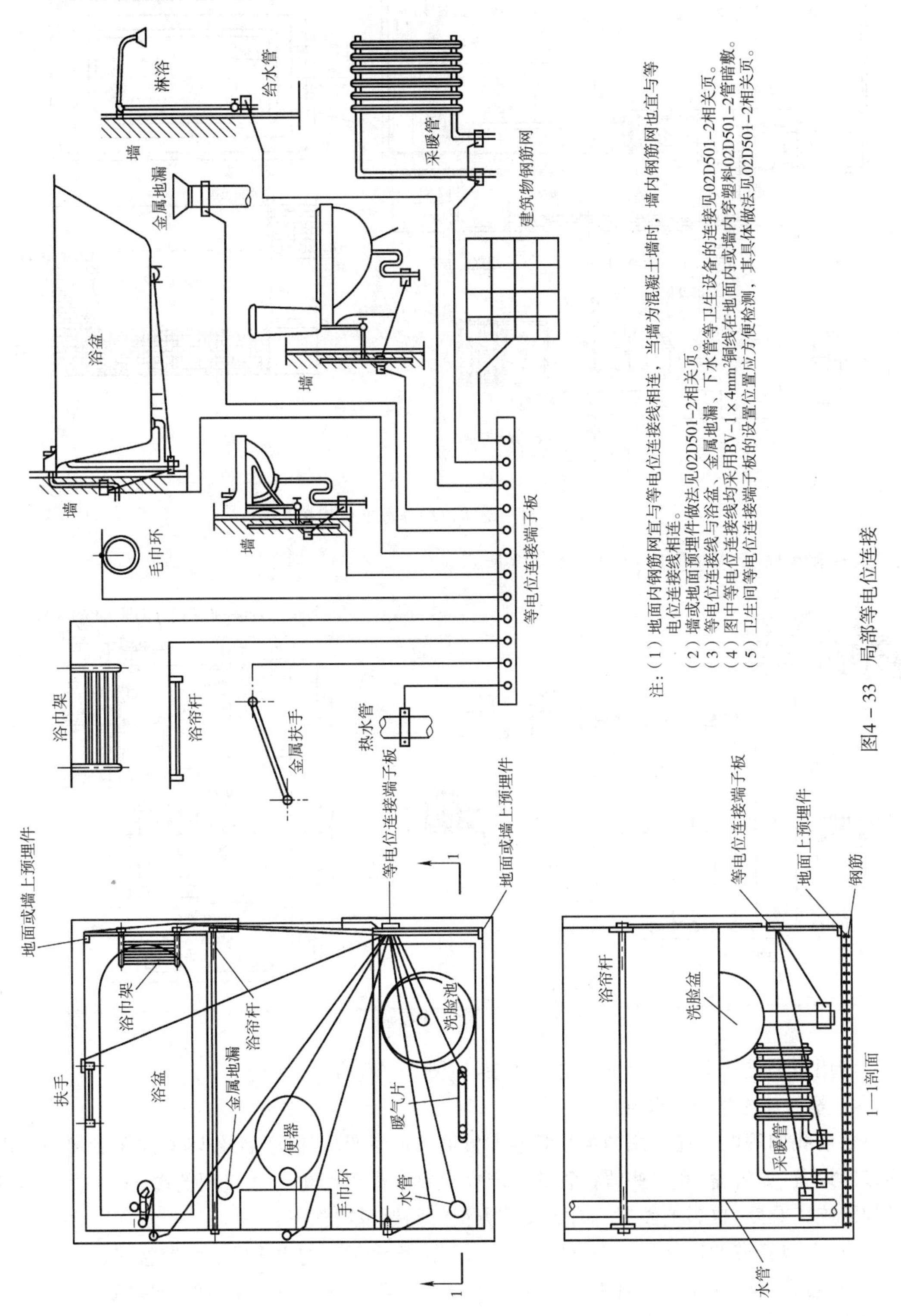

图4－33　局部等电位连接

游泳池局部等电位连接如图 4－34 所示。

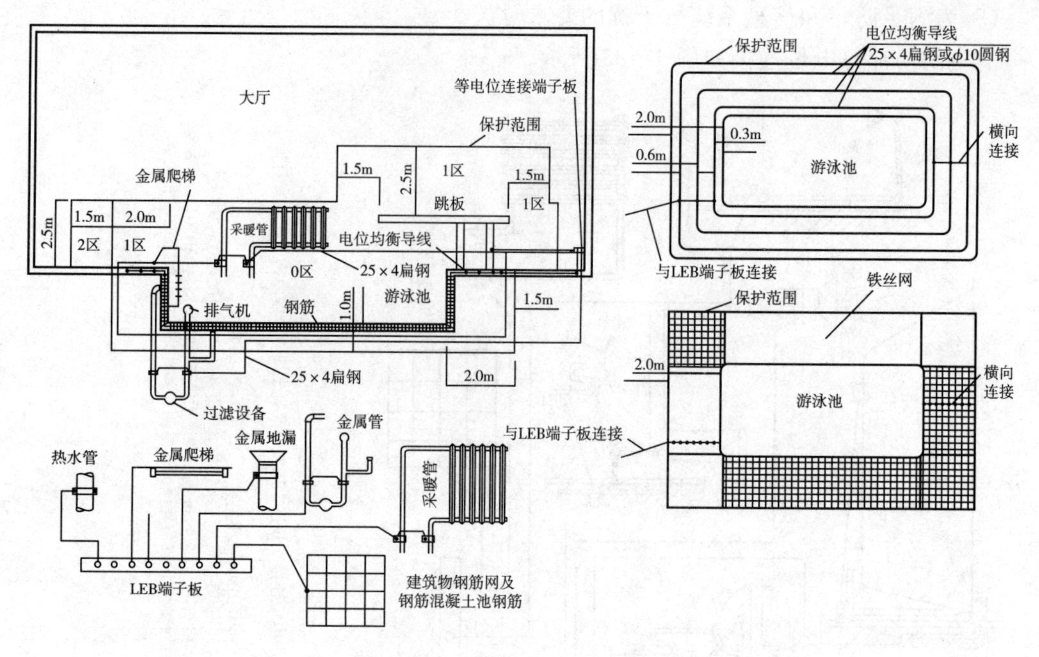

图 4－34　游泳池局部等电位连接

手术室局部等电位连接如图 4－35 所示。

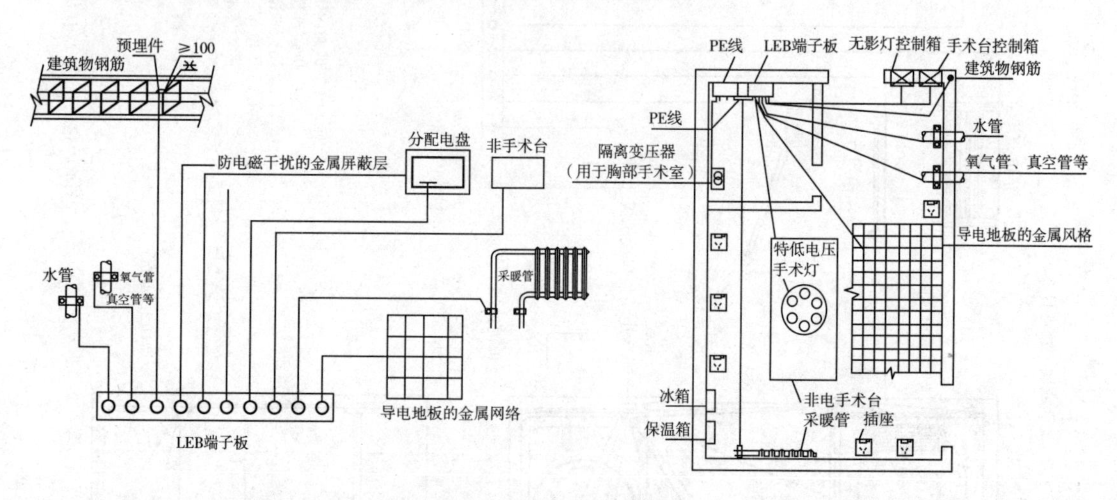

图 4－35　手术室局部等电位连接

利用主筋进行卫生间局部等电位连接，如图 4－36 所示。

4. 等电位连接的安装要求

目前我国等电位连接用的金具和端子板虽有定型产品，但产品较少，有关主管部门对需连接的设备（如浴盆）和一些铸铁管的生产也未要求配置等电位连接用的端子，因为这样做增加了施工难度，也影响美观。有关安装方面的问题说明如下：

（1）金属管道的连接处一般不需加接跨接线，给水系统的水表需加接跨接线；

（2）装有金属外壳的排风机，空调器的金属门窗框或靠近电源插座的金属门窗框以及在

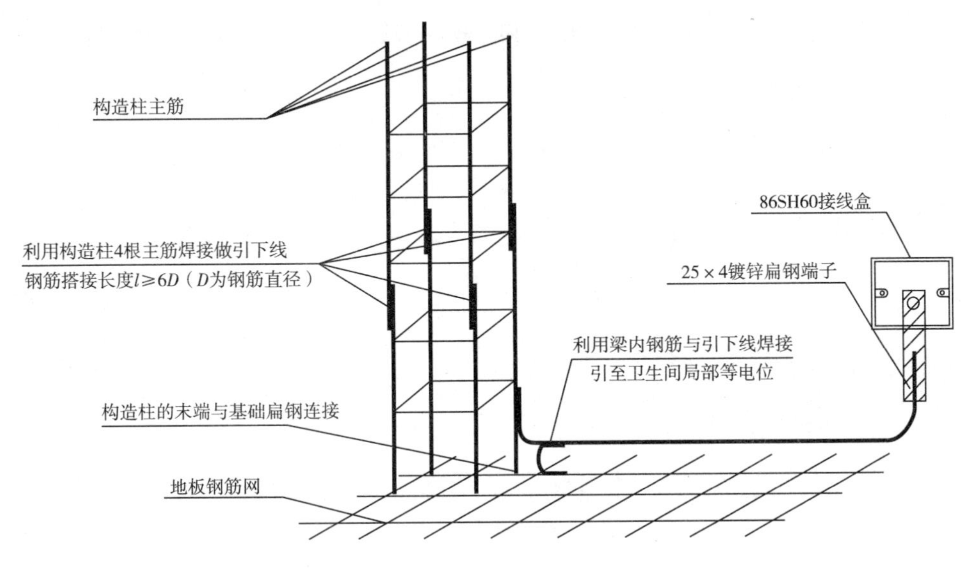

图 4－36　利用主筋进行卫生间局部等电位连接

外露可导电部分伸臂范围内的金属栏杆、吊顶龙骨等金属体须做等电位连接；

(3)为避免用燃气管道做接地极，燃气管入户后应插入一根绝缘段以与户外埋地的燃气管隔离，在此绝缘段两端跨接火花放电间隙；

(4)一般场所离人站立处不超过 10m 的距离内如有地下金属管道或结构即可认为满足地面等电位的要求，否则应在地下加埋等电位带；

(5)等电位连接各连接导体间的连接可采用焊接，也可采用压接。在腐蚀性场所应采取防腐措施，如热镀锌或加大导线截面等；

(6)等电位连接端子板应采用螺栓连接，以便拆卸进行定期检测；

(7)等电位连接线及端子板宜采用铜质材料，但与基础钢筋相连的等电位线宜采用钢材，以与基础钢筋的电位基本一致，避免引起电化学腐蚀；

(8)等电位连接线在地下暗敷时，其导体之间的连接禁止采用螺栓压接；

(9)等电位连接用的螺栓、垫圈、螺母等应进行热镀锌处理；

(10)等电位连接线应用黄绿相间的色标，在等电位连接端子板上应刷黄色底漆并标以黑色记号，其符号为“V”。

等电位连接盒子和连接实例如图 4－37、图 4－38 所示。

图 4－37　等电位连接盒子

图 4－38　等电位连接实例

思考题与习题

1. 什么叫总等电位连接？
2. 什么叫局部等电位连接？
3. 什么叫辅助等电位连接？

单元五　电气控制电路图

电机在实际生活中应用十分广泛，比如在锅炉、电梯、消防、风机、车床等设备的电气控制中都需要用到它。电气工程人员要学会看图后能安装电机和查找电机故障，这是电气工程人员必备的技术。

任务一　电机控制设备

【学习目的】

掌握低压电器设备的文字符号与作用。

任务导入

电机是动力负荷，占用电负荷的70%左右，在机床、锅炉、给排水、电梯等很多地方都有使用。

相关知识

电机控制中常常用到的刀开关、熔断器是配电电器，按钮、接触器、热继电器是有触点的控制电器。

一、低压刀开关

低压刀开关是一种手动电器，应用于配电设备做隔离电源用，也可用于小功率三相异步电动机不频繁地直接起动。刀开关由静插座、手柄、触刀、铰链支座和绝缘底板等组成，依靠手动来实现触刀和静插座的通断，其典型结构如图5－1所示。

1. 胶盖闸刀开关

胶盖闸刀开关又叫开启式负荷开关，广泛用作照明电路和小容量(5.5kW及以下)动力电路中做不频繁起动的控制开关。它的主要结构如图5－2所示。

2. 板形刀开关

板形刀开关常用于低压开关柜内或进户线上做不带负荷的隔离开关。板形刀开关应垂直安装在开关板上，并使动触头在静触头下方，闭合时手柄操作方向应从下往上，断开时手柄操作方向则从上往下，不允许倒装或横装。

板形开刀关的外形和结构如图5－3所示。

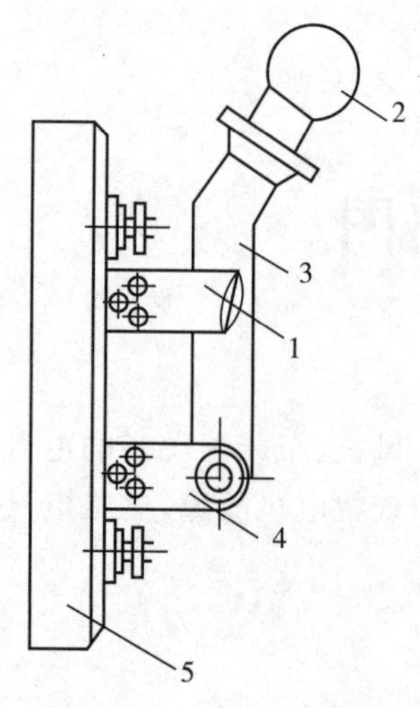

图 5-1　刀开关的典型结构

1—静插座；2—手柄；3—触刀；
4—铰链支座；5—绝缘底版

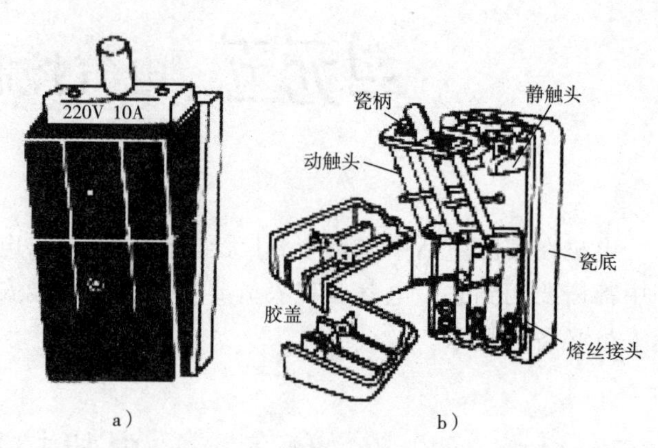

图 5-2　胶盖闸刀开关的外形和结构

a）二极外形；b）三极结构

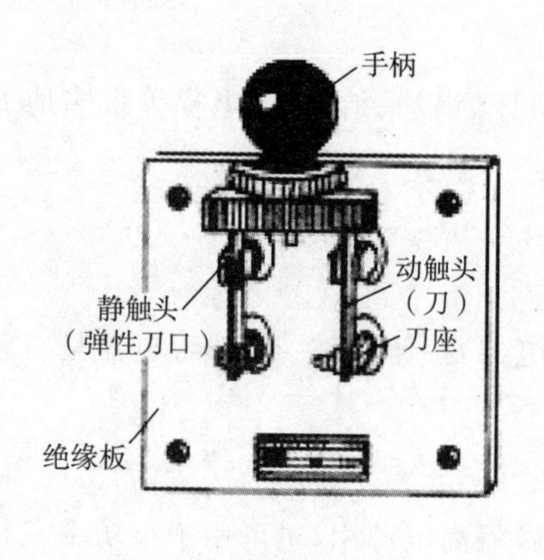

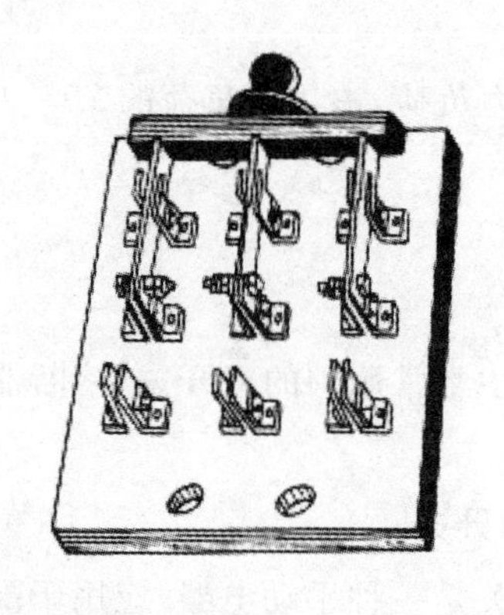

图 5-3　板形刀开关的外形和结构

a）二极单投；b）三极双投

3. 熔断器式刀开关

熔断器式刀开关适用于额定交流 50Hz、电压 380V 或直流 440V、额定电流 660A 以下的工业企业配电网络中，作为电缆、导线及用电设备的过载和短路保护之用。在正常的情况下，可供不频繁地手动接通和分断额定电流及小于额定电流的电路。熔断器式刀开关是 RT0 有填料熔断器和刀开关的组合电器，具有 RT0 有填料熔断器和刀开关的基本性能。在电路正常供电的情况下，接通和切断电源由刀开关来完成。当线路或用电设备过载或短路时，熔断器式刀开关的熔体熔断，及时切断故障电流。熔断器式刀开关的外形和结构如图 5-4所示。

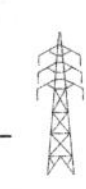

图 5-4　熔断器式刀开关的外形和结构

4. 铁壳开关

铁壳开关又叫封闭式负荷开关，可用于不频繁地通、断负荷电路，也可作为电动机(15kW 以下)不频繁起动时的控制开关。铁壳开关的外壳通常由铸铁做成，内部装有触点系统(由刀片和夹座组成)、熔断器和速断弹簧等，30A 以上的还装有灭弧罩。其基本结构如图 5-5 所示。

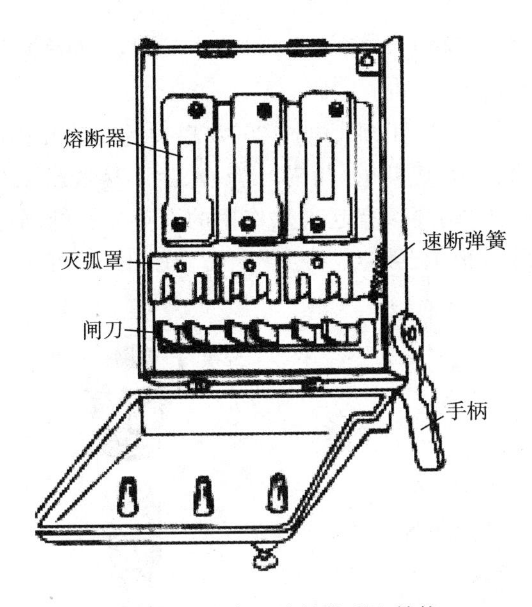

图 5-5　铁壳开关的外形和结构

5. 刀开关的电路符号

刀开关的电路符号如图 5-6 所示。

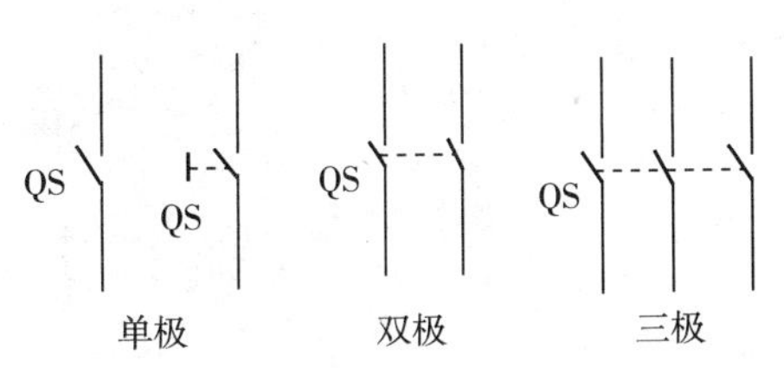

图 5-6　刀开关的电路符号

二、低压熔断器

熔断器是低压线路和电动机控制电路中最简单、最常用的起过载和短路保护作用的电器，它的主要工作部分是熔体。熔断器应串联在被保护电器或电路的前面。当电路或设备发生过载或短路时，产生的大电流可将熔体熔化，分断电路而起保护作用。

熔体的材料有两种：在小容量电路中，多用分断力不高的低熔点材料，如铅锡合金、铅等；而在大容量电路中，多用分断力较高的高熔点材料，如铜、银等。

1. RC 系列瓷插式熔断器

瓷插式熔断器常用于 380V 三相电路和 220V 单相电路做保护电器。它主要由瓷插座、动触点、熔丝、瓷插件、静触点等组成，如图 5－7 所示。瓷插座中部有一空腔，与瓷插件的凸出部分组成灭弧室，60A 以上的瓷插式熔断器空腔中还垫有编织石棉层，用以加强灭弧功能。

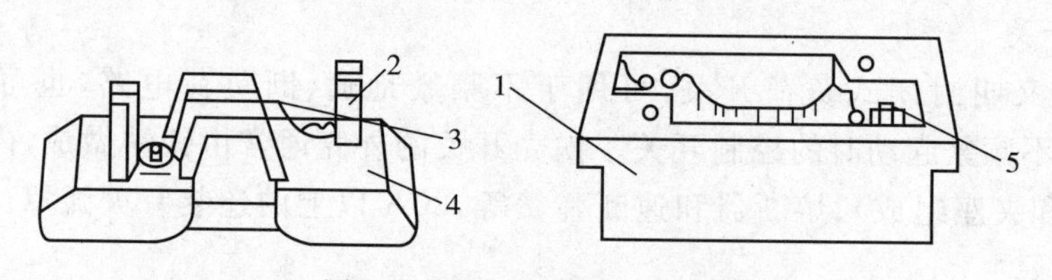

图 5－7　RC1 瓷插式熔断器

1—瓷插座；2—动触点；3—熔体；4—瓷插件；5—静触点

2. RL 系列螺旋式熔断器

螺旋式熔断器用于交流 380V 以下、电流 200A 以内的线路和用电设备的过载和短路保护。螺旋式熔断器主要由瓷帽、熔断管（熔芯）、瓷套、上下接线桩及底座等组成，如图 5－8 所示。熔断管内除装有熔丝外，还填有起灭弧作用的石英砂。熔断管的上盖中心装有红色熔断指示器，一旦熔丝熔断，指示器即从熔断管上盖中脱出，并可从瓷帽上的玻璃窗口直接发现，以便拆换熔断管。

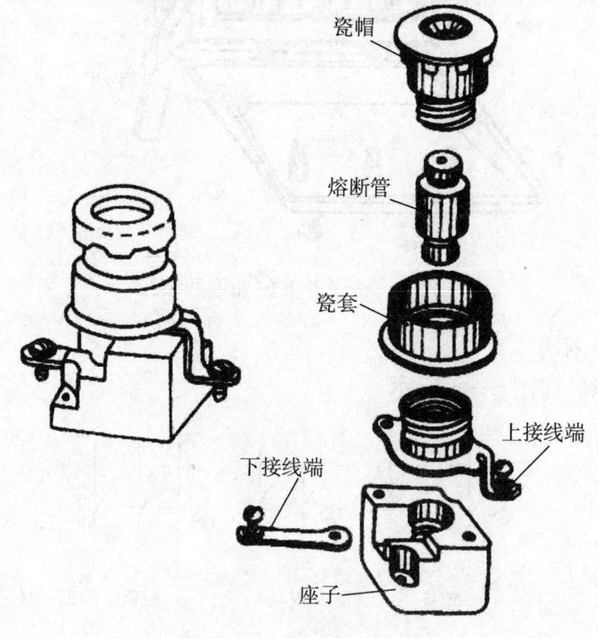

图 5－8　螺旋式熔断器

螺旋式熔断器接线时，电源进线必须接在与熔断器中心触片相通的下接线桩上，到负载的出线应接在与螺口相通的上接线桩上，这样在旋出瓷帽更换熔断管时，金属螺口不会带电，有利于操作人员的安全。

3. RM 系列无填料封闭管式熔断器

无填料封闭管式熔断器用于交流电压 380V、额定电流 1000A 以内的低压线路及成套配电设备中，起过载和短路保护的作用。无填料封闭管式熔断器主要结构如图 5-9 所示。当过大电流通过熔体时，熔体会在狭窄处熔断，产生电弧，管内温度会急剧升高，而钢纸管在高温作用下将分解出大量气体，增大管内压力，从而起到加强灭弧的作用。因此，为保证其保护功能，凡是熔体被熔断和拆换三次以后，必须更换新熔断管。

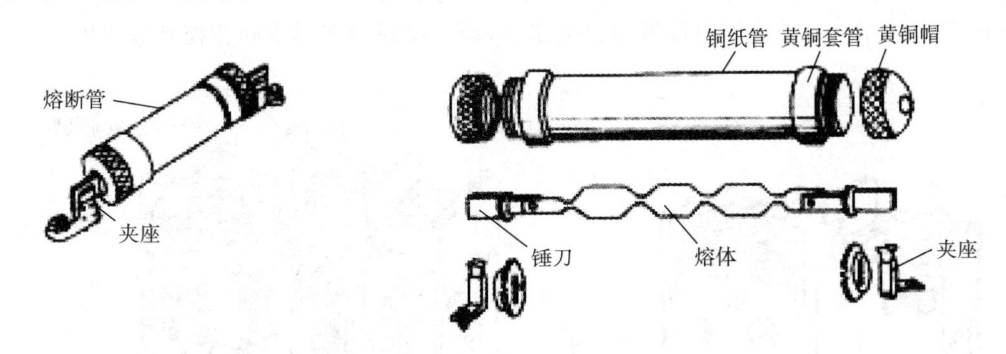

图 5-9　无填料封闭管式熔断器

4. RT 系列有填料封闭管式熔断器

有填料封闭管式熔断器多用于交流电压 380V、额定电流 1000A 以内的高短路电流的电力网络和配电装置中，作为电路、电机、变压器及其他设备的过载与短路保护。有填料封闭管式熔断器由熔管、触刀、夹座、底座等部分组成，如图 5-10 所示。熔管由高频瓷制成波状方形管，管内装有工作熔体和指示器熔体。工作熔体是由冲有网孔的薄紫铜片制成，中间焊有锡桥，并围成笼形，两端被上下两片金属盖板压紧并与其连接。指示器熔体为康铜丝，与工作熔体并联，一旦工作熔体被熔断，线路电流将全部加在指示器熔体上，促使其迅速熔断，进而将红色熔断指示器弹开，伸出金属盖板外，以利观察。熔管内填满直径为 0.5～1.0mm 的石英砂，用以增强灭弧功能。

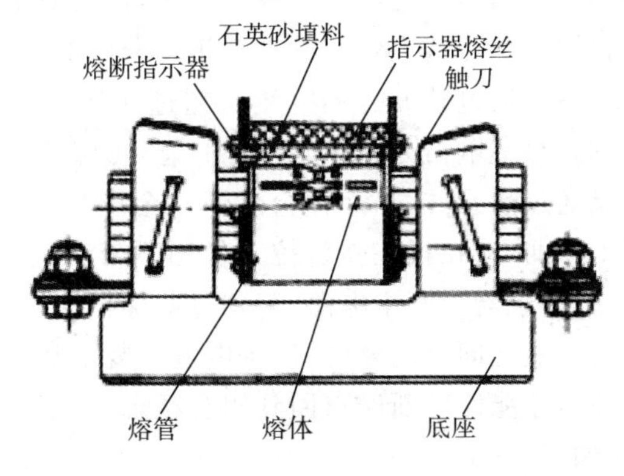

图 5-10　有填料封闭管式熔断器

5．熔断器的电路符号

熔断器的电路符号如图 5－11 所示。

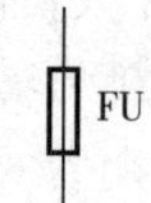

图 5－11　熔断器的电路符号

三、热继电器

热继电器是对电动机和其他用电设备进行过载保护的控制电器。热继电器的外形如图 5－12a 所示，内部结构如图 5－12b 所示。

热继电器主要由热元件、触点、动作机构、复位按钮和整定电流调节装置等组成。其中热元件由电阻值不高的电热丝或电阻片绕成，包裹在热元件中的是双金属片（由两种热膨胀系数差异较大的金属薄片叠在一起而成）。热继电器的热元件串联在电动机或其他用电设备的主电路中，而其动断触点则串联在控制电路中。

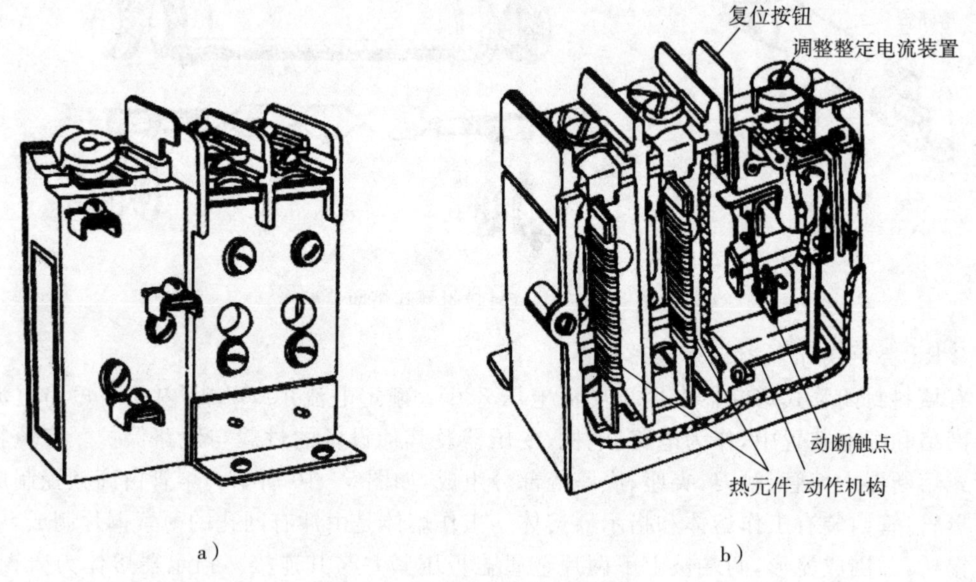

图 5－12　热继电器外形和结构

a）外形；b）结构

热继电器的动作原理如图 5－13 所示。

热继电器可以用作过载保护，但不能起短路保护作用，因其双金属片从升温到发生形变断开动断触点有一个时间过程，不可能在短路的瞬时迅速分断电路。

如果电路或设备工作正常，通过热元件的电流未超过允许值，则热元件温度不高，不会使双金属片产生过大的弯曲，热继电器处于正常工作状态，可保持控制回路、主回路均导通。一旦电路过载，有较大电流通过热元件，热元件会烘烤双金属片，双金属片因上层膨胀系数小、下层膨胀系数大而向上弯曲，使扣板在弹簧拉力作用下带动绝缘牵引板，将动断触点断开，分断控制电路，进而通过接触器切断主电路，起到过载保护的作用。

热继电器动作后，一般不能立即自动复位，须等电流恢复正常，双金属片复原后，再按动复位按钮（自动复位式除外），才能使动断触点回到闭合状态。

热继电器的电路符号如图 5－14 所示。

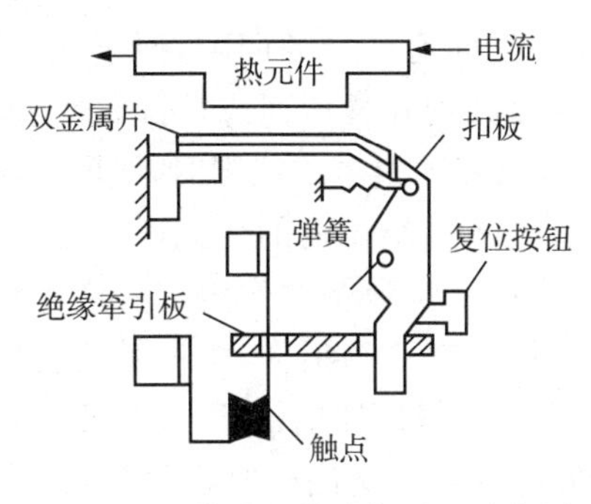

图 5-13　热继电器动作原理示意图

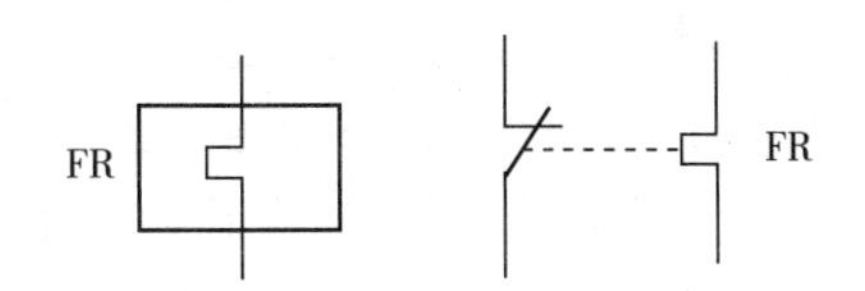

图 5-14　热继电器的电路符号

四、接触器

接触器是用来进行频繁地接通和断开交、直流主电路及大容量控制电路的一种可自动切换的远距离操纵电器。其主要控制对象是电动机，也可用于控制其他电力负载、电热器、电焊机和电容器组等。它依靠电磁铁带动触点动作完成电路通断的切换，并具有失压和欠压保护功能。

接触器根据主触点接通电流的种类可分为交流接触器和直流接触器；按驱动触点系统的动力不同可分为电磁接触器、气动接触器、液压接触器，目前最常见的是电磁接触器。新型的真空接触器和晶闸管交流接触器正在逐步使用。

1. 交流接触器

交流接触器因不具备短路保护作用，因此必须与熔断器、热继电器等保护电器配合使用。其外形和结构如图 5-15 所示。

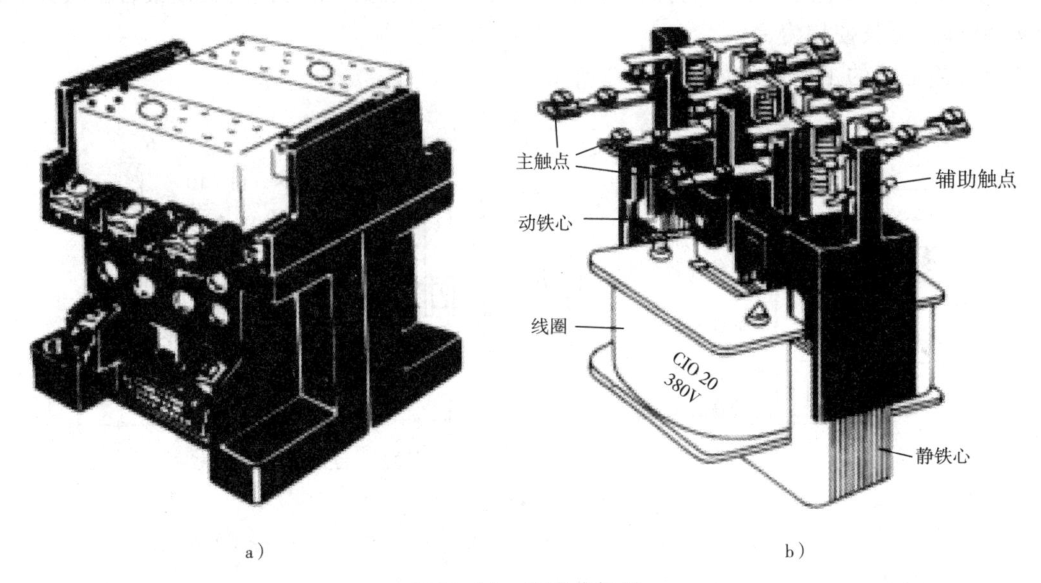

图 5-15　交流接触器

a)外形；b)结构

交流接触器主要是由电磁系统、触点系统、灭弧装置和附件等部分组成。

电磁系统由电磁线圈、静铁心、动铁心（衔铁）等组成，其中动铁心是与动触点支架连成一体的。电磁线圈由绝缘铜导线绕制成圆筒形,与铁心之间有一定的间隙,便于铁心散热,以免线圈与铁心直接接触而烧坏。交流接触器的铁心由硅钢片叠压而成,可减少交变磁通在铁心中的涡流和磁滞损耗,避免铁心过热。由于交变电流通过电磁线圈时,线圈磁场对衔铁的吸引力也是交变的,这将使动、静铁心之间的吸引力随着交流电的变化而变化。因此,当交流电流通过零值时,线圈磁通也将为零,故而衔铁在复位弹簧的作用下将产生释放趋势,从而产生振动和噪音,加速动、静铁心接触面的磨损,引起接触不良,严重时还会使触点烧蚀。为了消除这一弊端,可在铁心柱端面的一部分嵌入一只短路的铜环(简称短路环),如图 5-16 所示。该短路环相当于变压器副边绕组,在线圈通入交流电时,不仅线圈产生磁通,短路环中的感应电流也将产生磁通。短路环相当于纯电感电路,从纯电感电路的相位关系可知,线圈电流磁通与短路环感应电流磁通不会同时为零(即电源输入的交流电流通过零值时,短路环感应电流不为零),因此即使当线圈电流磁通为零时,短路环感应电流磁通产生的磁场将仍对衔铁起着吸合作用,从而克服了衔铁被释放的趋势,使衔铁在通电过程总是处于吸合状态,可明显减小振动和噪音,因此短路环又叫减振环。它通常由铜、康铜或镍铬合金制成。

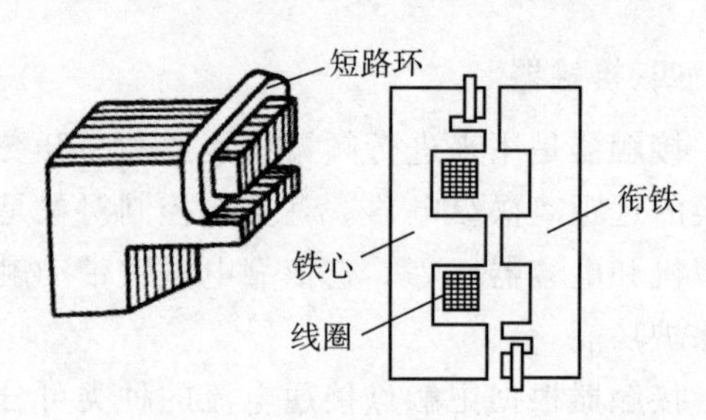

图 5-16　交流接触器铁心上的短路环

触点系统按功能的不同可分为主触点和辅助触点两类。主触点用于通、断电流较大的主电路,一般由三对动合触点组成;辅助触点用于通、断电流较小的控制电路,它有动合与动断两种。触点一般是用导电性能较好的纯铜制成,并在接触点部分镶上银或银合金块,以减少接触电阻,延长使用寿命。

交流接触器的工作原理如图 5-17 所示。

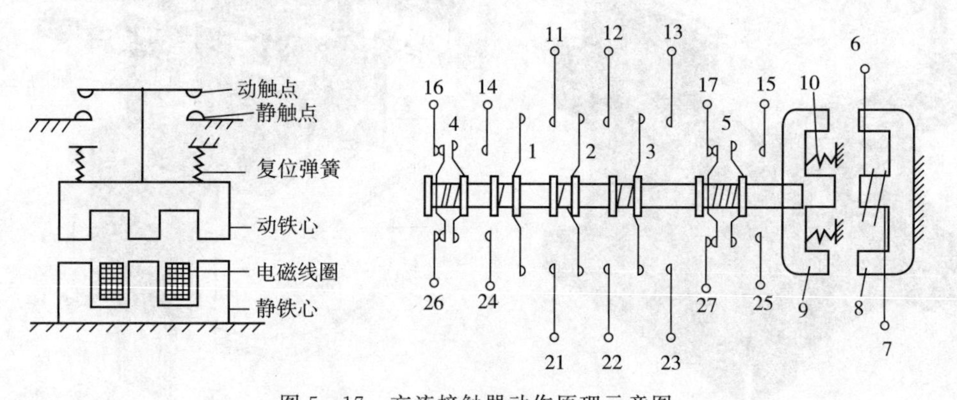

图 5-17　交流接触器动作原理示意图

1、2、3—主触点;4、5—辅助触点;6、7—电磁线圈;8—铁心;9—衔铁;10—反力弹簧

当交流电流通过交流接触器的电磁线圈时,电磁线圈可产生磁场,动、静铁心被磁化而互相吸引(当动铁心被吸引向静铁心时,与动铁心相连的动触点也被拉向静触点),动铁心可克服弹簧反作用力向静铁心运动,使动合主触点和动合辅助触点闭合(与此同时,动断辅助触点分断),于是动合主触点接通主电路,动合辅助触点接通有关控制电路(动断辅助触点则分断另外的二次电路)。如果电磁线圈断电,磁场消失,动、静铁心之间的引力也消失,动铁

心会在复位弹簧的作用下复位，从而牵动动触点与静触点分离，断开主触点和动合辅助触点，分断主电路和有关的控制电路。

2. 直流接触器

直流接触器主要由电磁系统、触点系统、灭弧装置和附件等部分组成。主触点用来接通或断开大电流电路，一般采用单极或双极的指形触点。辅助触点用来通断小电流电路，采用双断点桥式触点。电磁机构的铁心和衔铁采用整块铸铁或铸钢做成。线圈做成长而薄的圆筒状，以便线圈电阻产生的热量散发出去。灭弧装置采用瓷吹式灭弧。直流接触器的结构原理图如图 5－18 所示。

3. 接触器的图形符号

接触器的图形符号如图 5－19 所示。

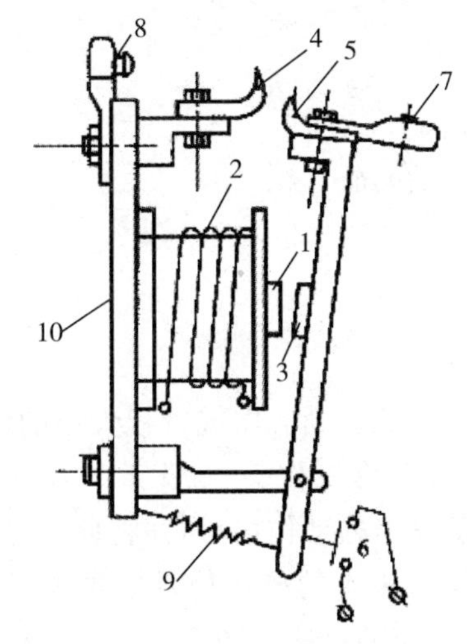

图 5－18　直流接触器的结构原理图

1—铁心；2—线圈；3—衔铁；4—静触点；5—动触点；7、8—接线柱；9—反作用弹簧；10—底板

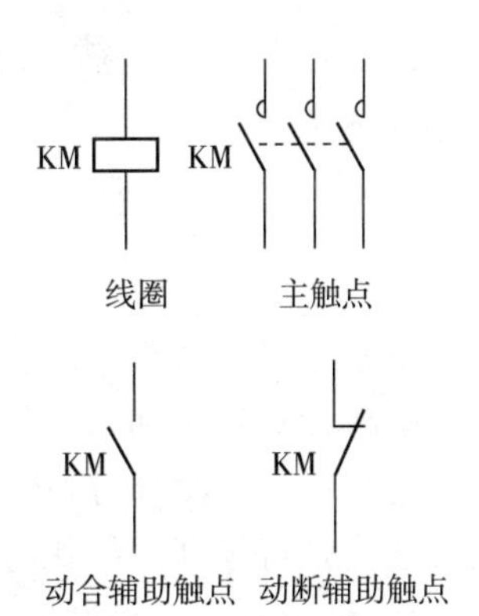

图 5－19　接触器的图形符号

五、按钮

按钮又叫控制按钮或按钮开关，是一种手动控制电器。它只能短时接通或分断 5A 以下的小电流电路，向其他电器发出指令性的电信号，控制其他电器动作。由于按钮载流量小，故不能用它直接控制主电路的通断。按钮主要由按钮帽、复位弹簧、动断触点、动合触点、接线桩及外壳等组成，如图 5－20 所示。

1. 按钮的类型

按钮按照结构形式的不同可分为指示灯式、紧急式（突出蘑菇形钮帽）、钥匙式和旋钮式四种。

根据按钮触点结构、数量和用途的不同，又可分为停止按钮（动断按钮）、起动按钮（动合按钮）和复合按钮（既有动合触点，又有动断触点）。复合按钮在按下按钮帽令其动作时，首先断开动断触点，再通过一定行程后才能接通动合触点；而松开按钮帽时，复位弹簧先将动合触点分断，通过一定行程后动断触点才闭合。为防止误操作，一般停止按钮用红色，起动按钮用绿色或黑色。

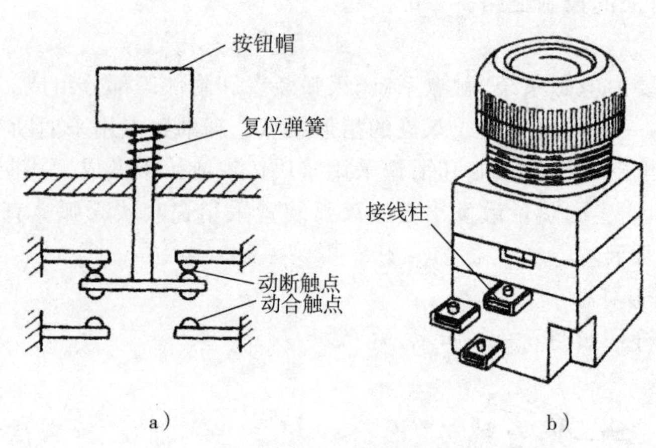

图 5-20　按钮的结构

a)内部结构示意图；b)外形结构图

2. 按钮的电路符号

按钮的电路符号如图 5-21 所示。

六、行程开关

行程开关是根据机械行程，发出命令控制生产机械的运动方向或行程大小的主令电器，常在往返运动中起行程控制和限位保护作用。行程开关由操作头、触头系统和外壳三部分组成。操作头是开关的感测部分，用以接收机械设备发出的动作信号，并将此信号传递到触头系统。触头系统是行程开关的执行部分，它将操作头传来的机械信号通过本身的转换动作变换为电信号，输出到有关控制回路中，使之做出相应的反应。图 5-22 是行程开关的触点结构和动作原理图。

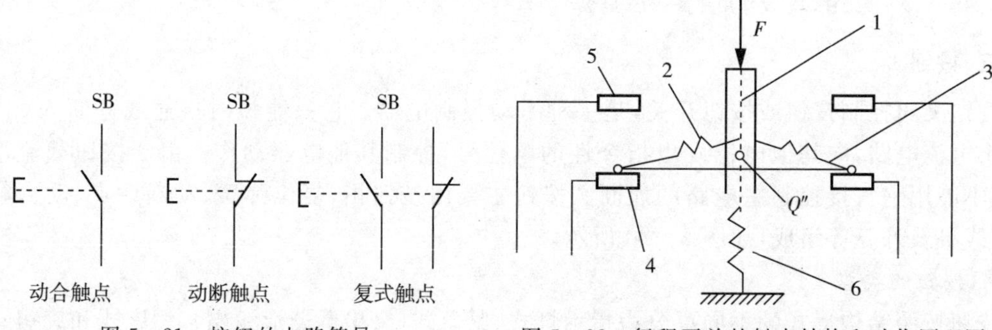

图 5-21　按钮的电路符号

图 5-22　行程开关的触点结构和动作原理图

1—推杆；2—弹簧；3—动触点；4—动断静触点；5—动合静触点；6—复位弹簧

1. 行程开关的类型

行程开关根据动作方式可分为直动式、转动式、组合式、微动式与滚轮式等。行程开关的型号及其意义如下：

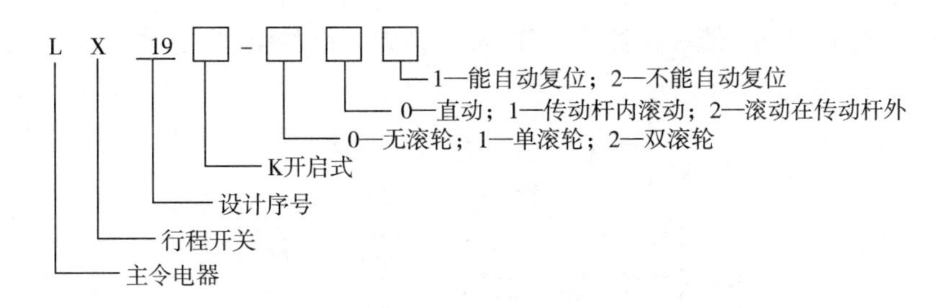

2. 行程开关的主要参数

行程开关的主要技术参数有额定电压、额定电流、触点对数、工作行程和触点转换时间等。

① 额定电压、电流：行程开关工作电路电压和电流。

② 触点对数：一般行程开关有一对常开触点，一对常闭触点。

③ 工作行程：操作头部分的行程，直动式为 3～4mm，滚轮式为 30°。

④ 触点转换时间：一般小于等于 0.04s。

3. 行程开关的选择

① 根据被保护机械的动作需要，选择行程开关的结构、动作形式、行程和触点转换时间等。

② 根据安装处的电源选择额定电压、电流和频率。

4. 常用行程开关

常用的行程开关有 LX19、LX32 型行程开关和 LX31 型微动开关、LX33 型起重机用行程开关等。LX19 型行程开关的外形如图 5－23 所示。

5. 行程开关的电路符号

行程开关的电路符号如图 5－24 所示。

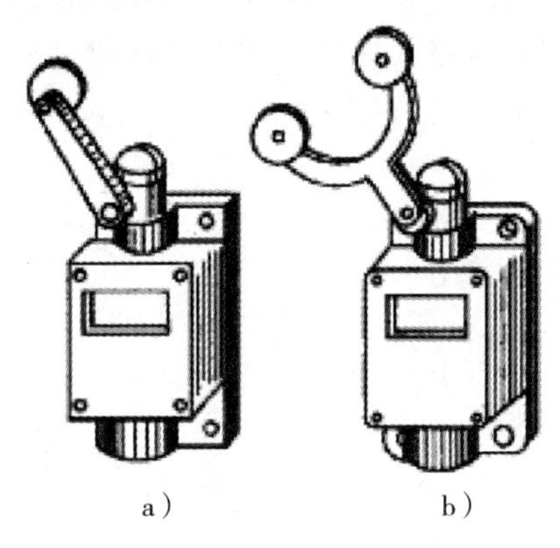

图 5－23　LX19 型行程开关外形图

a)单轮旋转式；b)双轮旋转式

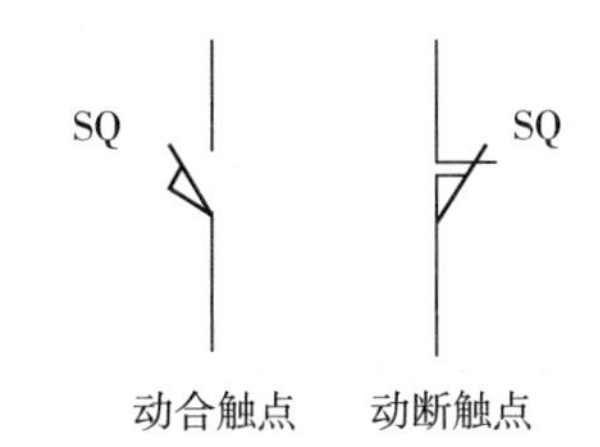

图 5－24　行程开关的电路符号

七、自动空气断路器

自动空气断路器也叫空气开关或低压断路器，常在低压电路中做总开关，起过负荷保护、短路保护和欠电压保护等作用。低压断路器的动作原理如图 5－25 所示。

自动空气断路器的主触点接到被控制的电路中，电路正常时，传动杆被锁扣扣住，电路保持接通状态；当电路出现不正常工作状态时，自动跳闸。电路短路过电流时，电磁脱扣器 6 动作，衔铁 8 上移，推动锁扣 4 使其脱扣，主触点断开电路；电路过负荷时，双金属片向上弯曲，杠杆上移，推动锁扣 4 使其脱扣，主触点断开电路；电路电压降低时，欠电压脱扣器动作，弹簧 9 使衔铁 10 上移，带动杠杆 7 上移，推动锁扣 4 使其脱扣，主触点断开电路。

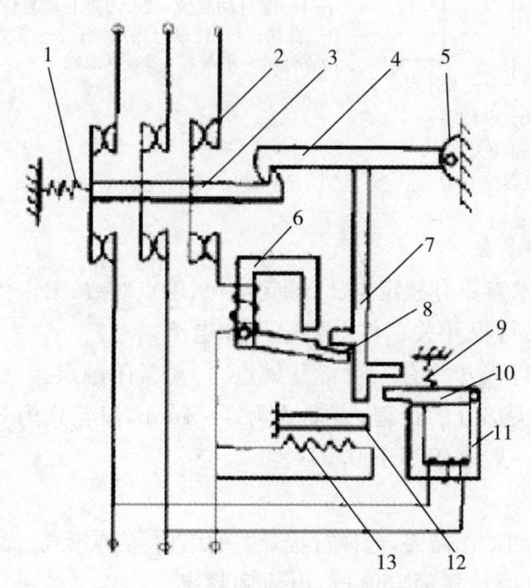

图 5－25　低压断路器动作原理图

1—弹簧；2—主触点；3—传动杆；4—锁扣；5—轴承；6—电磁脱扣器；7—杠杆；8—动衔铁；9—弹簧；10—衔铁；11—欠压脱扣器；12—双金属片；13—发热元件

1. 自动空气断路器的类型

自动空气断路器按结构不同分为两种类型，即框架式低压断路器和塑料外壳式低压断路器。框架式低压断路器常用于 40～100W 电动机的不频繁全压起动，同时起短路、过载和欠压保护作用。塑料外壳式低压断路器常用作配电线路的保护开关和电动机及照明电路的控制开关。自动空气断路器的型号表示和意义如下：

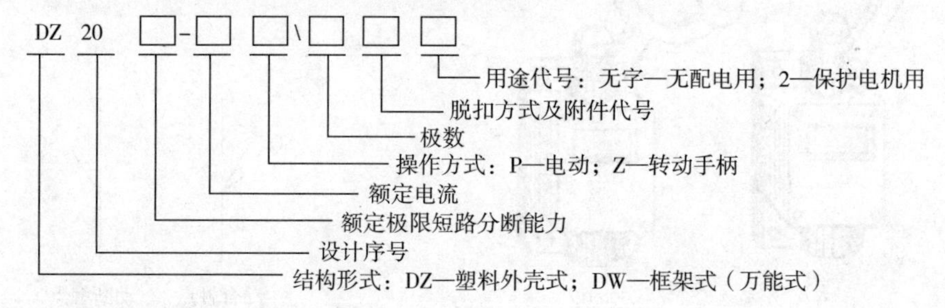

2. 自动空气断路器的主要参数

① 额定电压：指自动空气断路器正常工作电压等级，常见的有 AC220V、AC380V 等。

② 额定电流：指断路器额定持续工作电流，也是过电流脱扣器的额定电流。

③ 通断能力：给定电压下接通或分断的最大电流或容量值。

3. 自动空气断路器的选择

① 自动空气断路器的额定电压和电流应大于或等于所在电路安装点的额定电压和电流。

② 自动空气断路器的通断能力应大于控制电路的最大负荷电流和短路电流。

③ 自动空气断路器的结构形式及操作形式根据安装地点确定。

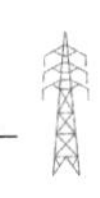

4. 常用自动空气断路器

框架式常用自动空气断路器有 DW10 型和 DW15 型。DW10 型为额定电压 AC380V 和 DC440V，额定电流 200～4000A。DW15 型为更新换代产品，额定电压 AC380V，额定电流 200～4000A。DW15 型自动空气断路器具有分断能力大的优点；其保护特性具有选择性，可根据过电流的大小选择动作时间：过载长延时，短路短延时，特大短路瞬时动作。

塑料外壳式自动空气断路器全部机构和导电部分装在一个塑料外壳内，只有壳盖中央的操作手柄露在外边。我国生产的塑料外壳式自动空气断路器主要型号有 DZ10、DZX10、DZ12、DZ15、DZX19 等，其中 DZX10 和 DZX19 系列具有限流式保护特性，电路短路时在 8～10ms 内全部分断电路。

八、时间继电器

在电力拖动控制系统中，不仅需要继电器动作迅速，而且需要当吸引线圈通电或断电以后其触点经过一定延时再动作，这种继电器称为时间继电器。按其动作原理与构造不同，时间继电器可分为电磁式、空气阻尼式、电动式和电子式等类型。

1. 电子式时间继电器

电子式时间继电器多用于电力传动、自动顺序控制及各种过程控制系统中，并以其延时范围宽、精度高、体积小、工作可靠的优势而逐步取代传统的电磁式、空气阻尼式等时间继电器。电子式时间继电器的使用方法相对比较简单，工作可靠，坏了一般也不维修，直接更换。

2. 空气阻尼式时间继电器

空气阻尼式时间继电器的优点是结构简单、寿命长、价格低，还附有不延时的触点，所以应用较为广泛。缺点是准确度低、延时误差大（±10%～±20%），在延时精度高的场合不宜采用。

虽然空气阻尼式时间继电器逐步被电子式时间继电器所取代，但是因为工业设备的更新换代有一个较长的过渡时间，所以在较长时间内空气阻尼式时间继电器还将会被大量使用。

空气阻尼式时间继电器是利用空气阻尼作用获得延时的，分为通电延时和断电延时两种类型。图 5－26 是目前使用比较广泛的 Js7－A 系列时间继电器的结构和原理示意图，它主要由电磁系统、延时机构和工作触点三部分组成。

图 5－26 是通电延时型时间继电器。当线圈通电后，静铁心将动衔铁吸合，同时托板使微动开关 1 立即动作。活塞杆在宝塔弹簧的作用下，带动活塞及橡皮膜向上移动，由于橡皮膜下方气室空气稀薄，形成负压，因此活塞杆不能迅速上移。当空气由进气孔进入时，活塞杆才逐渐上移，移到最上端时杠杆才使微动开关 2 动作。延时时间即为自电磁铁吸引线圈通电时刻起到微动开关 2 动作为止这段时间。通过调节调节螺钉来改变进气孔的大小，就可以调节延时时间。

当线圈断电时，动衔铁在弹簧的作用下将活塞杆推向最下端。因活塞被往下推时，橡皮膜下方气室内的空气，都通过带单向阀的排气孔顺利排掉，因此延时与不延时的微动开关 1 与 2 都能迅速复位。

将电磁机构翻转 180°安装后，可得到断电延时型时间继电器。它的工作原理与通电延时型相似，微动开关 2 是在吸引线圈断电后延时动作的。

3. 时间继电器的图形符号

时间继电器的图形符号如图 5－27 所示。图中，d 图和 e 图为通电延时型时间继电器的触点，它们在线圈通电时延时动作，在线圈断电时瞬时动作；f 图和 g 图为断电延时型时间继电器的触点，它们在线圈通电时瞬时动作，在线圈断电时延时动作。判断时间继电器的触点动作方向遵循的原则是：半圆开口方向是触点延时动作的指向。

a）

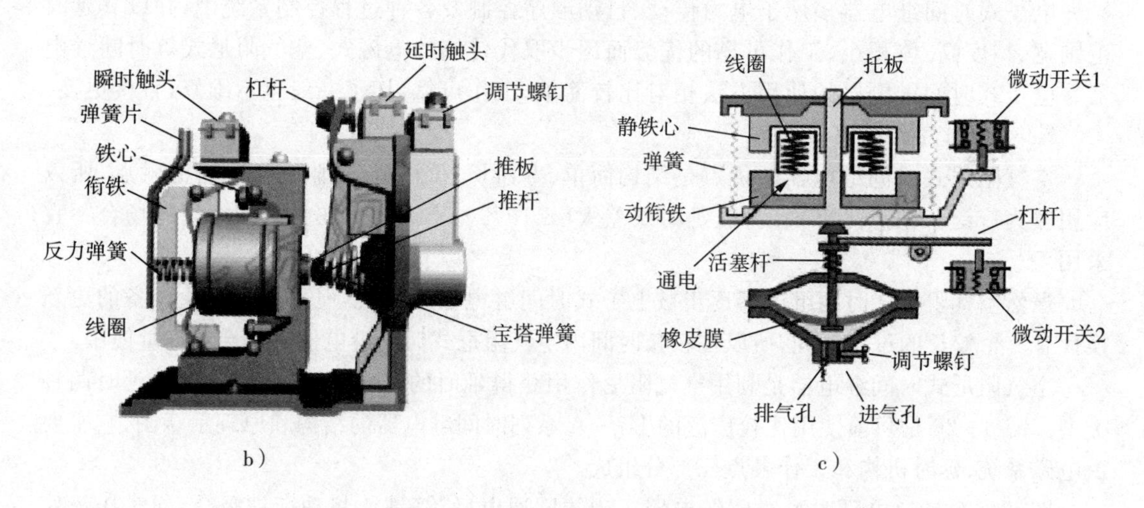

b）　　c）

图 5－26　Js7－A 系列时间继电器的结构和原理示意图

a）外形；b）外形结构；c）原理示意图

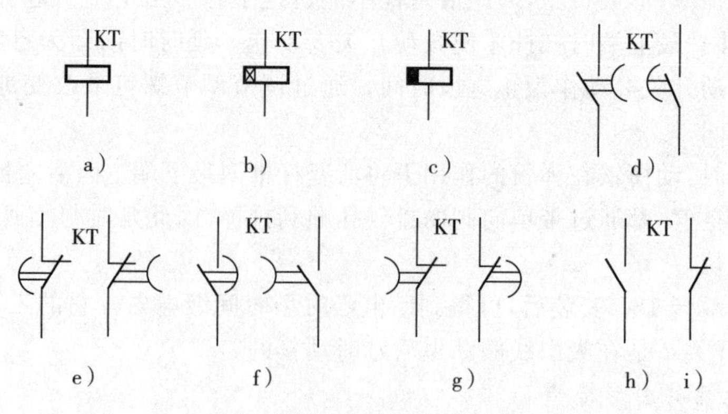

a）　b）　c）　d）

e）　f）　g）　h）　i）

图 5－27　时间继电器的图形符号

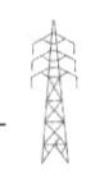

对于通电延时型时间继电器，使用通电延时线圈 b，所用的触点是延时闭合动合触点 d 和延时断开动断触点 e；对于断电延时时间继电器，使用断电延时线圈 c，所用的触点是延时断开动合触点 f 和延时闭合动断触点 g；有的时间继电器还附有瞬动动合触点 h 和瞬动动断触点 i。

思考题与习题

1. 低压电器设备有哪些？
2. 时间继电器的作用是什么？

任务二　电机控制电路

【学习目的】

掌握电机点动、长动、正反转、降压起动、制动等控制电路。

任务导入

电机在工业生产中随处可见，电机的起动、停止、变速控制尤为重要。

相关知识

一、三相异步电动机的直接起动

在生产过程中，由于不同生产机械的动作各不相同，故电动机的运转方式也必然不一样。为了实现电动机的不同运转方式，常将接触器、继电器、主令控制器等电气元件组成相应的电动机控制电路，以实现电动机的起动、制动、反转和调速等功能。这种将电动机、控制电器、保护电器和生产机械等装置有机结合起来所构成的系统，我们称之为电力拖动的自动控制系统。虽然不同生产机械的控制电路各不相同，但各种控制电路总是由一些最基本的控制环节组成的。

三相异步电动机的直接起动：在电动机的三相绕组上加上额定电压而进行起动。

优点：操作简单、起动设备投资低、维修费用少。

缺点：电动机的起动电流很大，可达额定电流的 4～7 倍。

后果：若起动的电动机容量较大时，其巨大的起动电流不仅会引起电网电压的过分下降，影响电动机自身的起动转矩 M，甚至导致电动机无法起动，而且还会影响其他设备的稳定运行。

能进行直接起动的条件是：电动机容量应比为其提供电力的变压器容量小很多，其起动电流在系统中引起的电压降不应超过额定电压的 10％～15％。

二、三相异步电动机的控制电路

1. 电动机刀开关控制电路

对小容量电动机的起动，当对其控制条件要求不高时，可以用胶盖闸刀、铁壳开关等简单的配电设备直接起动。该电路的特点是只有主电路，如图 5－28 所示。

它的电流流向为：三相交流电源（L1、L2、L3）→刀开关 QS→熔断器 FU→三相交流异步电动机 M。

其中熔断器 FU 在主电路中起短路保护的作用。

2. 电动机点动控制电路

对于有些生产场合的机械设备（如电动葫芦、机床），要求电动机能实现点动。该电路的特点是：不仅有主电路，还有控制电路。电动机点动控制电路如图 5－29 所示。

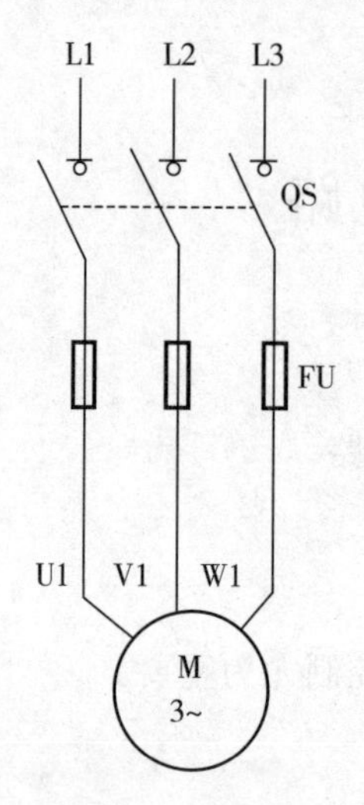

图 5－28　刀开关直接起动控制电路

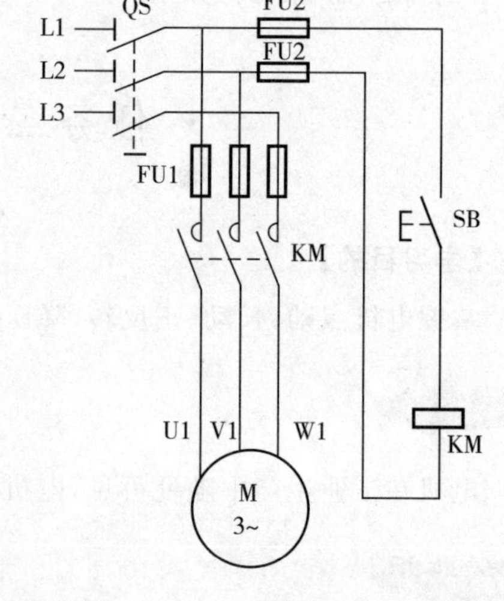

图 5－29　点动控制电路

① 主电路电流流向：

三相交流电源（L1、L2、L3）→隔离开关 QS→主熔断器 FU1→交流接触器主触点 KM→电动机 M。

② 控制电路电流流向：

电源 L1→控制电路熔断器 FU2（上）→动合（常开）按钮 SB→交流接触器电磁线圈 KM→控制电路熔断器 FU2（下）→电源 L2。

③ 工作原理

起动运行：合上电源隔离开关 QS→按下动合按钮 SB→控制回路接通→接触器 KM 的线圈得电→主电路中接触器 KM 的主触点闭合→电动机 M 得电起动并运行。

停止：松开动合按钮 SB→控制回路分断→接触器 KM 的线圈失电→主电路中接触器 KM 的主触点断开→电动机 M 失电而停止转动。

这种只有当按下按钮电动机才能运转，松开按钮电动机即停转的电路，称为点动控制电路，该电路常用作快速移动或调整机床。

④ 电路特点

优点：可减轻劳动强度；可提高操作的安全性；可实现远距离控制。

缺点：对于需要较长时间连续运行的电动机，操作不方便。

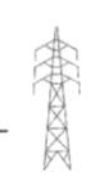

3. 三相异步电动机长动控制线路

对于需要连续运行的电动机，我们可以在点动控制的基础上，一方面保持主电路不变，一方面在控制电路中串联一动断(停止)按钮 SB1，并在起动按钮 SB2 旁并联一对接触器动合辅助触点 KM(3－4)，即可变为电动机长动控制电路。电动机长动控制线路原理如图 5－30 所示。

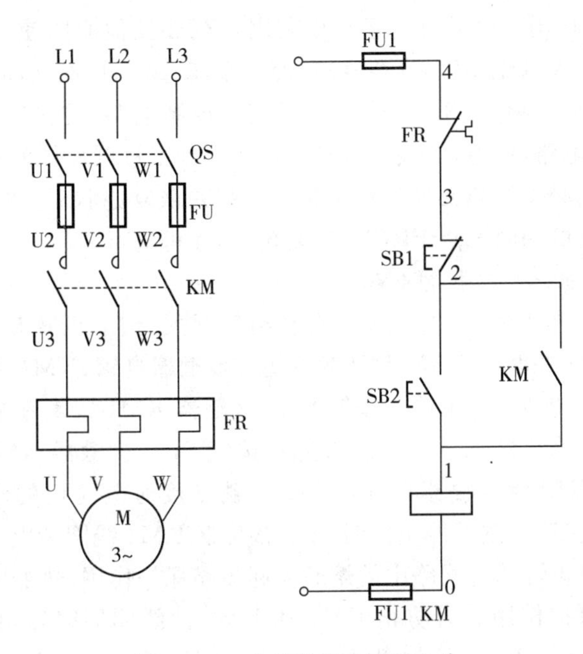

图 5－30 电动机长动控制电路

① 主电路：与点动控制电路相同。

② 控制电路：起动按钮 SB2 及接触器动合辅助触点 KM(3－4)均处于断开状态。只要 SB2 或与之并联的接触器动合辅助触点 KM(3－4)任意一点接通，控制电路即可接通，使接触器线圈得电动作。

③ 工作原理：按下起动按钮 SB2，控制电路中 KM(3－4)接通，接触器线圈 KM(4－1)得电，主回路中接触器 KM 主触点闭合，主回路接通，电动机起动并持续运行。另外，接触器线圈 KM(4－1)得电的同时，接触器辅助触点 KM(3－4)闭合(保证 SB2 释放后接触器线圈仍然得电)。

④ 该电路具有以下特点：

a. 具有自锁的功能。从图 5－30 中可知，接触器动合辅助触点 KM(3－4)在起动按钮 SB2 按下又松开后，起到了保持控制回路继续接通、接触器线圈仍然有电的作用，我们把它具有的这种功能叫作“自锁(或自保)”。

b. 具有“欠压”与“失压”保护作用。所谓“欠压”，是指主电路的电压低于电动机应加的额定电压。当电动机处于“欠压”运行时，会使其转矩降低、转速变慢、电流增大、温升过高，严重时甚至会损坏电动机，造成事故。该电路当电动机运行时，若电源电压降低到低于额定电压 85%时，会造成流经接触器线圈的电流减小，磁场减弱，电磁吸力克服不了反作用弹簧的推力，动铁心释放，从而可自动分断主回路，达到保护电动机的作用。而所谓“失压”，是指给电动机供电的主电源断开。前述刀开关直接起动电路中，当电动机在运转过程中遇到线路故障或突然停电时，生产机械会停转；但若故障排除，恢复供电时，电动机则会自行重新起动，这很可能会引起设备或人身事故的发生。而若采用接触器自锁控制电路，由于断电后自锁触点处于分断位置，故即使电源恢复供电，控制电路不会自行接通，电动机也不可能自行起动，可避免事故的发生。

c. 具有过载保护作用。电动机在运行中若因过载或其他原因使主回路电流超过允许值时，因热元件通过了大电流，其温度会升高，使双金属片弯曲，推动动作机构，将串联在控制回路中的热继电器动断触点 FR(2－3)分断，切断控制电路(使接触器的线圈断电，主触点释放)，进而切断主电路，使电动机断电停转，从而起到了过载保护的作用。而该电路若要使电动机再次起动，则必须等热元件和双金属片冷却并恢复原状后，再按复位按钮(自动复位型除外)使热继电器的动断触点 FR(2－3)复位后，才可进行。

4. 三相异步电动机正反转控制电路

动作原理：如图 5 - 31 所示，合上 QF 自动空气开关，按下正转起动按钮 SB1，接触器 KM1 线圈通电，与 SB1 并联的 KM1 常开触点闭合接触器自锁，KM1 主触点接通电动机的电源，电动机开始正向转动。按下停止按钮 SB3，接触器 KM1 线圈断电，KM1 主触点断开电动机的电源，电动机停止转动。按下反转起动按钮 SB2，接触器 KM2 线圈通电，与 SB2 并联的 KM2 常开触点闭合接触器自锁，KM2 主触点接通电动机的电源(交换了两相电源)，电动机开始反向转动。按下停止按钮 SB3，接触器 KM2 线圈断电，KM2 主触点断开电动机的电源，电动机停止转动。线路中的熔断器起短路保护作用，热继电器起过负荷保护作用，接触器起欠电压保护作用。为防止 KM1 和 KM2 两线圈同时得电造成主电路两相短路，在 KM1 线圈支路串入 KM2 的常闭触点，KM2 线圈支路串入 KM1 的常闭触点，这叫作互锁。该 KM1 和 KM2 的常闭触点叫互锁触点。

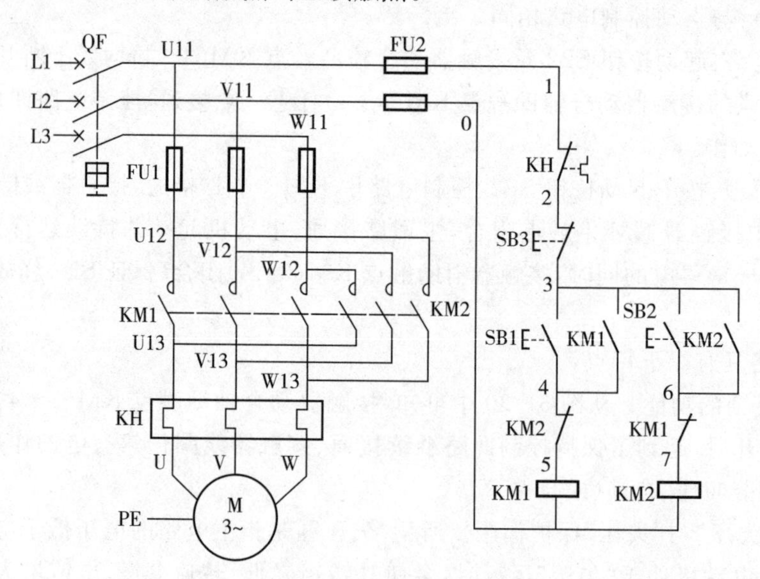

图 5 - 31　电动机正反转控制

两个接触器的线圈不能同时通电的控制叫互锁。互锁的意义是保证电动机的主电路不会在两个接触器主触点同时接通时，产生相间短路。三相异步电动机正反转控制电路，

KM1、KM2 线圈同时通电时，主电路中的触点接通，L1 和 L2 相产生两相电源短路。实现互锁的方法是，在接触器线圈的支路分别串入对方的常闭触点，这对常闭触点叫互锁触点。有了这对触点，KM1 和 KM2 的线圈就不能同时通电了，因为 KM1 通电时其常闭触点断开，所以 KM2 线圈就不能通电了，反之亦然。接触器出现卡滞时，互锁失败。为确保两接触器线圈不同时接通电源应采用复式按钮，如图 5－32 所示。

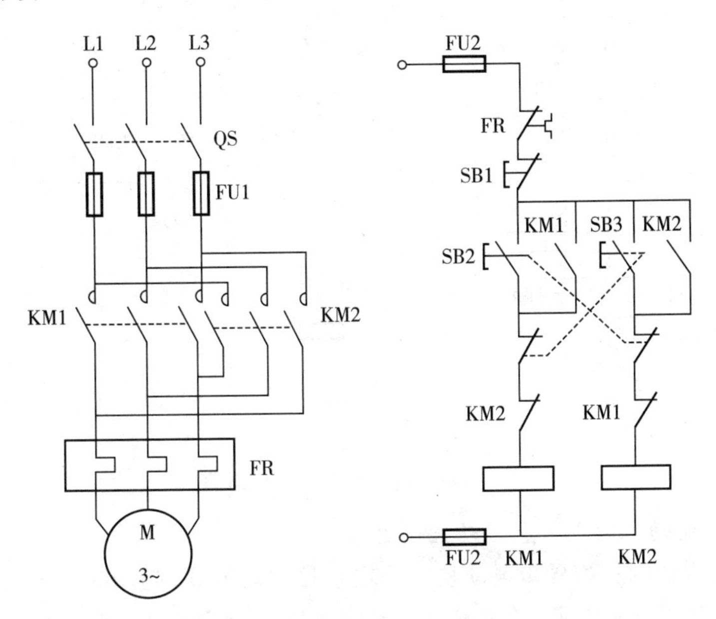

图 5－32　复合联锁的正反转控制电路

5．工作台的往返运动

行程控制自动往返工作台的工作过程：工作台前进，到达 *A* 点时工作台的挡块压下行程开关 SQ1，行程开关的常闭动断触点切断电动机正转接触器的电源，同时常开动合触点接通反向接触器使电动机反向运行，工作台后退；当到达 *B* 点时，工作台的挡块压下行程开关 SQ2，行程开关的常闭动断触点切断电动机反向接触器的电源，同时常开动合触点接通正向接触器使电动机正向运行，工作台前进，重复上述过程。工作台自动往返工作示意图如图 5－33 所示，控制电路图如图 5－34 所示。

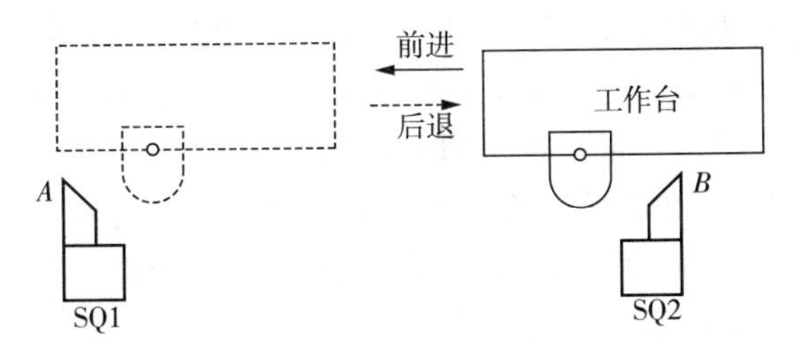

图 5－33　工作台自动往返工作示意图

自动往返控制电路的动作原理：按动图 5－34 中的按钮 SB2，接触器 KM1 通电自锁，电动机正转，工作台前进，到达 *A* 点，压下 SQ1，常闭触点断开，KM1 线圈失电，主触点断开，电动机停止正向运行；与 SB3 并联的 SQ1 常闭触点接通，KM2 线圈通电自锁，KM2 主触点

接通电动机电源(注意电源线已经交换了两相),电动机反转,工作台反向移动,到达 B 点,压下 SQ2 行程开关,SQ2 的常闭触点使 KM2 失电,电动机停止反向运行,SQ2 的常开触点接通 KM1 线圈,重复上述过程。

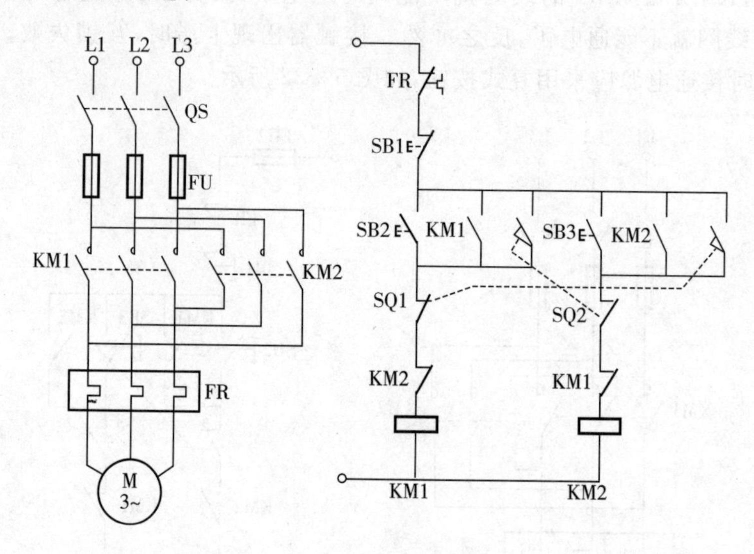

图 5-34　自动往返控制电路图

6. 三相异步电动机的 Y—△起动控制电路

通常中小型容量的三相异步电动机均采用直接起动方式,起动时将电动机的定子绕组直接接在额定电压的交流电源上,电动机在额定电压下直接起动。对于大容量的电动机,因起动电流较大,线路压降大,负载端电压降低,影响起动电动机附近电气设备的正常运行,故而一般采用降压起动。所谓降压起动,是指起动时降低加在电动机定子绕组上的电压,待电动机起动后再将电压恢复到额定值。但电动机的电磁转矩与定子端电压平方成正比,所以使得电动机的起动转矩相应减小,故降压起动适用于空载或轻载下起动。降压起动方式有星形—三角形降压起动、自耦变压器降压起动、软起动(固态降压起动器)、延边三角形降压起动、定子串电阻降压起动等。

对于正常运行时定子绕组接成三角形的三相鼠笼式异步电动机,均可采用星形—三角形降压起动。起动时,定子绕组先接成星形,待电动机转速上升到接近额定转速时,将定子绕组换接成三角形,电动机便进入全压下的正常运转。图 5-35 为其原理图,在图 5-35b 中,电路电动机起动过程的 Y—△转换是靠时间继电器自动完成的。

Y—△自动起动电路之二控制电路分析如下:合上空气开关 QF 引入三相电源,按下起动按钮 SB1,交流接触器 KM2 线圈回路通电吸合并通过自己的辅助常开触点自锁,时间继电器 KT 线圈也通电吸合并开始计时,KM1 线圈回路通电吸合,Y 形起动。时间继电器延时一定时间后,使得交流接触器 KM2 线圈失电,交流接触器 KM3 线圈回路通电,KM1 线圈通电,电动机在△接法下运行。按下停止按钮 SB2,电机停止。电动机的过载保护由热继电器 FR 完成。线路中的互锁环节有:KM2 常闭触点接入 KM3 线圈回路,KM3 常闭触点接入 KM2 线圈回路。

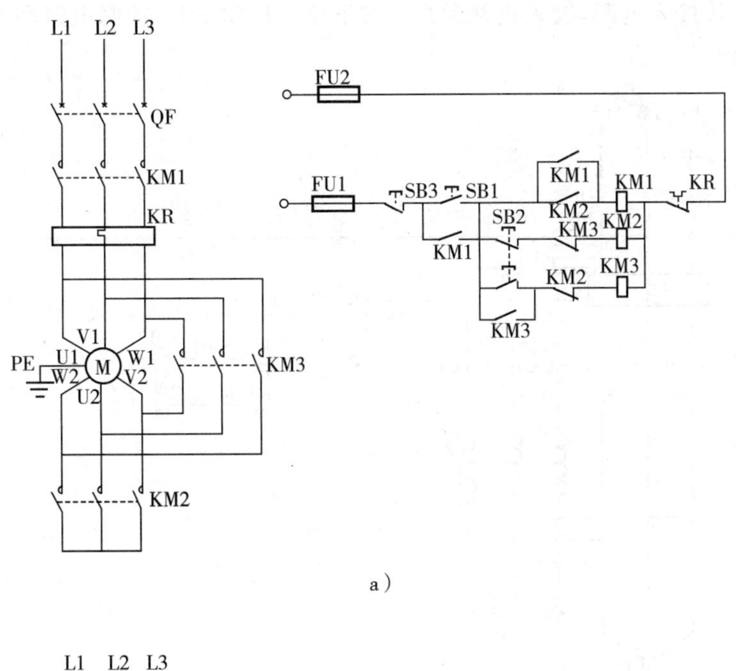

a）

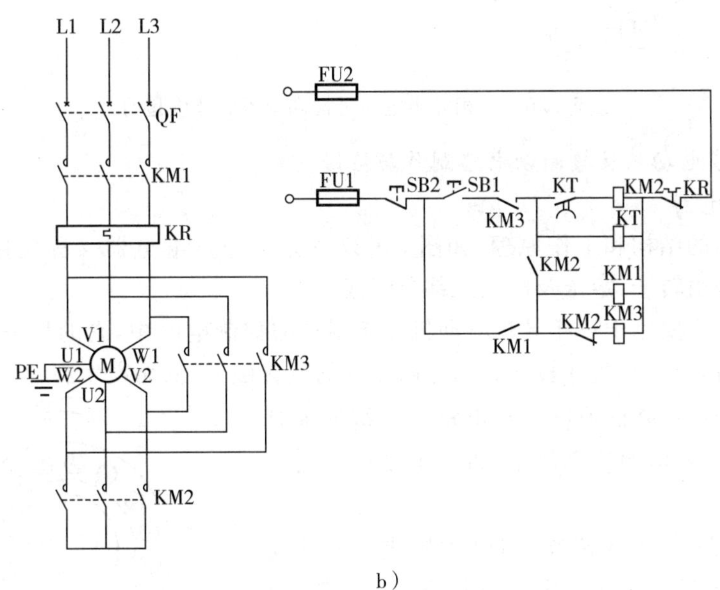

b）

图 5-35　鼠笼式异步电动机 Y—△自动起动电路

a）Y—△自动起动电路之一；b）Y—△自动起动电路之二

7. 三相异步电动机自耦变压器降压起动控制电路

如图 5-36 所示，合上电源开关 QF，按下起动按钮 SB1，时间继电器 KT 的线圈接通电源，其瞬时动作的常闭触头闭合，达到自锁，同时其延时断开的常闭触头闭合，交流接触器 KM2 的线圈接通电源，KM2 的主触头闭合。电动机做自耦变压器降压起动，KM2 的常闭辅助触点断开，交流接触器 KM1 不会动作，互锁。经过一段时间，时间继电器 KT 延时断开的常闭触头断开，使 KM2 断电，自耦变压器被切除，同时 KM2 的常闭辅助触头闭合，时间继电器 KT 延时闭合的常开辅助触头闭合，交流接触器 KM1 的线圈通电，其主触头闭合，电动机被直接接入电源，投入正常运行。按下停止按钮 SB2，控制电路和主电路被切断，电动机停止运行。

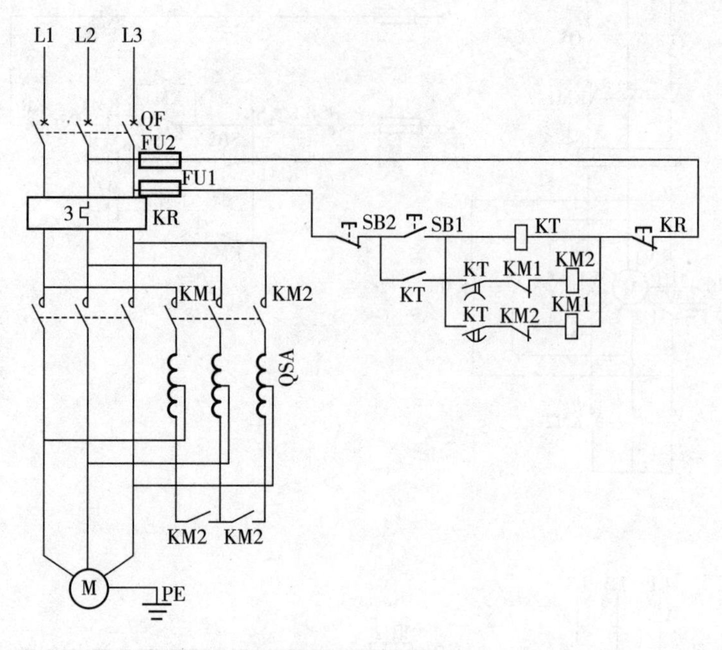

图 5-36　三相异步电动机自耦变压器降压起动

8. 三相异步电动机反接制动电路制作与检修

(1)速度继电器

速度继电器的结构和工作原理，如图 5-37 所示。速度继电器又称反接制动继电器。它的主要结构是由转子、定子及触点三部分组成。

速度继电器主要用于三相异步电动机反接制动的控制电路中，它的任务是当三相电源的相序改变以后，产生与实际转子转动方向相反的旋转磁场，从而产生制动力矩，因此，使电动机在制动时能迅速降低速度。在电机转速接近零时立即发出信号，切断电源使之停车(否则电动机开始会反方向起动)。

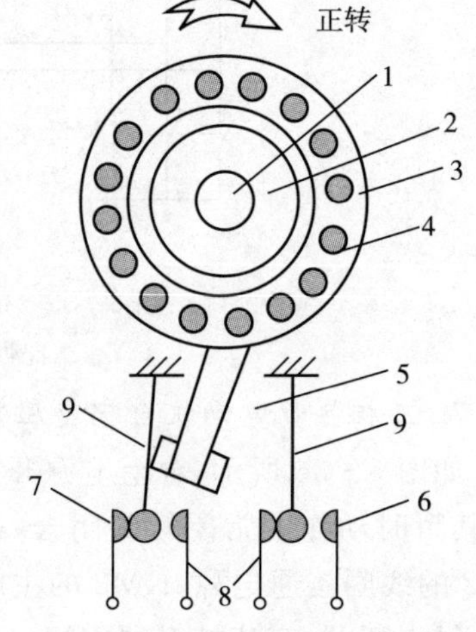

图 5-37　速度继电器原理示意图

1—转轴；2—转子；3—定子；4—绕组；5—摆锤；6、7—静触点；8—动触点；9—簧片

它的转子是一个永久磁铁，与电动机或机械轴连接，随着电动机旋转而旋转。定子与鼠笼转子相似，内有短路条，它也能围绕着转轴转动。当转子随电动机转动时，它的磁场与定子短路条相切割，产生感应电势及感应电流，这与电动机的工作原理相同，故定子随着转子转动而转动起来。定子转动时带动杠杆，杠杆推动触点，使之闭合与分断。当电动机旋转方向改变时，继电器的转子与定子的转向也改变，这时定子就可以触动另外一组触点，使之分断与闭合。当电动机停止时，继电器的触点即恢复原来的静止状态。

由于继电器工作时是与电动机同轴的，不论电动

机正转或反转，电器的两个常开触点，就有一个闭合，准备实行电动机的制动。一旦开始制动时，由控制系统的联锁触点和速度继电器备用的闭合触点形成一个电动机相序反接(俗称倒相)电路，使电动机在反接制动下停车。而当电动机的转速接近零时，速度继电器的制动常开触点分断，从而切断电源，使电动机制动状态结束。

(2)JY－1 型速度继电器

现在最常用的速度继电器是 JY－1 型速度继电器。

JY－1 型速度继电器是利用电磁感应原理工作的感应式速度继电器，广泛用于生产机械运动部件的速度控制和反接控制快速停车，如车床主轴、铣床主轴等。JY－1 型速度继电器具有结构简单、工作可靠、价格低廉等优点，故仍被众多生产机械采用。

JY－1 速度控制继电器主要用于三相鼠笼式电动机的反接制动电路，也可用在异步电动机能耗制动电路中，在电动机停转后，自动切断直流电源。JY－1 速度控制继电器在连续工作制中，可靠的工作转速在 3000r/min 以下；在反复短时工作制中(频繁起动、制动)，每分钟继电不超过 30 次。JY－1 速度控制继电器在继电器轴转速为 150r/min 左右时，即能动作；100r/min 以下触点恢复工作位置。绝缘强度：应能承受 50Hz 电压 1500V，历时 1 分钟。绝缘电阻：在温度 20℃，相对湿度不大于 80％时应不小于 100MΩ。工作环境：温度－50℃～50℃，相对湿度不大于 85％[(20±5)℃]，触头电流小于或等于 2A，电压小于或等于 500V。触头寿命：在不大于额定负荷之下，不小于 10 万次。

(3)选用与安装

① 使用前的检查：速度继电器在使用前应旋转几次，看其转动是否灵活，胶木摆杆是否灵敏。

② 安装注意事项：速度继电器一般为轴连接，安装时应注意继电器转轴与其他机械之间的间隙，不要过紧或过松。如需要皮带传动，必须将继电器固定牢固，并另装皮带轮，注意皮带轮的尺寸应能正确反应机械轴或电动机的转速，否则制动精度会变低。

③ 运行中的检查：应注意速度继电器在运行时声音是否正常、温度是否过高、紧固螺钉是否松动，以防止将继电器的转轴扭弯或将联轴器的销子扭断。

④ 拆卸注意事项：拆卸时要仔细，不能用力敲击继电器的各个部件。抽出转子时为防止永久磁铁退磁，要设法将磁铁短路。

(4)速度继电器的图形符号及文字

速度继电器的图形符号及文字符号如图 5－38 所示。

(5)三相异步电动机反接制动控制电路的动作原理

反接制动是利用改变电动机电源相序，使定子绕组产生的旋转磁场与转子旋转方向相反，因而产生制动力矩的一种制动方法。应注意的是，当电动机转速接近零时，必须立即断开电源，否则电动机会反向旋转。

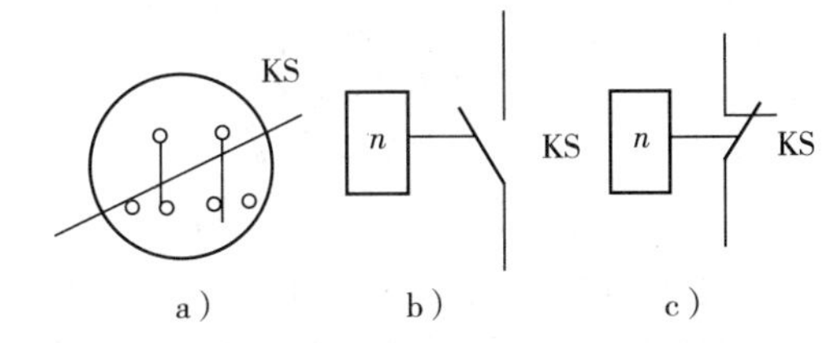

图 5－38　速度继电器的图形及文字符号

a)转子；b)动合触点；c)动断触点

另外，由于反接制动电流较大，制动时须在定子回路中串入电阻以限制制动电流。反接制动电阻的接法有两种：对称电阻接法和不对称电阻接法，如图 5－39 所示。

单向运行的三相异步电动机反接制动控制线路如图 5 - 40 所示。控制线路按速度原则实现控制，通常采用速度继电器。速度继电器与电动机同轴相连，在 120～3000r/min 范围内速度继电器触头动作，当转速低于 100r/min 时，其触头复位。

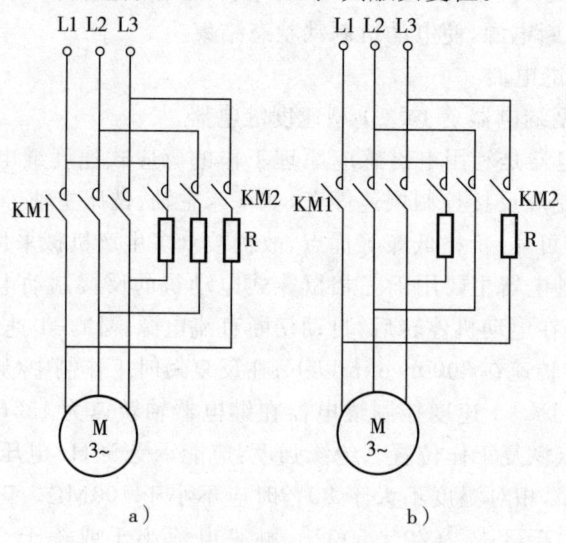

图 5 - 39　三相异步电动机反接制动电阻接法

a）对称电阻接法；b）不对称电阻接法

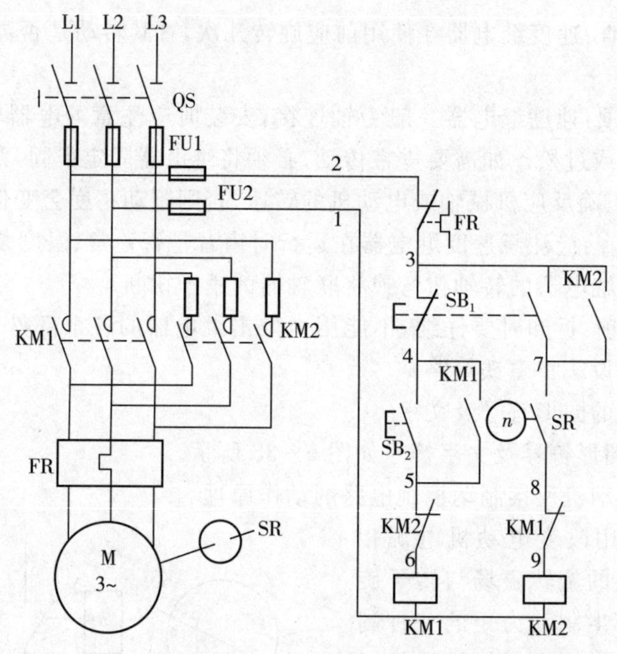

图 5 - 40　单向运行的三相异步电动机反接制动控制线路

工作过程如下：合上刀开关 QF，按下起动按钮 SB2，接触器 KM1 通电，电动机 M 起动运行，随着转速的升高，速度继电器 K_n 常开触头闭合，为制动做准备。制动时按下停止按钮 SB1，KM1 断电，KM2 得电（K_n 常开触头尚未打开），KM2 主触头闭合，定子绕组串入限流电阻 R 进行反接制动（相序已改变），$n \approx 0$ 时，K_n 常开触头断开，KM2 断电，电动机制动结束。

9. 反接制动

如图 5 - 41a 所示，合上电源开关 QF，按下起动按钮 SB，交流接触器 KM1 得电自锁，主触头闭合，电动机带动速度继电器 SR 一起旋转。当转速超过 120r/min 时，速度继电器常开触点 SR 闭合，因接触器 KM1 的常闭触头已断开，接触器 KM2 不会吸合，仅为反接制动准备条件。如按下停止按钮 SB2，接触器 KM1 释放，电动机电源被切断，接触器 KM1 的常闭触头闭合，速度继电器常开触点在电动机惯性的作用下仍然闭合，接触器 KM2 吸合，电动机定子旋转磁场因电源的相序改变反向旋转。电动机的转速从额定值下降，降到 120r/min 以下时，速度继电器常开触点 SR 由于惯性减弱而断开，接触器 KM2 释放，电动机电源被切断，停止转动。图 5 - 41b 是三相电动机双向运行的反接制动，其运行原理请自行分析。

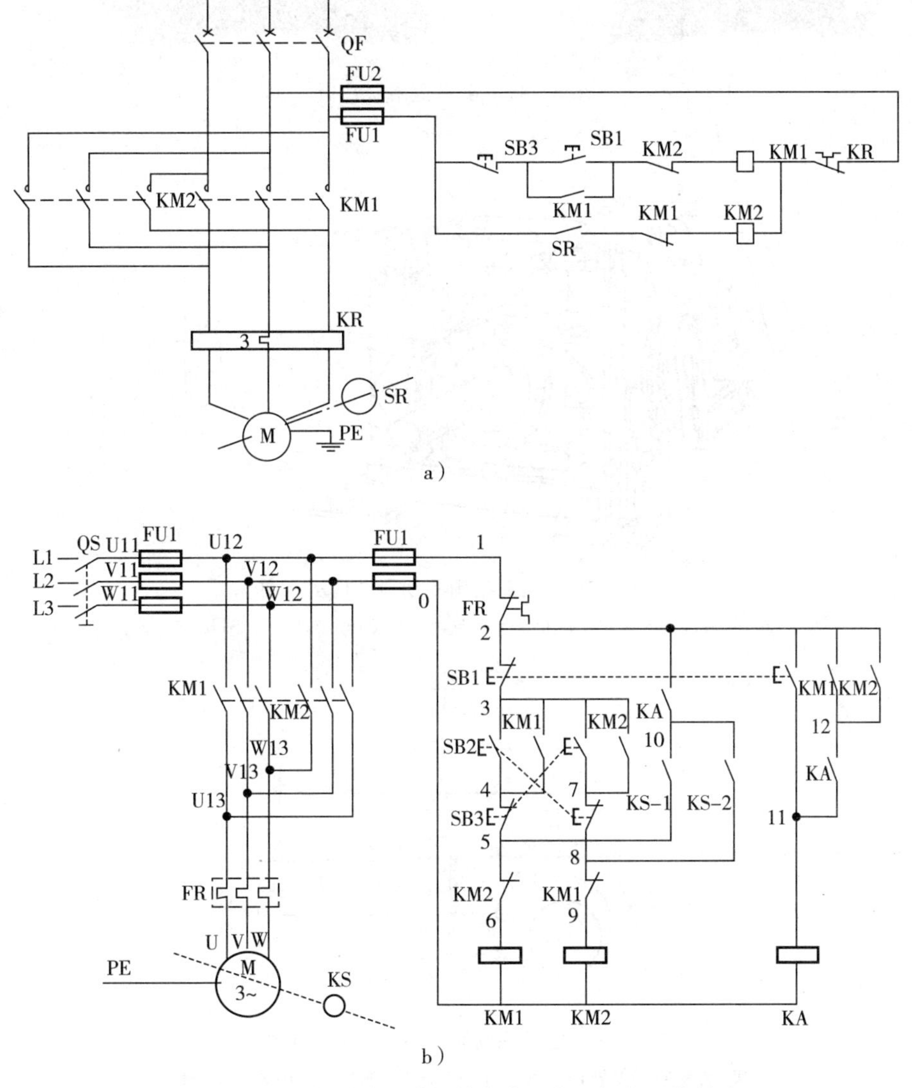

图 5 - 41　三相异步电动机单向或双向运行的反接制动

a）三相异步电动机单向运行的反接制动；b）三相异步电动机双向运行的反接制动

10. 抱闸制动

当电动机的定子绕组断电后，利用机械装置使电动机立即停转。电磁抱闸制动器如图5-42所示，电磁抱闸制动器结构示意图如图5-43所示。电磁抱闸制动器工作原理示意图如图5-44所示。

图5-42 电磁抱闸制动器

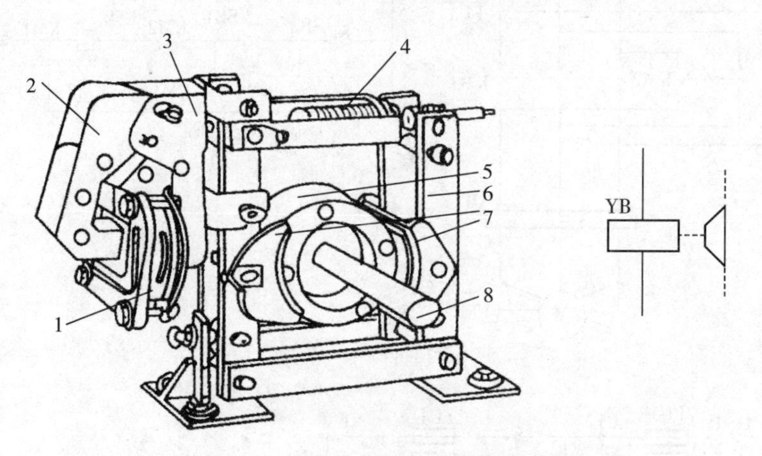

图5-43 电磁抱闸制动器结构示意图

1—线圈；2—衔铁；3—铁心；4—弹簧；5—闸轮；6—杠杆；7—闸瓦；8—轴

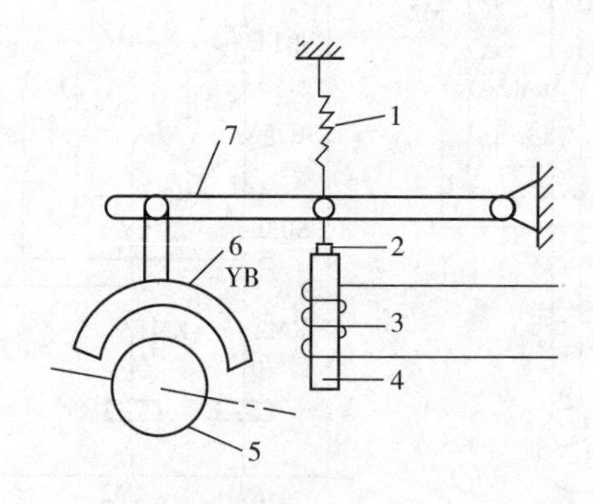

图5-44 电磁抱闸制动器工作原理示意图

1—弹簧；2—衔铁；3—线圈；4—铁心；5—闸轮；6—闸瓦；7—杠杆

电磁抱闸制动器控制电路图如图5-45所示。合上电源开关QS，按下SB1，KM1线圈得电，KM1自锁触头闭合，自锁；松开SB1，KM1联锁触头断开，KM1主触头闭合，电动机

起动运行，电磁抱闸，线圈 YB 不得电。按下 SB2，KM1 线圈失电释放，KM2 线圈得电，KM2 主触头闭合，电磁抱闸，线圈 YB 得电，使闸瓦与闸轮紧紧抱住。

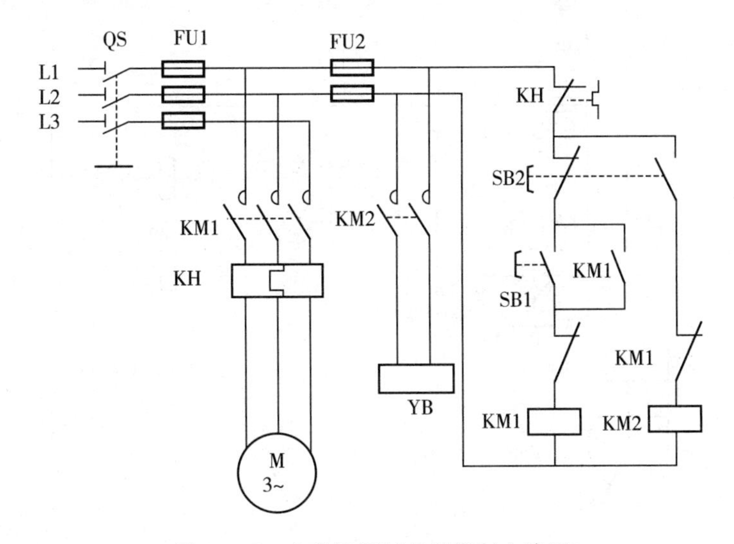

图 5－45　电磁抱闸制动器控制电路图

11. 能耗制动

在能耗制动中，电动机产生一个和电动机实际旋转方向相反的电磁转矩，使电动机迅速停转。电动机切断交流电源后，立即在定子线组的任意两相中通入直流电，利用转子感应电流受静止磁场的作用以达到制动目的，制动原理如图 5－46 所示。

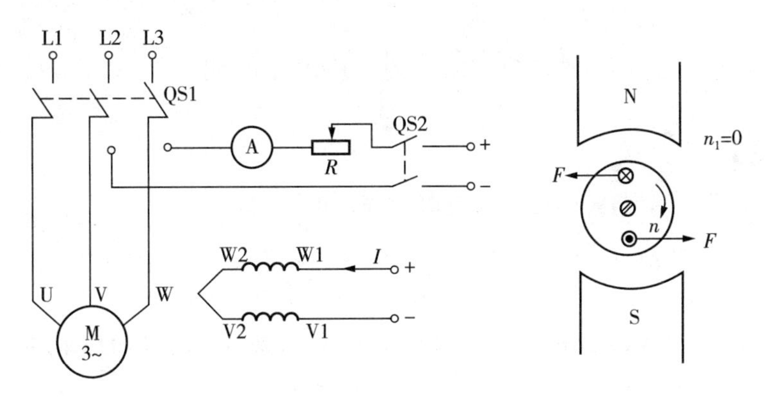

图 5－46　制动原理

能耗制动控制电路如图 5－47 所示。合上电源开关 QF，按下起动按钮 SB，交流接触器 KM1 得电自锁，主触头闭合，电动机带动速度继电器 SR 一起旋转。当转速超过 120r/min 时，速度继电器常开触点 SR 闭合，因接触器 KM1 的常闭触头已断开，按下停止按钮 SB2，接触器 KM1 失电并释放。电动机由于惯性还在转，SB2 的常开触点接通了接触器 KM2 的控制回路，使接触器 KM2 短时吸合。这时经整流的直流电源被通入电动机的两相定子绕组。由于直流电产生恒定磁场，电动机转子切割恒定磁场的磁力线而产生感应电流，载流导体与恒定磁场相互作用，产生与转子旋转方向相反的制动转矩，使电动机迅速制动。

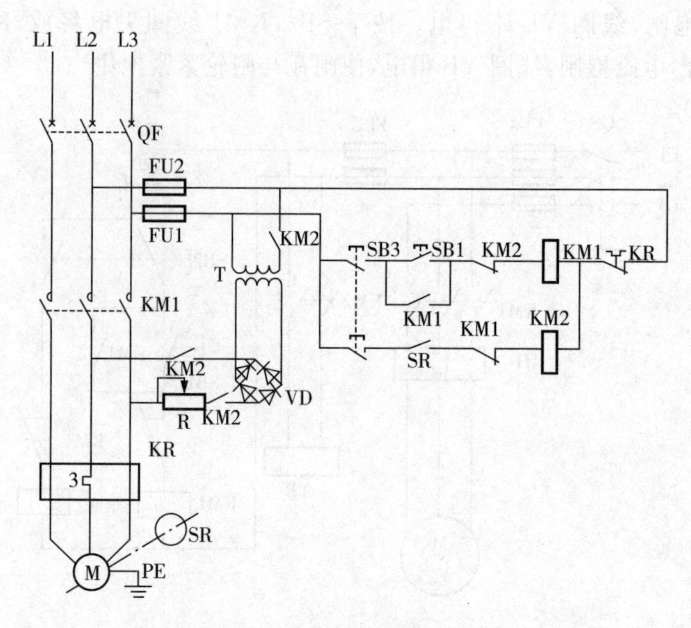

图 5-47　能耗制动控制电路

思考题与习题

1. 制动电路有哪几种?
2. 双向反接制动的工作原理是怎样的?

任务三　水泵的控制

【学习目的】

了解水泵的工作原理,掌握电气主电路与控制电路图。

任务导入

在工业与民用中,水泵使用非常多,如给水泵、排水泵、消火栓用的消防泵等。

相关知识

一、生活给水泵控制电路

生活给水泵控制电路图如图 5-48 所示。

1. 控制电源保护及指示

转换开关 S 合上,指示灯 HW 亮,控制电路有电压。FU 是电源保险。

2. 水源的水池水位过低停泵及指示

水源的水池水位过低,液位控制器的触点 SL3 会合上,指示灯 HY3 会亮,中间继电器 KA3 线圈会通电,KA3 的常开触点会合上,HA 会得电报警。

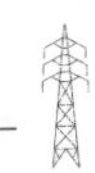

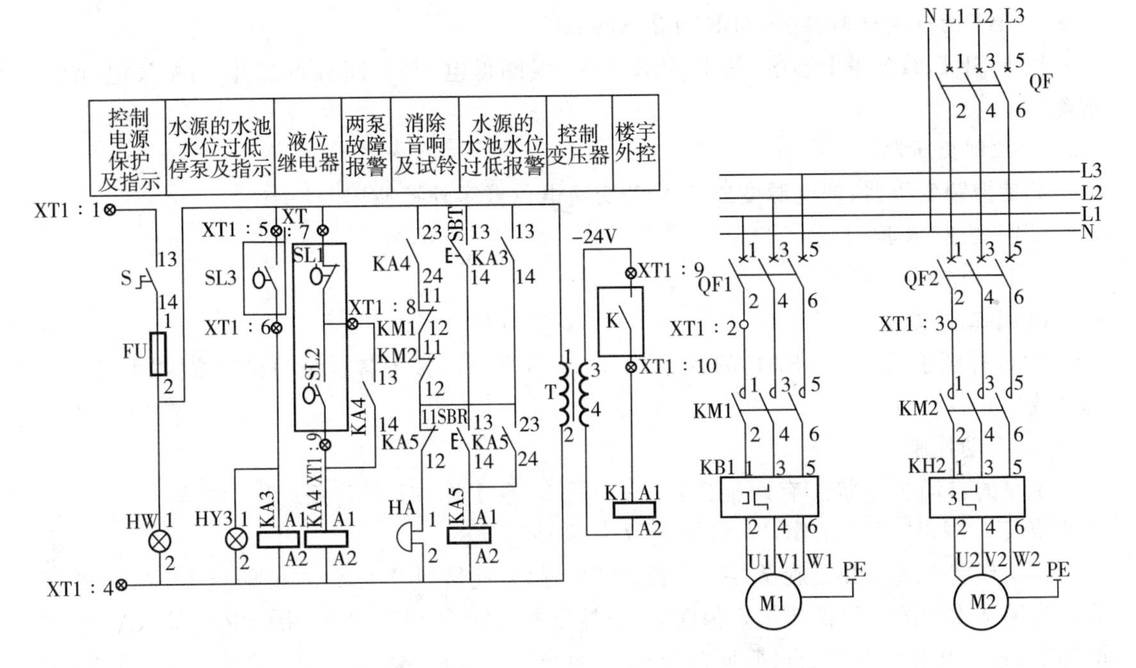

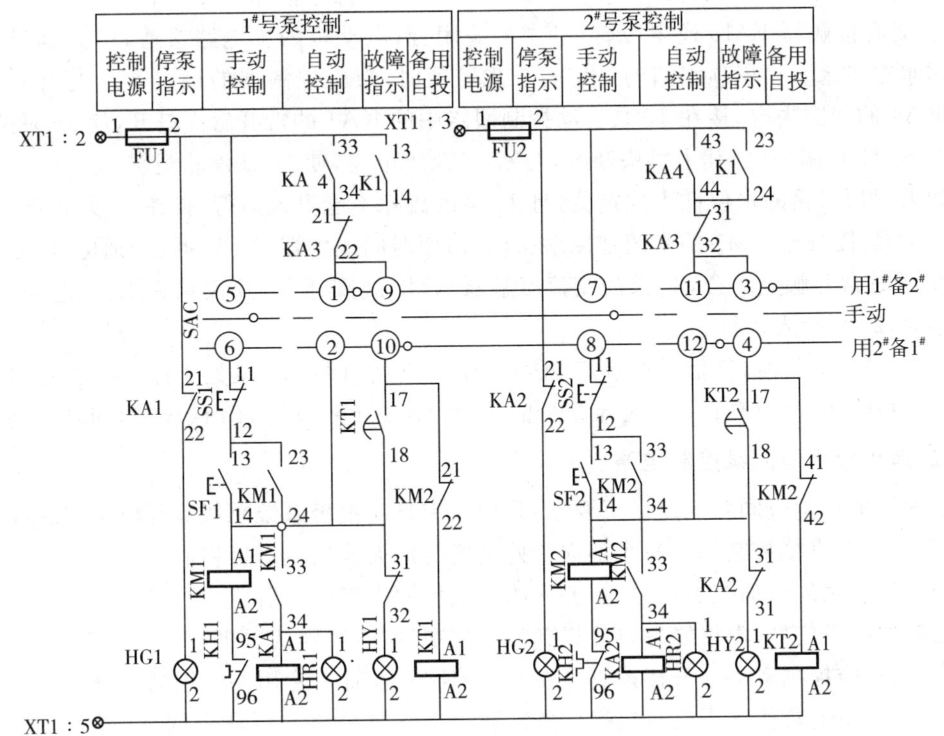

图 5-48　生活给水泵控制电路图

3. 液位继电器

当屋顶水箱的水位低于规定值时，液位继电器的触点 SL2 会合上，中间继电器 KA4 线圈会得电，此时如果交流接触器的常闭 KM1 与 KM2 都保持合上，中间继电器的常闭触点 KA5 也保持合上，就会出现两个泵故障报警。

4. SBT为音响试验按钮,SBR为复位按钮

按下SBT,HA得电会响,按下SBR,KA5线圈得电,其常闭触点打开,HA失电,响声解除。

5. 控制变压器

T是控制变压器,把电源变成24V的交流电供楼宇外控使用。

6. 1#与2#泵控制

一个工作,一个备用。

(1)手动控制

SAC打到手动位置。SAC的触点5—6、7—8合上。按下各自泵的起停按钮,可以直接起动或停止各自电机。

(2)自动控制

水泵的自动工作状态有两种选择:一种是1#泵工作,2#泵备用;另一种是2#泵工作,1#泵备用。现以"1#泵工作,2#泵备用"为例来加以分析。

将工作状态选择开关旋至"用1#备2#"位置,万能转换开关SAC的触点1—2、3—4闭合。当屋顶水箱的水位低于规定值时,液位控制器的触点SL2闭合,中间继电器KA4的线圈通电,其常开触点KA4自锁;同时接在1#泵自动控制回路中的KA4的常开触点闭合,使1#泵的交流接触器KM1通电吸合,其主触头闭合,电动机的主电路接通,1#泵运转,开始向屋顶水箱供水。当屋顶水箱的水位高于规定值时,液位控制器的触点SL1打开,中间继电器KA4的线圈失电,接在1#泵自动控制回路中的KA4的常开触点打开,使1#泵的交流接触器KM1线圈失电,其主触头断开,切断1#泵主电路,使1#泵停止运转。

如果屋顶水箱的水位低于规定值,且1#泵因故障不能投入运行,接在2#泵自动控制回路中的1#泵接触器KM1的常闭辅助触头闭合,使时间继电器KT2的线圈通电,经延时后,KT2的延时常开触点闭合,2#泵的交流接触器KM2线圈通电,其主触头闭合,电动机的主电路接通,2#泵投入运行。

1#(2#)泵运行时,其信号指示灯HR1(HR2)点亮;1#(2#)泵处于停止状态时,其信号指示灯HG1(HG2)点亮;1#(2#)泵出现故障时,HG1(HG2)和HY1(HY2)同时点亮。

二、消火栓用消防泵控制电路

消火栓的控制应同时满足以下要求:采用火灾自动报警系统总线编码模块控制,即自动控制、消防手动直接控制和在每个消火栓处设置的消火栓按钮直接控制。

消防控制室的自动控制信号,主要来源于现场的火灾探测器、手动报警按钮以及消火栓报警按钮的报警信号,由报警总线传送到消防控制设备,经确认后再通过联动总线自动发出起泵命令;消防控制室手动直接控制是在消防控制室设置了专用手动控制盘,根据现场发来的报警信号,由消防值班人员直接操作按键通过多线制发出起泵命令的。在每个消火栓处设置的消火栓按钮,按其动作方式可分为按下玻璃片型和击碎玻璃片型两种;按触点形式可分为常开触点型和常闭触点型两种。一般按下玻璃片型为常开触点形式,击碎玻璃片型为常闭触点形式。为满足动作报警和直接起泵的功能要求,每个消火栓按钮必须具备两对触点且同时动作输出。

图5-49所示为消火栓用消防泵控制电路图。两台水泵互为备用,工作泵故障或水压

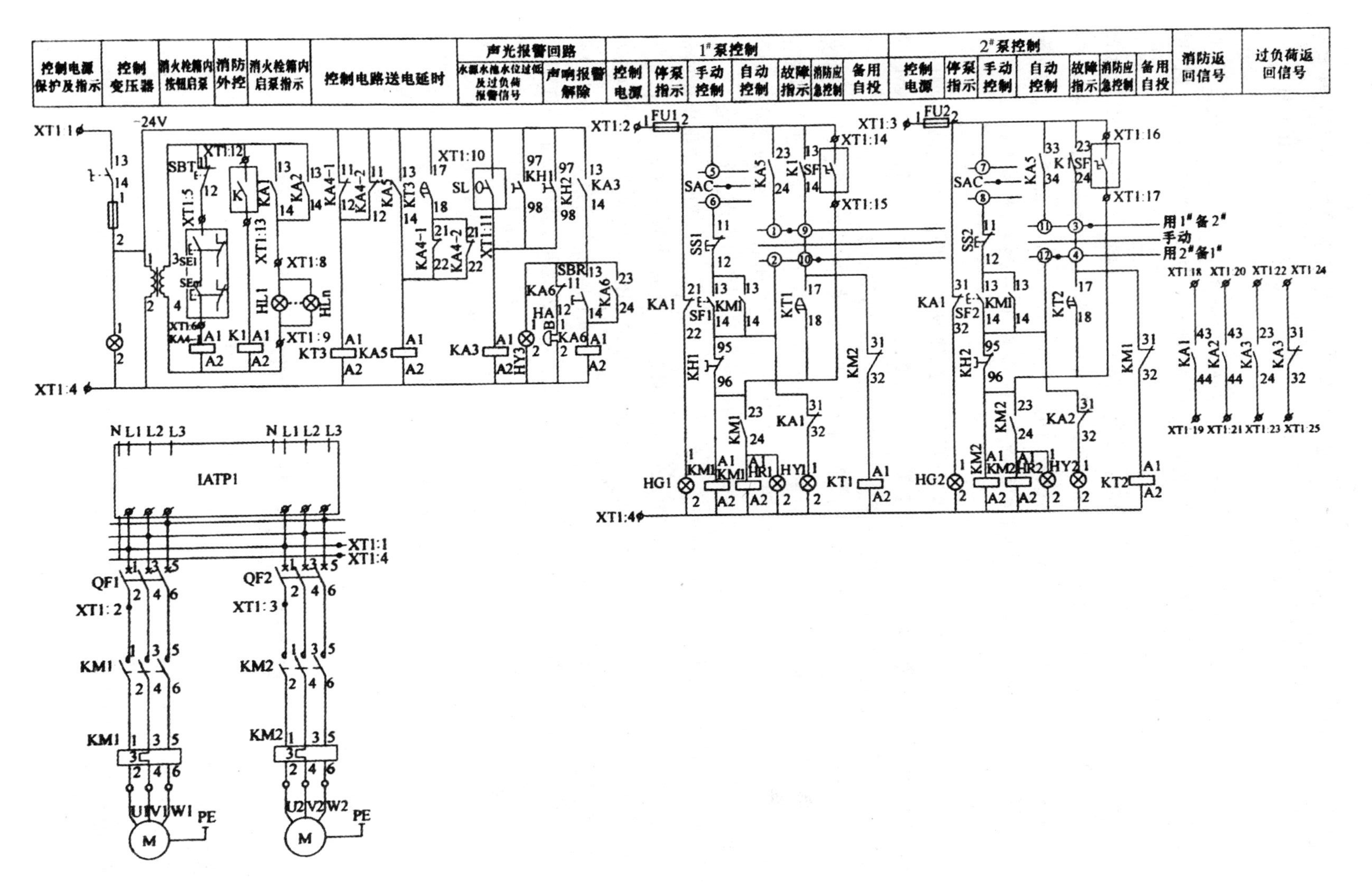

图5-49 消火栓用消防泵控制电路图

不够时备用泵延时投入，电动机过载及水源水池无水报警。工作状态选择开关可实现水泵的手动、自动和设备用泵的转换。现以“1#泵工作，2#泵备用”为例来分析其工作原理。

1. 手动控制

经确认发生火灾时，消防值班人员旋动消防中心联动控制盘上的钥匙式控制按钮，使1#(2#)泵的交流接触器KM1(KM2)通电吸合，其主触头闭合，电动机的主电路接通，1#(2#)泵运转，开始消防供水。

在每个消火栓处设置的消火栓按钮串联在控制回路中，当任一消火栓按钮动作后，中间继电器KA4的线圈失电，其常闭触头KA4闭合，中间继电器KT3的线圈通电，经延时后，其延时闭合触点闭合，中间继电器KA5的线圈通电，其常开触点闭合并自锁，1#泵的交流接触器KM1通电吸合，其主触头闭合，电动机的主电路接通，1#泵运转，开始消防供水。

2. 自动控制

安装在火灾现场的火灾探测器、手动报警按钮及消火栓报警按钮中的任一设备动作后，消防联动模块的动合触点K闭合，中间继电器K1的线圈通电，1#泵的交流接触器KM1通电吸合，其主触头闭合，电动机的主电路接通，1#泵运转，开始消防供水。

无论哪种控制方式，当1#泵故障或水压不够时，压力控制器SF的触点闭合，时间继电器KT2的线圈通电，经延时后，其延时闭合触点闭合，中间继电器KA6的线圈通电，其常开触点闭合并自锁，接在2#泵自动控制回路中的常开触点KA6闭合，2#泵的交流接触器KM2通电吸合，其主触头闭合，电动机的主电路接通，2#泵运转，开始供水。

当水源水池水位过低时，液位器SL的触点闭合，或1#(2#)泵过负荷时，热继电器的常开辅助触点KA1(KA2)闭合，中间继电器KA3的线圈通电，其常开触点KA3闭合，电铃HA和信号指示灯HY3的电源被接通，发出声光报警。按钮SBR为复位按钮，按下SBR，中间继电器KA7的线圈通电，其常闭触点断开，切断电铃回路，解除声响报警。1#(2#)泵运行时，其信号指示灯，HR1(HR2)点亮；1#(2#)泵处于停止状态时，其信号指示灯HG1(HG2)点亮；1#(2#)泵出现故障时HG1(HG2)和HY1(HY2)同时点亮。信号指示灯HW为控制电源指示灯。

思考题与习题

1. 消火栓用消防泵控制电路有几个液位传感器？
2. 消火栓用消防泵控制电路如何启用备用泵？

任务四　机床电气控制电路图

【学习目的】

掌握车床的电气控制图。

任务导入

在工业生产中，机械加工行业中机床的控制尤为重要，掌握机床电气控制方法，对有PLC或单片机控制的机床进行改进是非常有帮助的。

相关知识

一、车床控制

在金属切削机床中，车床所占的比例最大，而且应用也最广泛。车床能够车削外圆、内圆、端面和螺纹等，并可装上钻头或铰刀进行钻孔和铰孔等加工。

从车削工艺出发，对车床的电力拖动及其控制有以下要求：主轴的主运动要求、进给运动要求、辅助运动要求、冷却要求和照明及保护要求。

车床的电力拖动及其控制要求如下：

(1)主运动要求：安装在床身主轴箱中的主轴转动，称为主运动。它由三相异步电动机M1完成拖动。电动机M1采用直接起动方式，要求实现正反转。由于加工的工件比较大，故加工时其转动惯量也比较大，需要停车时不易立即停下来，因此必须设有停车制动功能。为加工调整方便，还应具有点动功能。此外，为监视电动机M1的工作电流，应配置电流表进行显示。

(2)进给运动要求：溜板箱上的溜板带动刀架进行的直线运动，称为进给运动。车削螺纹时，刀架移动与主轴旋转运动之间必须保持准确的比例关系，因此车床的主轴运动和进给运动只能由同一台电动机拖动。刀架移动由主轴箱通过机械传动链实现，其运动速度由变速齿轮箱通过手柄切换。

(3)辅助运动要求：为了提高生产效率、减轻工人劳动强度，溜板箱可由电动机M3单独拖动以实现快速移动。根据需要，采用点动控制，可随时控制起停。尾座的移动和工件的夹紧、放松则为手动操作。

(4)冷却要求：车削加工中，为防止刀具和工件的温度过高，延长刀具使用寿命，提高加工质量，车床需配置一台单向旋转的冷却泵，要求可单独操作。

(5)照明及保护要求：为便于工人操作及加工，要求有局部照明；为保证控制线路安全，要求设置必要的电气保护装置。

(6)车床结构图如图5-50所示。

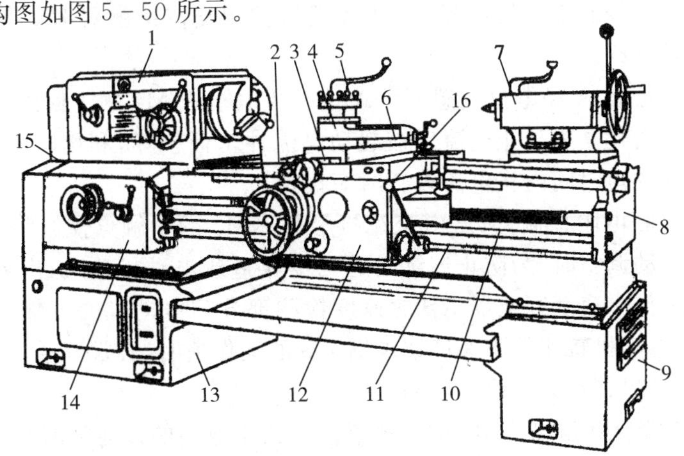

图5-50　车床结构图

1—主轴箱；2—纵溜板；3—横溜板；4—转盘；5—方刀架；6—小溜板；7—尾座；8—床身；9—右床座；10—光杆；11—丝杆；12—溜板箱；13—左床座；14—进给箱；15—挂轮架；16—操纵手柄

(7)车床控制电路输入输出分配表,见表 5-1 所示。

表 5-1 C650 型普通车床电器元件符号、名称及用途

符号	名称及用途	符号	名称及用途
M1	主电动机	SB1	总停按钮
M2	冷却泵电动机	SB2	主电动机正向点动按钮
M3	快速移动电动机	SB3	主电动机正向起动按钮
KM1	主电动机正转接触器	SB4	主电动机反向起动按钮
KM2	主电动机反转接触器	SB5	冷却泵电动机停止按钮
KM3	短接限流电阻接触器	SB6	冷却泵电动机起动按钮
KM4	冷却泵电动机起动接触器	TC	控制变压器
KM5	快速移动电动机起动接触器	FU0～FU6	熔断器
KA	中间继电器	FR1	主电动机过载保护热继电器
KT	通电延时型时间继电器	FR2	冷却泵电动机保护热继电器
SQ	快速移动电动机点动开关	R	限流电阻
SA	开关	EL	照明灯
KS	速度继电器	TA	电流互感器
A	电流表	QS	隔离开关

(8)车床电气控制电路图如图 5-51 所示。

① 主电路分析

该车床共有三台电动机,隔离开关 QS 将 380V 的三相电源引入。M1 为主电动机,拖动主轴旋转并通过进给传动机构实现进给运动。M2 为冷却泵电动机,提供切削液。M3 为快速移动电动机,拖动刀架快速移动。

第一部分由正转控制交流接触器 KM1 和反转控制交流接触器 KM2 的两组主触点构成电动机的正反转接线。

第二部分为电流表 A 经电流互感器 TA 接在主电动机 M1 的主回路上,以监视电动机绕组工作时电流的变化。为防止电流表被起动电流冲击而损坏,利用时间继电器 KT 的延时动断触点在起动的短时间内将电流表暂时短接掉。

第三部分为串联电阻控制部分,由交流接触器 KM3 的主触点控制限流电阻 R 的接入和切除。在进行点动调整时,为防止连续的起动电流造成电动机过载,串入限流电阻 R,保证电路设备正常工作。速度继电器 KS 的速度检测部分与电动机的主轴同轴相连,在停车制动过程中,当主电动机转速低于速度继电器 KS 的动作值时,其常开触点可将控制电路中反接制动的相应电路切断,完成停车制动。

电动机 M2 由交流接触器 KM4 的主触点控制其主电路的接通和断开。

电动机 M3 由交流接触器 KM5 的主触点控制其主电路的接通和断开。

为保证主电路的正常运行,主电路中还设置了熔断器的短路保护环节以及热继电器的过载保护环节。

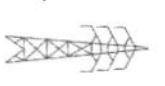

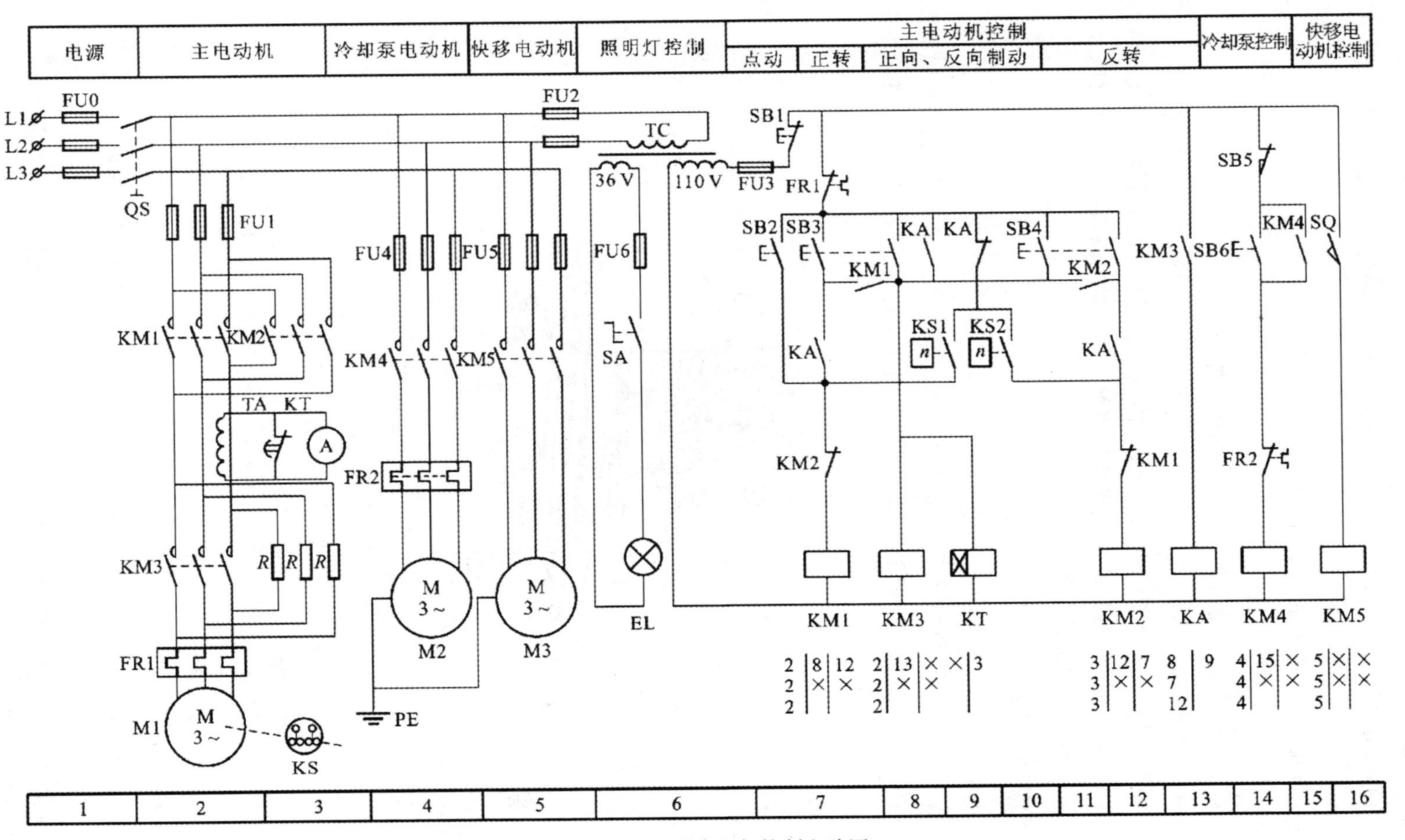

图5－51 车床电气控制电路图

② 控制电路分析

控制电路可分为主电动机 M1 的控制电路和冷却泵电动机 M2 及快移电动机 M3 的控制电路两部分。

a. 主电动机 M1 正反转起动与点动控制。

b. 主电动机 M1 反接制动控制。

c. 刀架的快速移动、电动机和冷却泵电动机的控制。

d. 照明、信号回路。

e. 反转制动过程。反转制动过程与正转制动过程相似。反转时因速度继电器的 KS1 触点是闭合的，故在制动时可接通交流接触器 KM1 的线圈电路，通过 KM1 接入反相序电源，实现主电动机 M1 的反转反接制动。

二、磨床电气控制

1. 磨床结构

磨床结构如图 5－52 所示，M7120 型平面磨床主要由床身、工作台(包括电磁吸盘)、磨头、立柱、拖板、行程挡块、砂轮修正器、驱动工作台手轮、垂直进给手轮、横向进给手轮等部件组成。

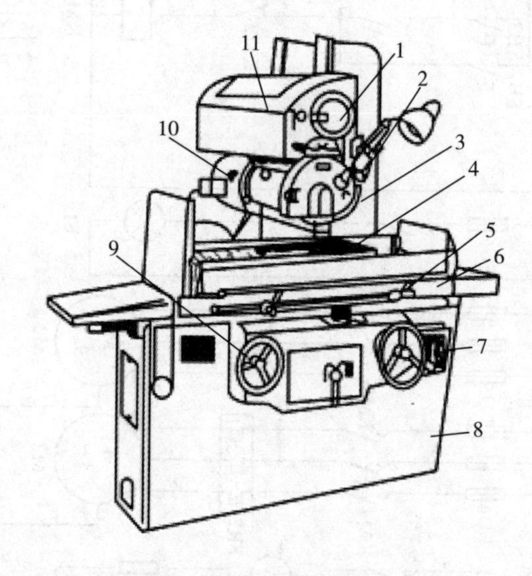

图 5－52　磨床结构简图

1—横向进给手轮；2—砂轮修整器；3—立柱；4—电磁吸盘；5—位置行程挡块；
6—工作台；7—垂直进给手轮；8—床身；9—驱动工作台手轮；10—磨头；11—拖板

2. 对磨床的电力拖动及其控制要求

(1)分散拖动要求

液压泵、砂轮、砂轮箱升降、冷却泵各自采用不同的三相笼形交流异步电动机。

(2)冷却要求

为减少工件在磨削加工中的热变形并冲走磨屑以保证加工精度，须用冷却液。

(3)夹持工件要求

为适应磨削小工件，也为工件在磨削过程中能自由伸缩，采用电磁吸盘来吸持工件。

(4)电动机转向要求

砂轮电动机、液压泵电动机和冷却泵电动机只要求单方向旋转并采用直接起动;砂轮箱升降电动机要求能正反旋转。

(5)照明及保护要求

应具有完善的保护环节(如电动机短路、过载、零压保护;电磁吸盘欠压保护等);要有必要的信号指示和局部照明。

(6)工作台的往复运动要求

通过机械撞块撞动换向手柄来实现液压换向。

3. 磨床电气控制电路图

磨床电气控制电路图如图 5-53 所示。

(1)主电路分析

主电路共有 4 台电动机,其中 M1 是液压泵电动机,它驱动液压泵进行液压传动,实现工作台和砂轮的往复运动;M2 是砂轮电动机,它带动砂轮转动来完成磨削加工工件;M3 是冷却泵电动机,它供给砂轮对工件加工时所需的冷却液;它们分别用接触器 KM1、KM2 控制。冷却泵电动机 M3 只有在砂轮电机 M2 运转后才能运转。M4 是砂轮升降电动机,它位于磨削砂轮与工件之间。M1、M2、M3 是长期工作的,所以电路都设有过载保护。M4 是短期工作的,电路不设过载保护。4 台电动机共用一组熔断器 FU1 做短路保护。

(2)控制线路分析

① 合上电源开关 QS,如果整流电源输出直流电压正常,则在图区 17 上的欠压继电器 KV 线圈通电吸合,使图区 7(2～3)上的动合触点闭合,为起动液压电动机 M1 和砂轮电动机 M2 做好准备。如果 KV 不能可靠动作,则液压电动机 M1 和砂轮电动机 M2 均无法起动。因为平面磨床的工件是靠直流电磁吸盘的吸力将工件吸牢在工作台上,只有具备可靠的直流电压后,才允许起动砂轮和液压系统,以保证安全。当 KV 吸合后,按下起动按钮 SB3,接触器 KM1 线圈通电吸合并自锁,液压泵电动机 M1 起动运转,HL2 指示灯亮。若按下停止按钮 SB2,接触器 KM1 线圈断电释放,电动机 M1 断电停转,HL2 指示灯灭。

② 电动机 M2 及 M3 也必须在 KV 通电吸合后才能起动。按起动按钮 SB5,接触器 KM2 的线圈通电吸合,砂轮电动机 M2 起动运转。由于冷却泵电动机 M3 通过插接件 X1 和 M2 联动控制,所以 M2 和 M3 同时起动运转。当不需要冷却时,可将插接件 XP1 拉出。按下停止按钮 SB4 时,接触器 KM2 线圈断电释放,电动机 M2 和 M3 同时断电停转。两台电动机的过载保护热继电器 FR1 和 FR2 的动断触点都串联在 KM2 电路上,只要有一台电动机过载,就使得 KM2 失电。因冷却液循环使用,经常有污垢,很容易使冷却液泵电动机 M3 过载,故用热继电器 FR3 进行过载保护。

③ 砂轮升降电动机 M3 的控制,砂轮升降电动机只有在调整工件和砂轮之间位置时使用。当按下点动按钮 SB6,接触器 KM3 线圈获电吸合,电动机 M4 起动正转,砂轮上升。达到所需位置时,松开 SB6,接触器 KM3 线圈断电释放,电动机 M4 停转,砂轮停止上升。当按下点动按钮 SB7,接触器 KM4 线圈获电吸合,电动机 M4 起动反转,砂轮下降,当达到所需位置时,松开 SB7,KM4 断电释放,电动机 M4 停转,砂轮停止下降。为了防止电动机 M4 正反转线路同时接通,故在对方线路中串入接触器 KM4 和 KM3 的动断触点进行联锁控制。

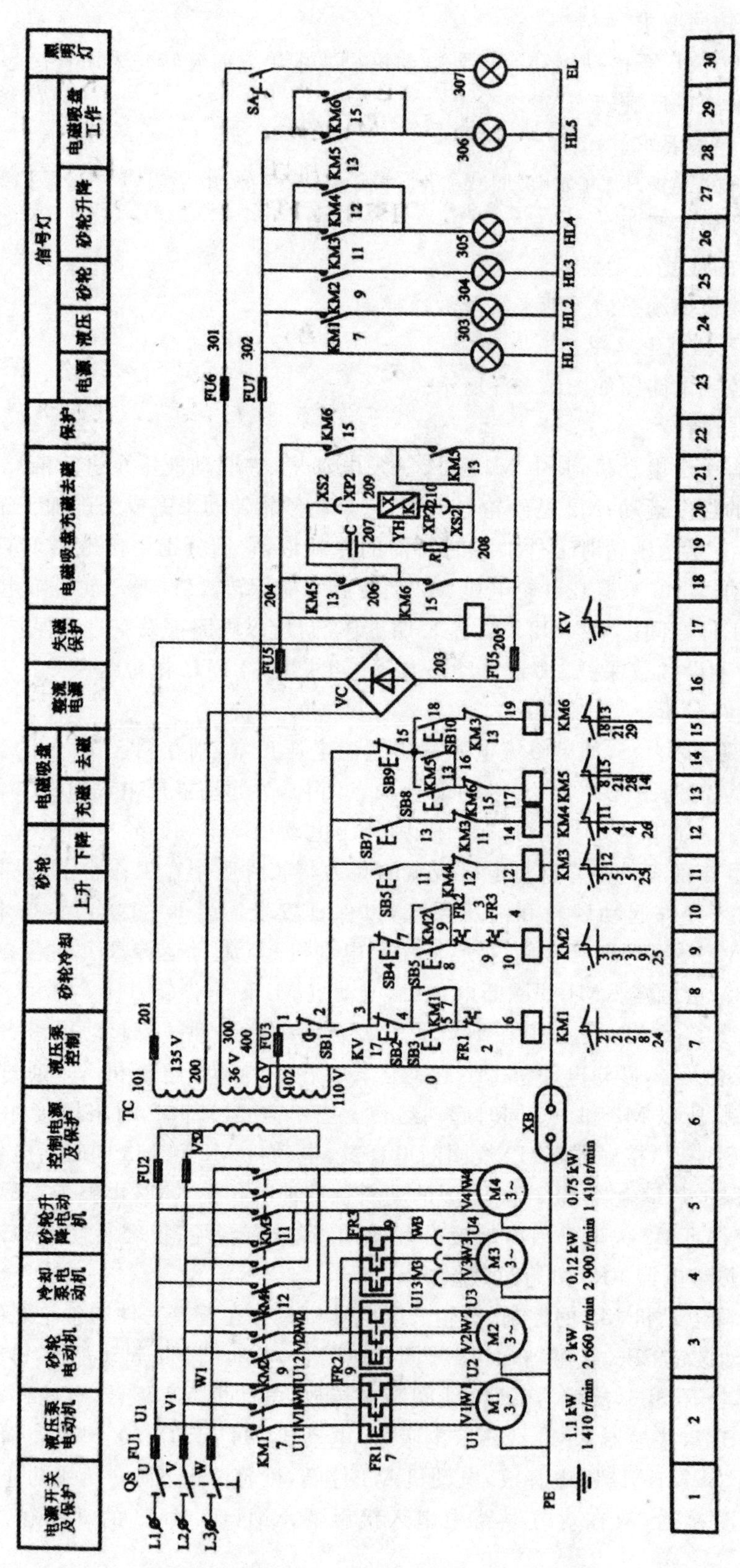

图5－53 磨床电气控制电路图

④ 电磁工作台又称电磁吸盘，它是固定加工工件的一种夹具。利用通电导体在铁心中产生的磁场吸牢铁磁材料的工件，以便加工。与机械夹具比较，它具有夹紧迅速，不损伤工件，一次能吸牢若干个小工件，工件发热可以自由伸缩等优点，因而电磁吸盘在平面磨床上用得十分广泛。电磁吸盘的外壳是钢制箱体，中部的芯体上绕有线圈，吸盘的盖板用钢板制成，钢制盖板用非磁性材料（如铅锡合金）隔离成若干小块。当线圈通上直流电以后，电磁吸盘的芯体被磁化，产生磁场，磁通便以芯体和工件做回路，工件被牢牢吸住。电磁吸盘的控制电路包括整流装置、控制装置和保护装置三部分。

整流装置供电磁吸盘用。控制装置由按钮 SB8、SB9、SB10 和接触器 KM5、KM6 等组成。

电磁吸盘的充磁和去磁过程如下。

a. 充磁过程：当电磁工作台上放上铁磁材料的工件后，按下充磁按钮 SB8，接触器 KM5 线圈获电吸合，接触器 KM5 的两副主触点区 18(204～206)、区 21(205～208)闭合，同时其自锁触点区 14(15～16)闭合，联锁触点区 15(18～19)断开，电磁吸盘 YH 通入直流电进行充磁将工件吸牢，然后进行磨削加工。磨削加工完毕后，在取下加工好的工件时先按下按钮 SB9，接触器 KM5 断电释放，切断电磁吸盘 YH 的直流电源，电磁吸盘断电。由于吸盘和工件都有剩磁，要取下工件，需要对吸盘和工件进行去磁。

b. 去磁过程：按下点动按钮 SB10，接触器 KM6 线圈获电吸合，接触器 KM6 的两个主触点区 18(205～206)、区 21(204～208)闭合，电磁吸盘 YH 通入反向直流电，使电磁吸盘和工件去磁。去磁时，为了防止电磁吸盘和工件反向磁化将工件再次吸住，仍取不下工件，所以要注意按点动按钮 SB10 的时间不能过长，同时接触器 KM6 采用点动控制方式。

保护装置由放电电阻 R 和电容 C 以及欠压继电器 KV 组成。

a. 电阻 R 和电容 C 的作用：电磁吸盘是一个大电感，在充磁吸工件时，存储有大量磁场能量。当它脱离电源的一瞬间，电磁吸盘 YH 的两端产生较大的自感电动势，如果没有 RC 放电回路，电磁吸盘的线圈及其他电器的绝缘将有被击穿的危险，故用电阻和电容组成放电回路；利用电容 C 两端的电压不能突变的特点，使电磁吸盘线圈两端电压变化趋于缓慢；利用电阻 R 消耗电磁能量。如果参数选配得当，此时 RLC 电路可以组成一个衰减振荡电路，对去磁将是十分有利的。

b. 零压继电器 KV 的作用：在加工过程中，若电源电压过低使电磁吸盘 YH 吸力不足，则电磁吸盘将吸不牢工件，会导致工件被砂轮打出，造成严重事故，因此，在电路中设置了欠压继电器 KV，将其线圈并联在直流电源上，其动合触点区 7(2～3)串联在液压泵电机和砂轮电机的控制电路中，若电压过低使电磁吸盘 YH 吸力不足而吸不牢工件，欠电压继电器 KV 立即释放，使液压泵电动机 M1 和砂轮电动机 M2 立即停转，以确保电路的安全。

⑤ 照明和指示灯电路：EL 为照明灯，其工作电压为 36V，由变压器 TC 供给。SA 为照明开关。HL1、HL2、HL3、HL4 和 HL5 为指示灯，其工作电压为 6V，也由变压器 TC 供给。

三、钻床电气控制

1. 钻床结构图

钻床结构图如图 5－54 所示。

2. 钻床电动机

钻床共有 4 台电动机：M1 为主轴电动机，主要实现主轴旋转，并通过机械传动机构变

速和正反转；M2 为摇臂升降电动机，控制摇臂的升降；M3 为液压泵电动机，主要实现摇臂、内外立柱的夹紧和放松；M4 为冷却液电动机，提供切削液。

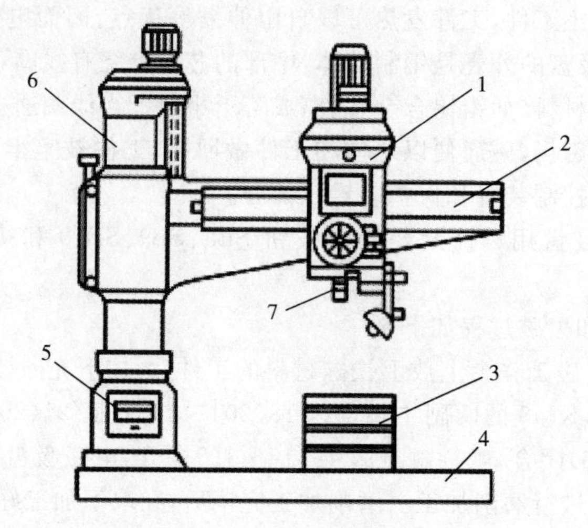

图 5-54　钻床结构图

1—主轴箱；2—摇臂；3—工作台；4—底座；5—电源开关箱；6—立柱；7—主轴

3. 钻床电气控制

钻床电气控制如图 5-55 所示。

(1)主电路分析

Z3050 型摇臂钻床的主电路采用 380V、50Hz 三相交流电源供电。控制、照明和指示电路均由控制变压器 TC 降压后供电，电压分别为 127V、36V 及 6V。组合开关 QS1 为机床总电源开关。为了传动各机构，机床上装有 4 台电动机：M1 为主轴电动机，由交流接触器 KM1 控制，只要求单方向旋转，主轴的正反转由机械手柄操作；M2 为摇臂升降电动机，能正反转控制，用接触器 KM2 和 KM3 控制其正反转，因为该电动机短时间工作，故不设过载保护电器；M3 为液压泵电动机，能正反转控制，正反转的起动与停止由接触器 KM4 和 KM5 控制，该电动机的主要作用是供给夹紧、松开装置压力油，实现摇臂、立柱和主轴箱的夹紧与松开；M4 为冷却泵电动机，只能正转控制。除冷却泵电动机采用开关直接起动外，其余三台异步电动机均采用接触器直接起动。4 台电动机都设有保护接地措施。电路中 M4 功率很小，用组合开关 QS2 进行手动控制，故不设过载保护。M1、M3 分别由热继电器 FR1、FR2 作为过载保护。FU1 为总熔断器，兼作 M1、M4 的短路保护；FU2 熔断器作为 M2、M3 及控制变压器一次侧的短路保护。

(2)控制电路分析

① 主轴电动机 M1 的控制

合上电源开关后，按起动按钮 SB2，接触器 KM1 线圈通电吸合，同时其自锁触点区 14(3～4)闭合，接触器 KM1 自锁，主轴电动机 M1 起动，同时接触器 KM1 的动合触点 13(201～204)闭合，电动机 M1 旋转，指示灯 HL3 亮。停车时，按 SB1，接触器 KM1 线圈断电释放，M1 停止旋转，电动机 M1 旋转，指示灯熄。

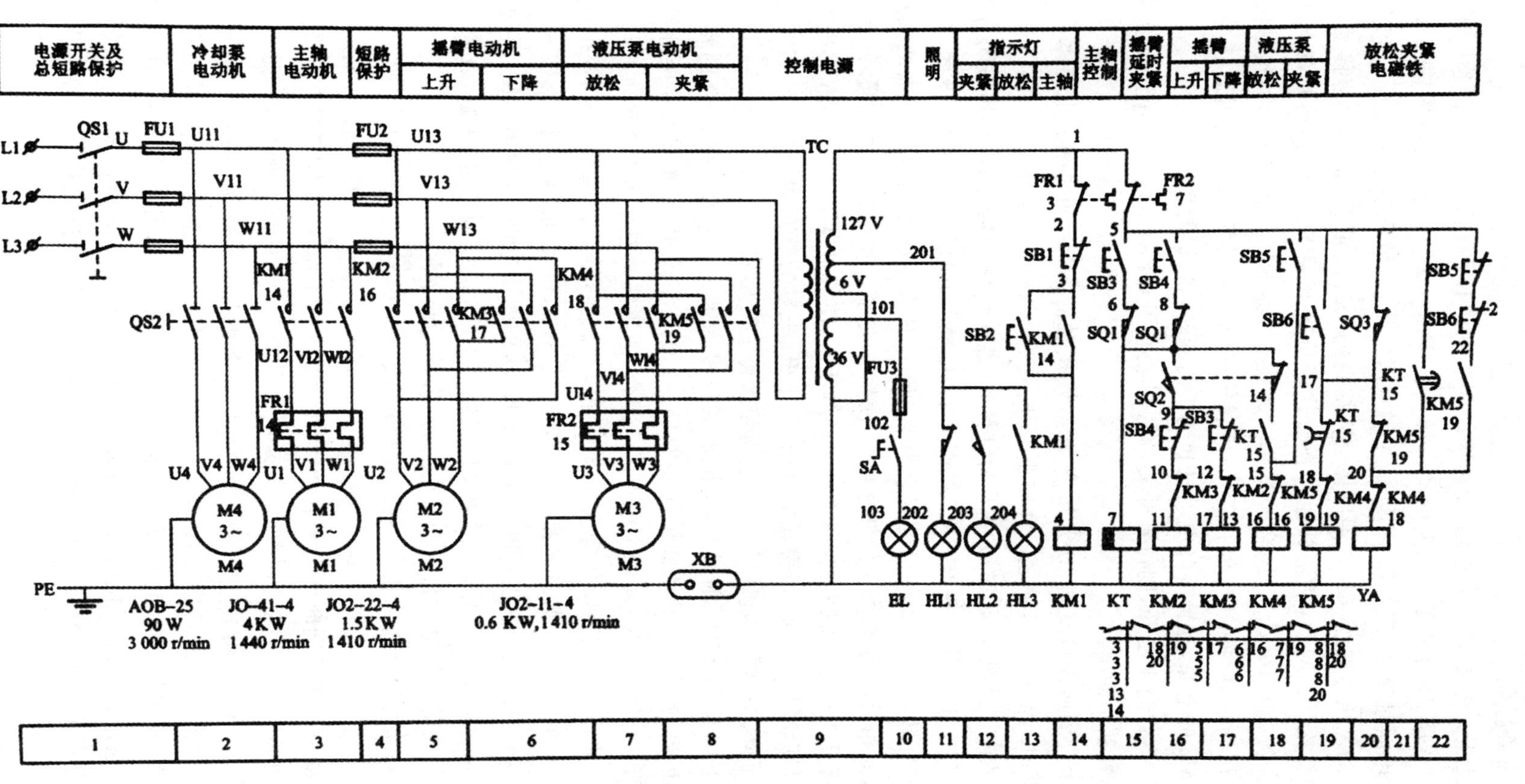

图5－55　钻床电气控制图

② 摇臂升降控制

a. 摇臂上升。按摇臂上升按钮 SB3，则时间继电器 KT 线圈通电，它的瞬时闭合的动合触点区 18(14～15)闭合和延时断开的动合触点区 21(5～20)闭合，使电磁铁 YA 和接触器 KM4 线圈通电同时吸合，接触器 KM4 的主触点区 7 闭合，液压油泵电动机 M3 起动正向旋转，供给压力油。压力油经二位六通阀体进入摇臂的“松开”油腔，推动活塞移动，活塞推动菱形块，将摇臂松开。同时，活塞杆通过弹簧片压位置开关 SQ2，使其动断触点区 18(7～14)断开，动合触点区 16(7～9)闭合。前者切断了接触器 KM4 的线圈电路，接触器 KM4 主触点断开，液压油泵电动机 M3 停止工作；后者使交流接触器 KM2 的线圈通电，主触点区 5 接通电动机 M2 的电源，摇臂升降电动机起动正向旋转，带动摇臂上升。

如果此时摇臂尚未松开，则位置开关 SQ2 的动合触点区 16(7～9)不闭合，接触器 KM2 不能吸合，摇臂就不能上升。

当摇臂上升到所需位置时，松开按钮 SB3，则接触器 KM2 和时间继电器 KT 同时断电释放，电动机 M2 停止工作，随之摇臂停止上升。

由于时间继电器(断电延时型)KT 断电释放，经 1～3s 的延时后，其延时闭合的动断触点区 19(17～19)闭合，使接触器 KM5 线圈通电，接触器 KM5 的主触点区 8 闭合，液压泵电动机 M3 反向旋转。此时，YA 仍处吸合状态，压力油从相反方向经二位六通阀进入摇臂“夹紧”油腔，向相反方向推动活塞和菱形块，使摇臂夹紧。在摇臂夹紧的同时，活塞杆通过弹簧片压位置开关 SQ3，动断触点区 20(5～17)断开，使接触器 KM5 和 YA 都失电释放，最终液压泵电动机 M3 停止旋转，完成摇臂松开、上升、夹紧的整套动作。

b. 摇臂下降。摇臂下降时，其工作过程与摇臂上升相似。

按摇臂下降按钮 SB4，则时间继电器 KT 线圈通电，它的瞬时闭合的动合触点区 18(14～15)闭合，延时断开的动合触点区 21(5～20)闭合，使电磁铁 YA 和接触器 KM4 线圈通电同时吸合，接触器 KM4 的主触点区 7 闭合，液压油泵电动机 M3 起动正向旋转，供给压力油。压力油经二位六通阀体进入摇臂的“松开”油腔，推动活塞移动，活塞推动菱形块，将摇臂松开。同时，活塞杆通过弹簧片压位置开关 SQ2，使其动断触点区 18(7～4)断开，动合触点区 16(7～9)闭合。前者切断了接触器 KM4 的线圈电路，接触器 KM4 主触点断开，液压油泵电动机 M3 停止工作；后者使交流接触器 KM3 的线圈通电，主触点区 6 接通电动机 M2 的电源，摇臂升降电动机起动反向旋转，带动摇臂下降。

同样，如果此时摇臂尚未松开，则位置开关 SQ2 的动合触点区 16(7～9)不闭合，接触器 KM3 不能吸合，摇臂就不能下降。当摇臂下降到所需位置时，松开按钮 SB4，则接触器 KM3 相时间继电器 KT 同时断电释放，电动机 M2 停止工作，随之摇臂停止下降。

由于时间继电器(断电延时型)KT 断电释放，经 1～3s 的延时后，其延时闭合的动断触点区 19(17～19)闭合，使接触器 KM5 线圈通电，接触器 KM5 的主触点区 8 闭合，液压泵电动机 M3 反向旋转，此时，YA 仍处吸合状态，压力油从相反方向经二位六通阀进入摇臂“夹紧”油腔，向相反方向推动活塞和菱形块，使摇臂夹紧，在摇臂夹紧的同时，活塞杆通过弹簧片压位置开关 SQ3，动断触点区 20(5～17)断开，使接触器 KM5 和 YA 都失电释放，最终液压泵电动机 M3 停止旋转，完成摇臂松开、下降、夹紧的整套动作。

利用位置开关 SQ1 来限制摇臂的升降行程。当摇臂上升到极限位置时，SQ1 动作，使

电路 SQ1(6～7)断开，KM2 释放，升降电动机 M2 停止旋转，但另一组 SQ1(7～8)仍处于闭合状态，以保证摇臂能够下降。当摇臂下降到极限位置时，SQ1 动作，使 SQ1(7～8)断开，KM3 释放，M2 停止旋转，但另一组触点 SQ1(6～7)仍处于闭合状态，以保证摇臂能够上升。

时间继电器的主要作用是控制接触器 KM5 的吸合时间，使升降电动机停止运转后，再夹紧摇臂。

摇臂的自动夹紧是由位置开关 SQ3 来控制的，如果液压夹紧系统出现故障而不能自动夹紧摇臂，或者由于 SQ3 调整不当，在摇臂夹紧后不能使 SQ3 的动断触点断开，都会使液压泵电动机 M3 处于长时间过载运行状态而造成损坏。为了防止损坏 M3，电路中使用了热继电器 FR2，其整定值应根据 M3 的额定电流来调整。

摇臂升降电动机的正反转控制接触器不允许同时得电动作，以防止电源短路。为了避免因操作失误等原因而造成短路事故，在摇臂上升和下降的控制线路中，采用了接触器的辅助触点互锁和复合按钮互锁两种保证安全的方法，确保电路安全工作。

③ 立柱和主轴箱的夹紧与松开控制

立柱和主轴箱的松开或夹紧是同时进行的。

a. 立柱和主轴箱的松开。按下松开按钮 SB5，接触器 KM4 线圈通电吸合，接触器 KM4 的主触点区 7 闭合，液压泵电动机 M3 正向旋转，供给压力油，压力油经二位六通阀(此时电磁铁 YA 处于释放状态)进入立柱和主轴箱松开油缸，推动活塞及菱形块，使立柱和主轴箱分别松开，松开指示灯亮。

b. 立柱和主轴箱的夹紧。按下夹紧按钮 SB6，接触器 KM5 线圈通电吸合，接触器 KM5 的主触点区 8 闭合，液压泵电动机 M3 反向旋转，供给压力油，压力油经二位六通阀(此时电磁铁 YA 处于释放状态)进入立柱和主轴箱夹紧油缸，推动活塞及菱形块，使立柱和主轴箱分别夹紧，夹紧指示灯亮。

思考题与习题

1. 分析车床主电路与控制电路。
2. 分析磨床主电路与控制电路。

任务五　锅炉电气控制

【学习目的】

掌握锅炉的工作原理和锅炉的电气控制。

任务导入

锅炉是工业中极为常用的设备，锅炉的电气安装与维护非常重要。

相关知识

一、锅炉结构及工作原理

锅炉工作原理如图 5-56 所示。锅炉结构是指锅炉的水汽系统，由汽包、下降管、联箱、水冷壁、过热器和省煤器等设备组成。

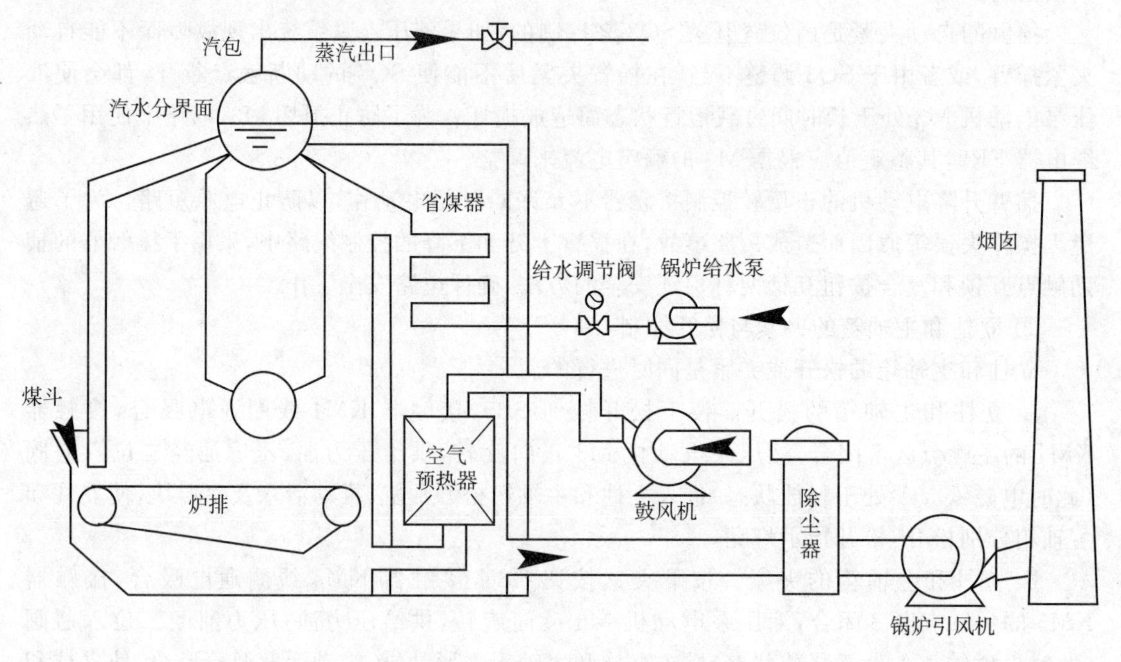

图 5-56 锅炉工作原理

(1)汽包：汽包俗称锅筒。蒸汽锅炉的汽包内装的是热水和蒸汽。汽包具有一定的水容积，与下降管、水冷壁相连接，组成自然水循环系统，同时，汽包又接受省煤器的给水，向过热器输送饱和蒸汽；汽包是加热、蒸发、过热三个过程的分解点。

(2)下降管：作用是把汽包中的水连续不断地送入下联箱，供给水冷壁，使受热面有足够的循环水量，以保证可靠的运行。为了保证水循环的可靠性，下降管自汽包引出后都布置在炉外。

(3)联箱：又称集箱。一般是直径较大、两端封闭的圆管，用来连接管子。起汇集、混合和分配汽水，保证各受热面可靠地供水或汇集各受热面的水或汽水混合物的作用。水冷壁下联箱(位于炉排两侧的下联箱，又称防焦联箱)通常都装有定期排污装置。

(4)水冷壁：水冷壁布置在燃烧室内四周或部分布置在燃烧室中间。它由许多上升管组成，以接受辐射传热，为主受热面。作用：依靠炉膛的高温火焰和烟气对水冷壁的辐射传热，使水(未饱和水或饱和水)加热蒸发成饱和蒸汽，由于炉墙内表面被水冷壁管遮盖，所以炉墙温度大为降低，使炉墙不致被烧坏，而且又能防止结渣和熔渣对炉墙的侵蚀；简化了炉墙的结构，减轻炉墙重量。

(5)过热器：是蒸汽锅炉的辅助受热面，它的作用是在压力不变的情况下，从汽包中引出饱和蒸汽，再经过加热，使饱和蒸汽成为一定温度的过热蒸汽。

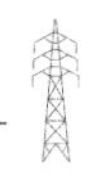

(6)省煤器:布置在锅炉尾部烟道内,利用烟气的余热加热锅炉给水的设备,其作用就是提高给水温度,降低排烟温度,减少排烟热损失,提高锅炉的热效率。

(7)减温装置:保证气温在规定的范围内。气温调节可采用以下方法:

① 蒸汽侧调节(采用减温器)。

② 烟气侧调节(采用摆动式喷燃器)。工作原理是送风机将空气送入空气预热器中,吸收烟气的热量并送进热风道,然后分成两股:一股送给制粉系统作为一次风携带煤粉送入喷煤器,另一股作为二次风直接送往喷煤器。煤粉与一、二次风经喷煤器喷入炉膛集箱燃烧放热,并将热量以辐射方式传给炉膛四周的水冷壁等辐射受热面。燃烧产生的高温烟气则沿烟道流经过热器、省煤器和空气预热器等设备,主要以对流方式将热量传给它们,在传热过程中,烟气温度不断降低,最后由吸风机送入烟囱排入大气。

(8)炉膛:炉膛是由一个炉墙包围起来的,供燃料燃烧传热的主体空间,其四周布满水冷壁。炉膛底部是排灰渣口,固态排渣炉的炉底是由前后水冷壁管弯曲而形成的倾斜的冷灰斗,液态排渣炉的炉底是水平的熔渣池。炉膛上部悬挂有屏式过热器,炉膛后上方烟气流出炉膛的通道叫炉膛出口。

(9)空气预热器:空气预热器是利用锅炉排烟的热量来加热空气的热交换设备。它装在锅炉尾部的垂直烟道中。

煤粉在炉膛燃烧产生的热量,先通过辐射传热被水冷壁吸收,水冷壁的水沸腾气化,产生大量蒸汽进入汽包进行汽水分离(直流炉除外),分离出的饱和蒸汽进入过热器,通过辐射、对流方式继续吸收炉膛顶部和水平烟道、尾部烟道的烟气热量,并使过热蒸汽达到所要求的工作温度。发电用锅炉通常还设置有再热器,用来加热经过高压缸做功后的蒸汽,再热器出来的再热蒸汽再去中、低压缸继续做功发电。

二、锅炉的电气控制

锅炉的电气控制的控制内容包括引风机、鼓风机、上煤机、出渣机、炉排设备、锅炉补水泵等。

(1)引风机的电动机功率较大,采用星形一三角形降压起动,鼓风机为全压起动。

(2)引风机与鼓风机之间具有联锁控制功能,开机时先开引风机,后开鼓风机;关机时先切断鼓风机电源,然后再切断引风机电源。

(3)上煤机、出渣机和炉排电动机采用正反转控制。上煤装置内设有上下限限位开关,在煤斗到达最高位置时,触点 SL1 打开,切断电动机正转控制电路,电动机停止运转;按下反转起动按钮,电动机反转,煤斗下降。煤斗到达最低位置时,触点 SL2 打开,切断电动机反转控制电路,电动机停止运转。炉排上装有调速装置,根据需要可以在电控柜上调节炉排设备运行的速度。

锅炉的电气控制图如图 5－57 所示。

思考题与习题

1. 试分析锅炉的主电路。

2. 试分析锅炉的控制电路。

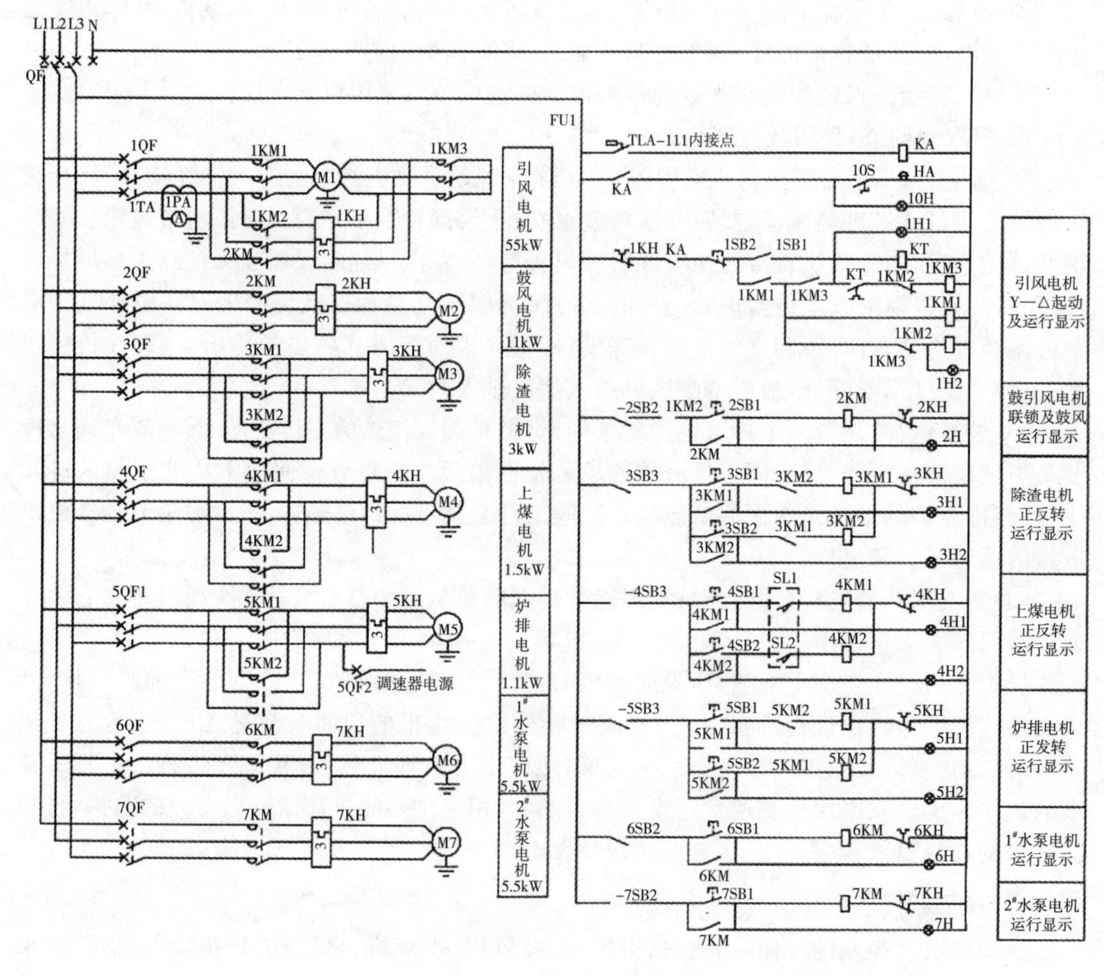

图 5－57　锅炉的电气控制图

任务六　电梯电气控制

【学习目的】

掌握电梯的电气控制，包括主电路、门机、保护电路等的电气控制。

任务导入

电梯在日常生活中的应用越来越广泛，电梯事故也越来越多。掌握电梯控制技术对电梯安装与维护非常重要，减少电梯事故是电气工作人员的责任和义务。

相关知识

一、电梯的结构

电梯的结构如图 5－58 所示。

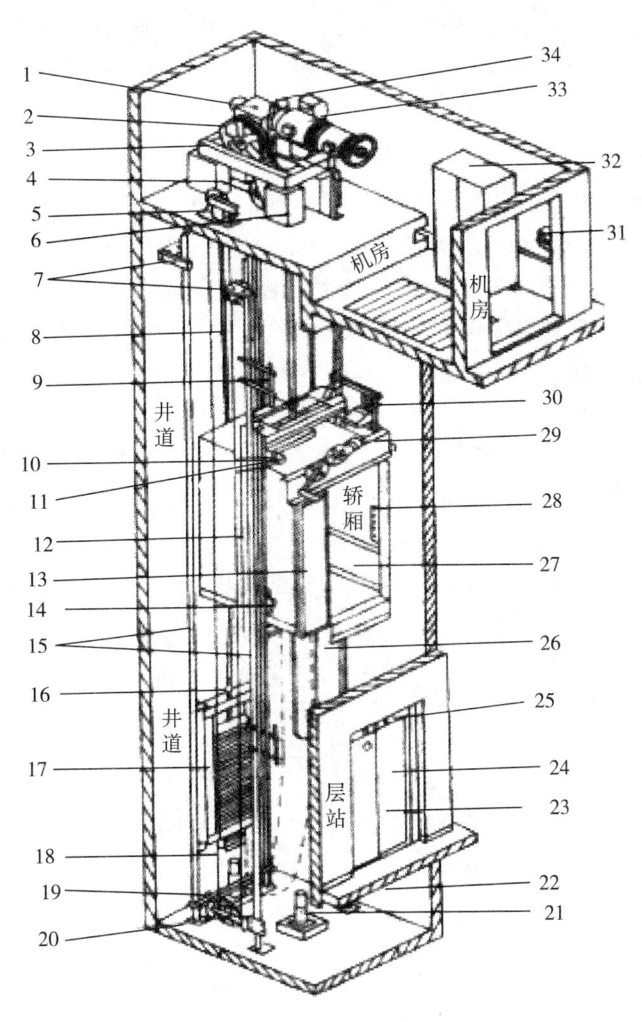

图 5－58 电梯的结构

1—减速箱；2—曳引机；3—曳引机底座；4—导向轮；5—限速器；6—机座；7—导轨支架；8—曳引钢丝绳；9—开关碰铁；10—终端开关 11—导靴；12—轿架；13—轿门；14—安全钳；15—导轨；16—绳头组合；17—对重；18—补偿链；19—补偿链导轮；20—张紧装置；21—缓冲器；22—底座；23—层门；24—呼梯盒；25—层楼指示；26—随行电缆；27—轿壁；28—操纵箱；29—开门机；30—井道传感器；31—电源开关；32—控制柜；33—曳引电机；34—制动器

1. 曳引系统和曳引机的组成

曳引系统组成：曳引机、曳引绳、导向轮、反绳轮等。曳引系统和曳引轮如图 5－59 所示。

曳引机作用：曳引机是电梯轿厢升降的主拖动机械。曳引钢丝绳的两端分别连接轿厢和对重（或者两端固定在机房上），依靠钢丝绳与曳引轮绳槽之间的摩擦力来驱动轿厢升降。

图 5-59　曳引系统和曳引轮

电梯曳引机分类：齿轮曳引机——用于低速或高速电梯（<2.0m/s），有减速箱，常用蜗轮蜗杆传动，传动比大，运行平稳，噪音较低，体积较小；无齿轮曳引机——用于高速和超高速电梯（>2.0m/s），传动效率高，噪音小，传动平稳，但能耗大，造价高，维修不便。

曳引机结构组成：电动机制动联轴器、制动器、减速器（无齿轮曳引机没有减速箱）、曳引轮底座、光电码盘（调速电梯装有）。

2. 制动器

制动器是安全装置。在正常断电或异常情况下均可实现停车。电磁制动器安装在电动机轴与蜗杆轴的连接处。电梯一般采用常闭式双瓦块型直流电磁制动器，其性能稳定，噪声小，制动可靠。

制动器的结构组成：制动电磁铁、制动臂、制动瓦块、制动弹簧。制动器结构如图 5-60 所示。

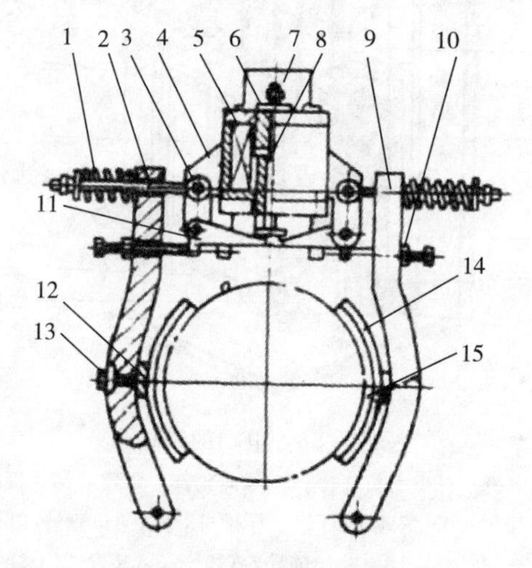

图 5-60　制动器结构图

1—制动弹簧；2—拉杆；3—销钉；4—电磁铁座；5—线圈；6—动铁心；7—罩盖；8—顶杆；9—制动臂；10—顶杆螺栓；11—转臂；12—球面头；13—连接螺钉；14—闸瓦块；15—制动带

3. 减速器

对于有齿轮曳引机的电梯，在曳引电动机转轴和曳引轮转轴之间安装减速器（箱）（如图 5-61 所示）。目的是将电动机轴输出的较高转速降低到曳引轮所需的较低转速，同时得到较大的曳引转矩，以适应电梯的运行要求。传动方式主要是蜗轮蜗杆传动。蜗轮蜗杆传动示意图如图 5 - 62 所示。

图 5 - 61 减速器

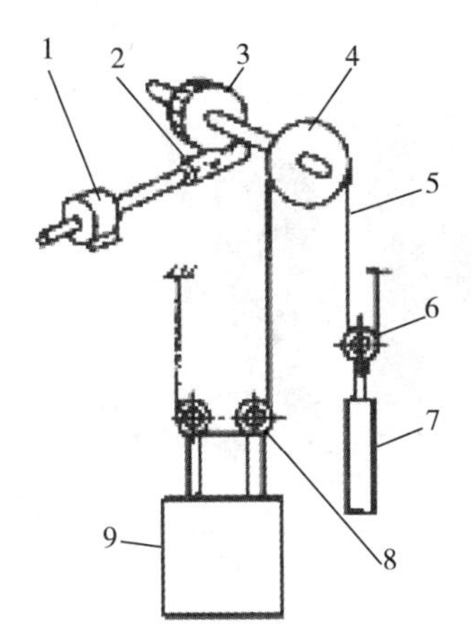

5 - 62 蜗轮蜗杆传动示意图

1—曳引电动机;2—蜗杆;3—蜗轮;4—曳引绳轮;
5—曳引钢丝绳;6—对重轮;7—对重装置;8—轿顶轮;9—轿厢

蜗轮蜗杆传动的特点:传动比大(可达 18～120),噪声小,传动平稳,结构紧凑,体积较小,安全可靠;而且当由蜗轮传动蜗杆时,反效率低,有一定的自锁能力,可以增加电梯制动力矩安全系数,增加电梯停车时的安全性。

4. 导向轮和反绳轮

导向轮:将曳引钢丝绳引向对重或轿厢的钢丝绳轮,安装在曳引机架或承重梁上。导向轮的作用是分开轿厢和对重的间距,采用复绕型时还可增加曳引能力。

反绳轮:设置在轿厢顶部和对重顶部位置的动滑轮以及设置在机房里的定滑轮。其作用是:根据需要将曳引钢丝绳绕过反绳轮,用以构成不同的曳引绳传动比。根据传动比的不同,反绳轮的数量可以是一个、两个或多个。

5. 导轨和导靴

导轨和导靴是电梯轿厢和对重的导向部分。导轨种类有 T 型、L 型(低速)、槽型等。导轨长度一般为 3～5m,不允许采用焊接和螺栓直接连接,须用专门的连接板连接。电梯导轨如图 5 - 63 所示。

图 5 - 63 电梯导轨

固定式滑动导靴常用于低速载货电梯中,电梯运行速度小于 0.63m/s。导靴与导轨之间存在一定的间隙,随着运行时间延长,间隙会越来越大,电梯运行中会出现晃动。保养时常常需要用黄油润滑导轨。滑动导靴常用的弹性导靴的靴头只能在弹簧的压缩方向上做轴向移动。靴头是浮动的。弹性滑动导靴的弹簧压缩值是可调的。导靴如图 5－64 所示。

图 5－64 导靴

6. 限速器和安全钳

限速器与安全钳在电梯中成对出现和使用，是电梯中最重要的一道安全保护装置。作用是在电梯超载、打滑、断绳、失控时，电梯轿厢将超速向下坠落，限速器和安全钳就会将轿厢紧紧地卡在导轨之间。电梯一般只在轿厢侧设置限速器与安全钳。

限速器和安全钳由限速器、限速钢丝绳、安全钳、底坑张紧装置等组成。

限速器：安装在电梯机房的地面上。

安全钳：安装在轿厢两侧，贴近电梯导轨，它的联动装置设在轿顶。

张紧装置：位于井道底坑内，固定在轿厢导轨背面，作用是张紧限速器钢丝绳。该绳两端分别绕过限速器轮和底坑张紧轮，两个接头固定在轿厢侧面。

限速器与安全钳如图 5－65 所示。

图 5－65 限速器和安全钳

7. 轿厢

轿厢架的作用是固定和悬吊轿厢的框架，它是轿厢的主要承载构件。

轿厢由轿厢底、轿厢壁、轿厢顶、轿厢门、上梁、立梁、下梁、拉条等组成。

轿顶强度应能支撑两个维修人员的重量。为了维修方便，轿顶还设有轿顶检修盒，包含一系列开关。

轿门一般是封闭门，可以为中分、双折中分、双折单方向旁开门。

轿厢的结构如图 5－66 所示。

8. 平层装置

为保证电梯轿厢在各层停靠时准确平层，通常在轿顶与井道相应位置设置平层装置。

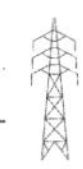

轿厢顶部装有 2 个或 3 个干簧管式感应器(2 个的分别为上、下平层感应器,3 个的中间还多加一个开门区感应器),遮磁板装在井道导轨支架上。平层感应器如图 5－67 所示。

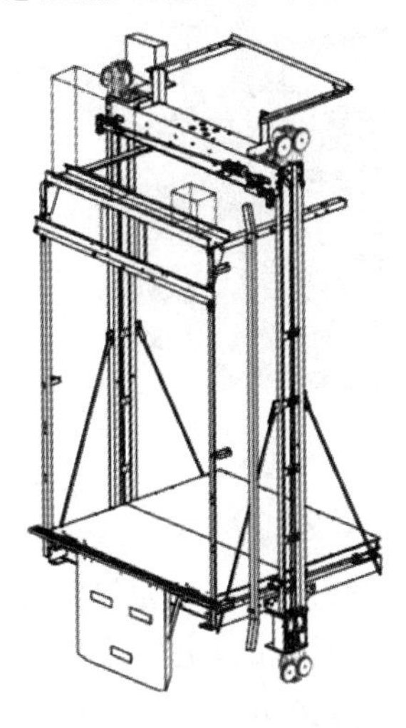

图 5－66　轿厢的结构

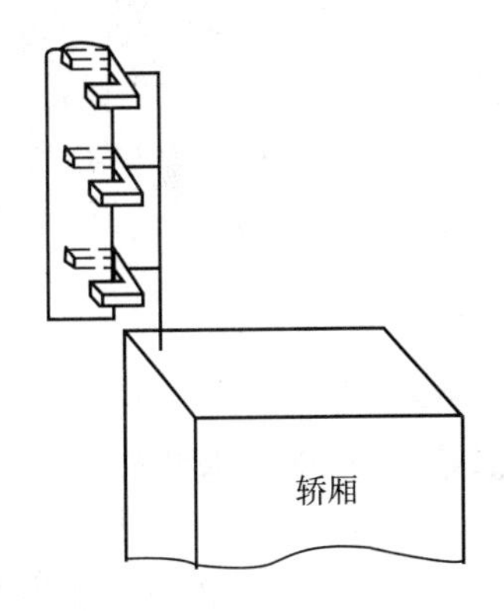

图 5－67　平层感应器

9. 对重

对重接在钢丝绳的另外一侧,与轿厢起平衡作用,对重如图 5－68 所示。

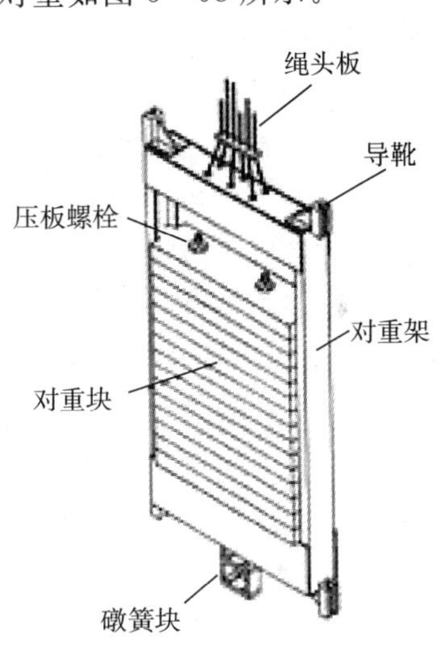

图 5－68　对重

10. 层门

层门是电梯在各楼层的停靠站,也是供乘客或货物进出电梯轿厢通向各层大厅的出口,由门框、门板、门头架、吊门滚轮、层门地坎、门联锁等组成。门机传动如图 5－69 所示。

11. 防止冲顶或冲底的开关

减速开关(强迫减速开关):安装在电梯井道内顶层和底层附近,为第一道防线。

限位开关(端站限位开关):电梯同样有上、下限位开关各一个,安装在上下减速开关的后面。上限位开关动作后,如下面层楼有召唤,电梯能下行;下限位开关动作后,如上面层楼

图 5-69 门机传动

召唤，电梯也能上行。

极限开关（终端极限开关）：是电梯安全保护装置中最后一道电气安全保护装置，有机械式和电气式两种。机械式常用于慢速载货电梯，是非自动复位的；电气式常用于载客电梯中（该开关动作后电梯不能再启动，排除故障后在电梯机房将此开关短路，慢车离开此位置之后才能使电梯恢复运行）。

12. 电梯层楼显示器

电梯层楼显示器安装在电梯层门上方或门框侧面，与外呼按钮一起。

二、电梯的电气控制

这里以默纳克电梯为例介绍电梯的电气控制。

异步曳引机型主驱动回路如图 5-70 所示，同步曳引机型主驱动回路如图 5-71 所示。电源经过空气开关送达相序继电器，经过接触器 KMC 的触点后送入变频器，进一体机控制后输出主回路接触器 KMY 的主触点，经过 KMY 控制后送给异步曳引机。

旋转编码器用于电梯速度的监测，从而实现闭环控制。电梯控制系统通过旋转编码器检测转速，并计算获得轿厢直线运动数据。电梯还通过旋转编码器测速并配合抱闸装置来实现上行超速保护。增量型旋转编码器一般有 4 根线，绝对型旋转编码器有 12 根线。

能耗电路由制动电阻和制动单元组成，可以把电梯再生的电能转换为热能消耗掉。

安全回路主板反馈点 XCM、X25、X26、X27，用来检测安全回路、门锁回路的通断，通则主板指示灯亮，不通则指示灯不亮。

电源控制回路中直流 110V 供给电压抱闸线圈用，交流 110V 供给安全回路、门锁回路用，交流 220V 供给开关电源、照明、光幕控制器、变频门机控制器用。直流 24V 供给电梯微机主控制、楼层显示用，交流 36V 供给应急电源用。

电梯各部分电路如图 5-72 至图 5-80 所示。在图 5-72 中有输入信号、输出信号。在图 5-73 中有各种电源信号，有 220V、110V、24V 的电源。在图 5-74 中有各种安全信号串联，有各种安全开关串联。在图 5-75 中有电梯的各种保护装置。在图 5-76 中有在三个地方都可以操作的检修电路。在图 5-77 中有电梯呼梯信号与楼层显示信号。图 5-78 是门机回路。图 5-79 是抱闸回路，有抱闸线圈放电和记抱闸次数功能。图 5-80 是电梯各种照明的照明回路。

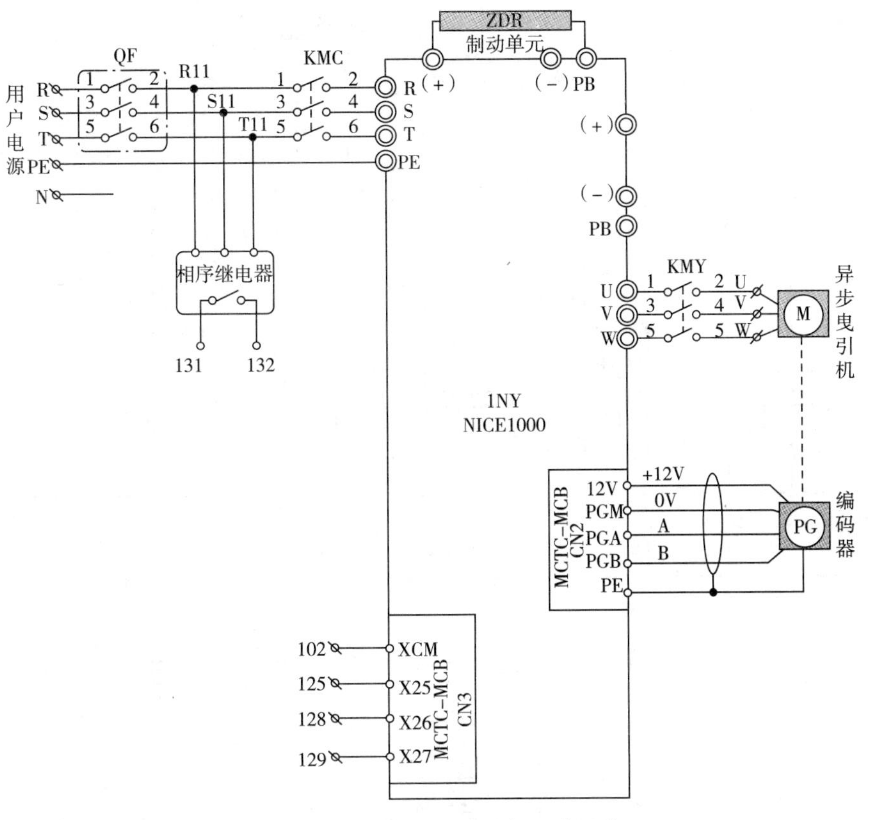

图 5－70　异步曳引机型主驱动回路

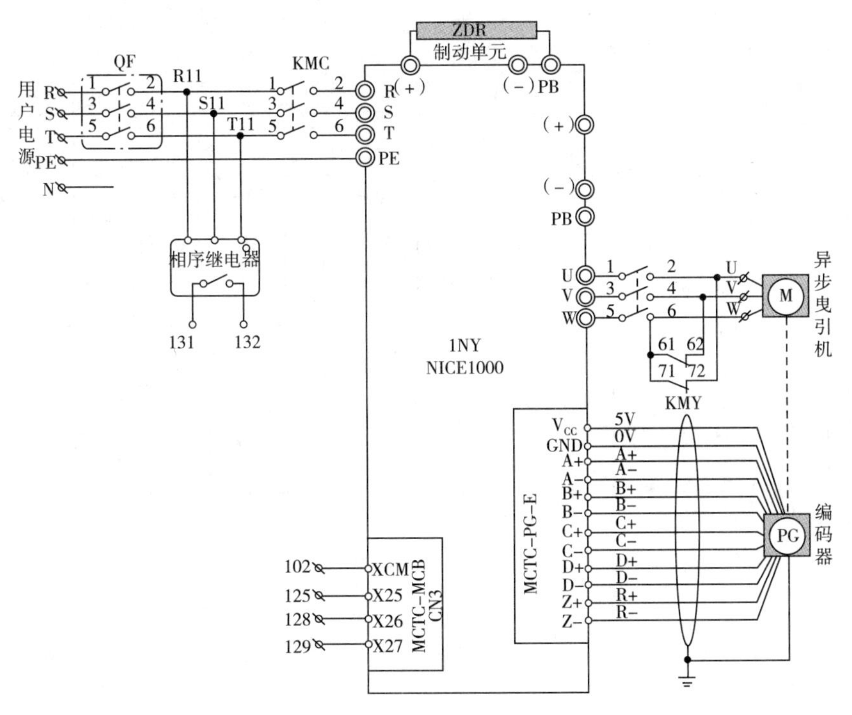

图 5－71　同步曳引机型主驱动回路

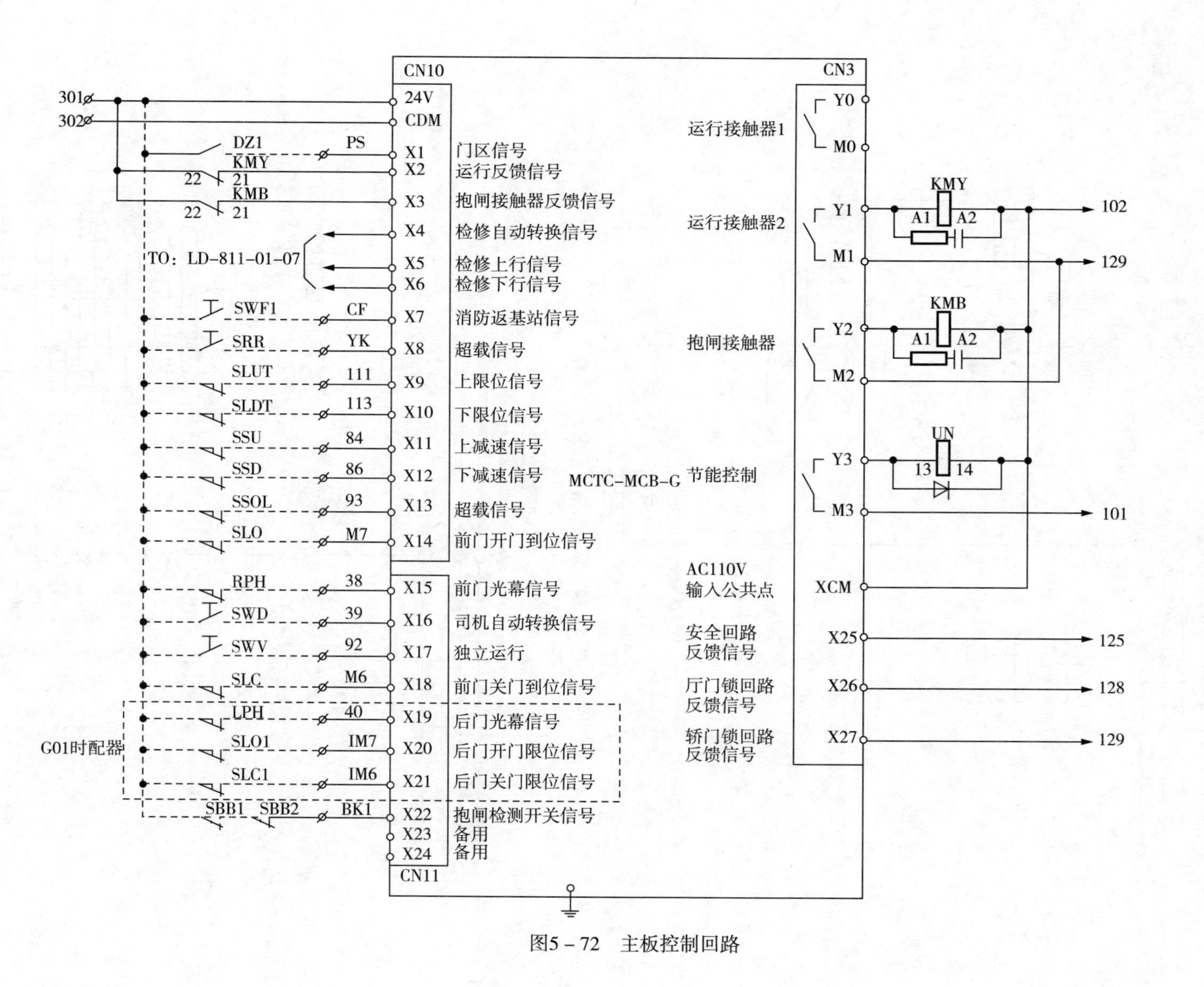

CN10
24V
CDM
X1 门区信号
X2 运行反馈信号
X3 抱闸接触器反馈信号
X4 检修自动转换信号
X5 检修上行信号
X6 检修下行信号
X7 消防返基站信号
X8 超载信号
X9 上限位信号
X10 下限位信号
X11 上减速信号
X12 下减速信号
X13 超载信号
X14 前门开门到位信号
X15 前门光幕信号
X16 司机自动转换信号
X17 独立运行
X18 前门关门到位信号
X19 后门光幕信号
X20 后门开门限位信号
X21 后门关门限位信号
X22 抱闸检测开关信号
X23 备用
X24 备用
CN11
301
302
DZ1
KMY
KMB
21
22
PS
TO: LD-811-01-07
SWF1
SRR
SLUT
SLDT
SSU
SSD
SSOL
SLO
RPH
SWD
SWV
SLC
LPH
SLO1
SLC1
SBB1
SBB2
CF
YK
111
113
84
86
93
M7
38
39
92
M6
40
IM7
IM6
BK1
G01时配器
MCTC-MCB-G
CN3
Y0
M0
运行接触器1
Y1
M1
运行接触器2
Y2
M2
抱闸接触器
Y3
M3
节能控制
XCM
AC110V
输入公共点
X25
安全回路
反馈信号
X26
厅门锁回路
反馈信号
X27
轿门锁回路
反馈信号
KMY
A1
A2
KMB
UN
13
14
102
129
101
125
128
129

图5－72　主板控制回路

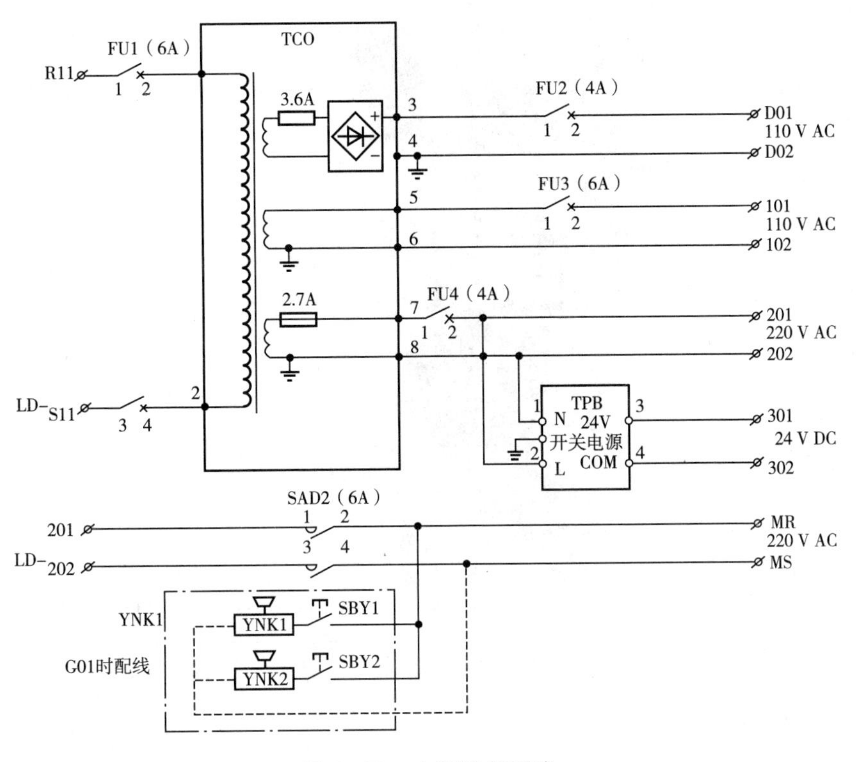

图 5-73　电源控制回路

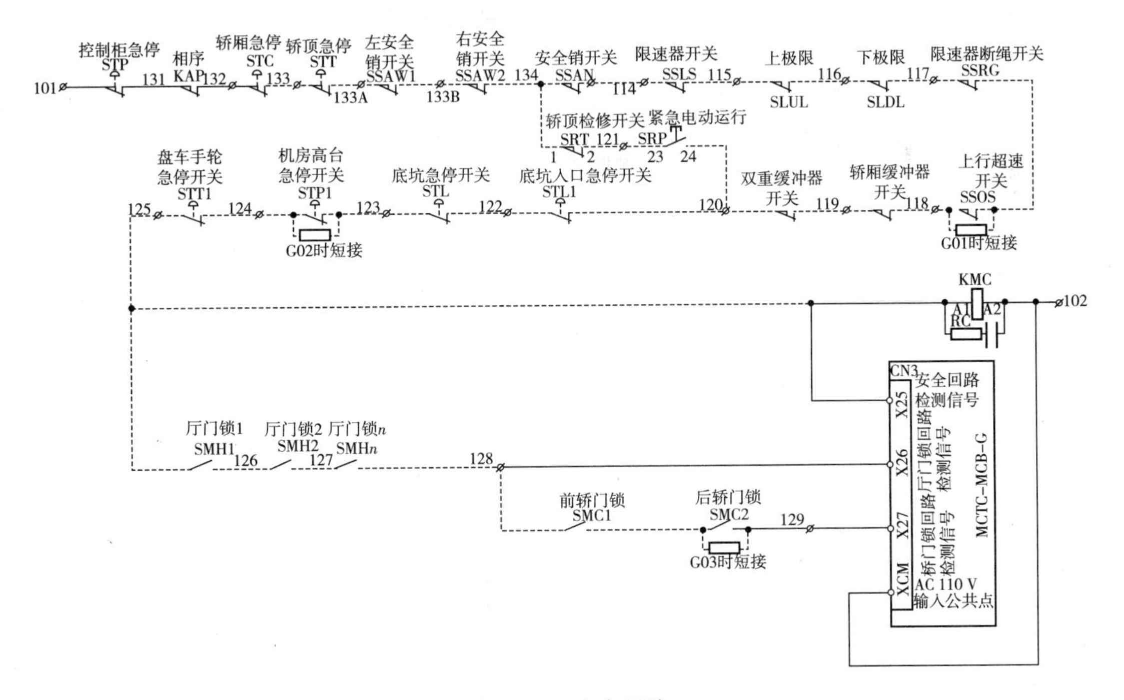

图 5-74　安全回路

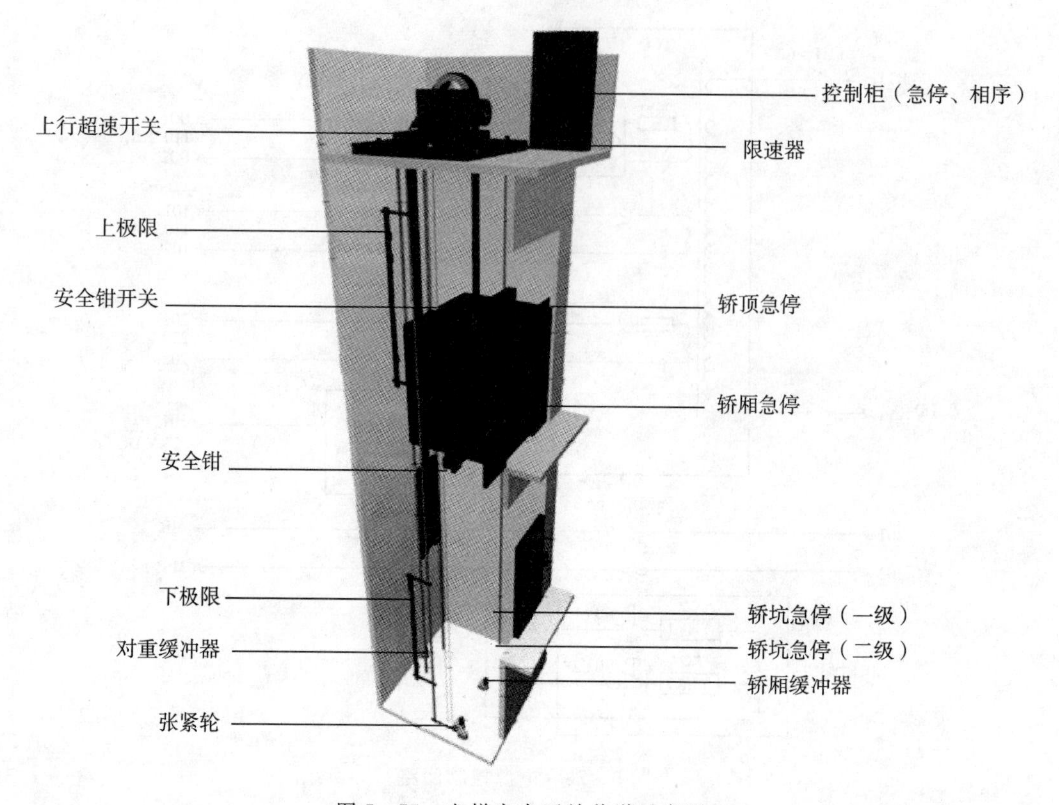

图 5-75　电梯安全开关井道示意图

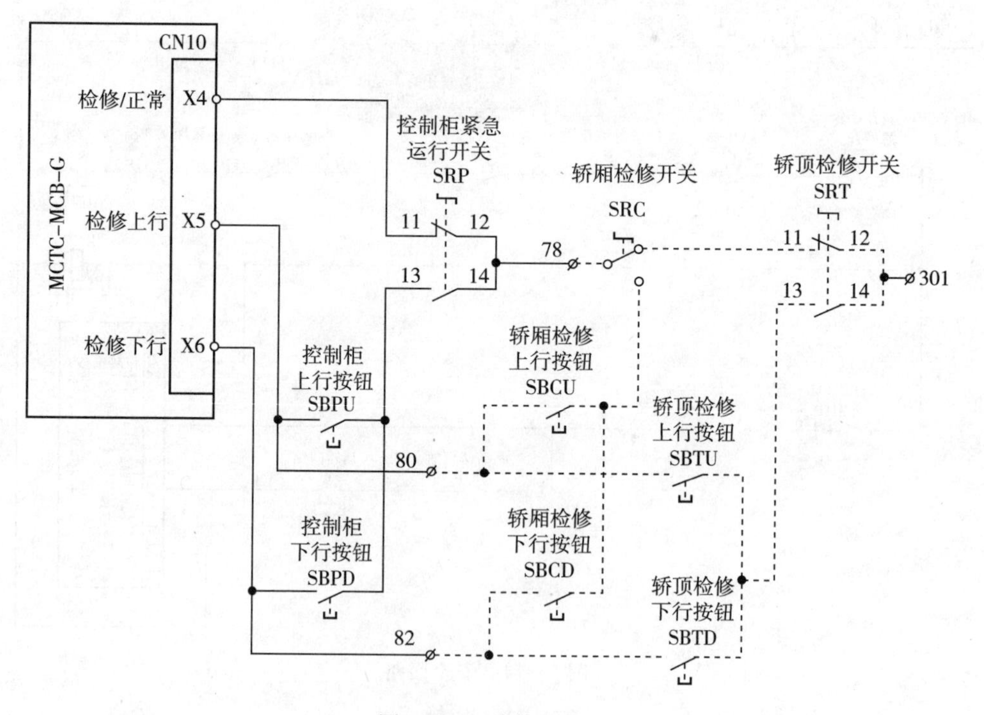

图 5-76　检修回路

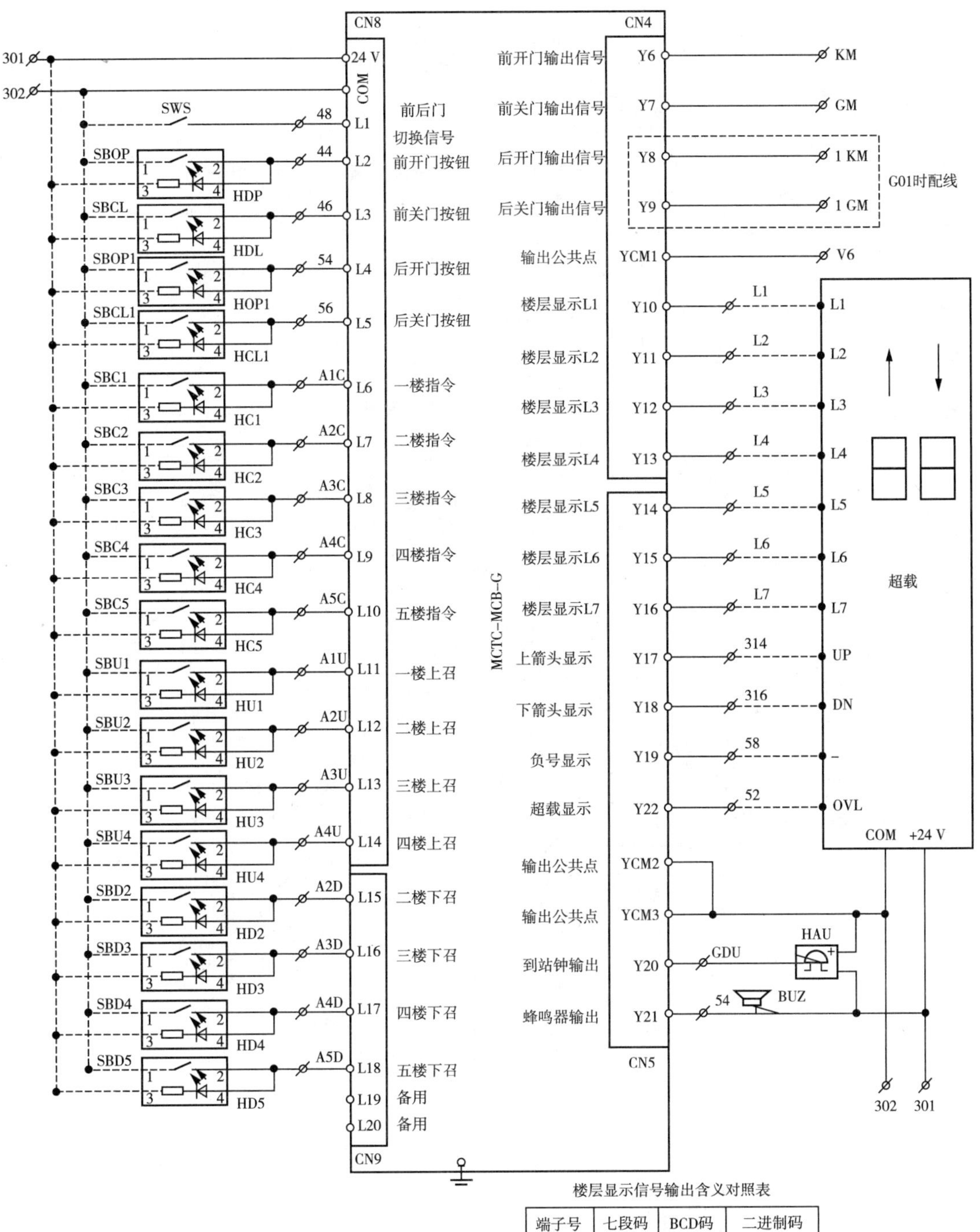

楼层显示信号输出含义对照表

端子号	七段码	BCD码	二进制码
L1	a	低位B0	低位B0
L2	b	B1	B1
L3	c	B2	B2
L4	d	B3	B3
L5	e	B4	B4
L6	f	滚屏显示	滚屏显示
L7	g		

图 5-77　电梯呼梯与楼层显示系统图

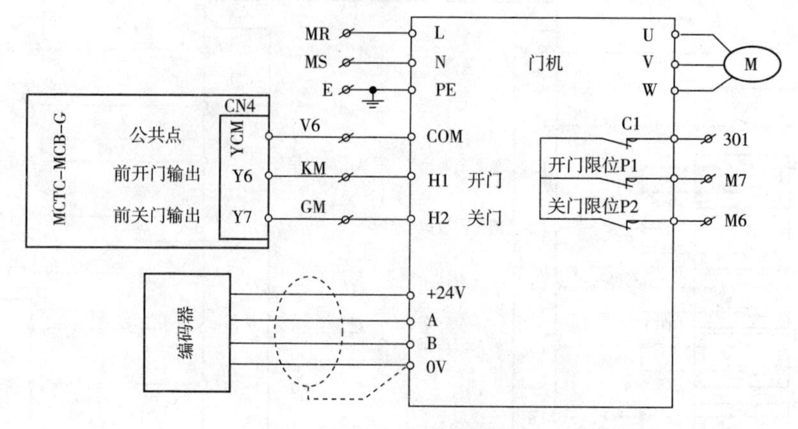

图 5-78 电梯门机接线图

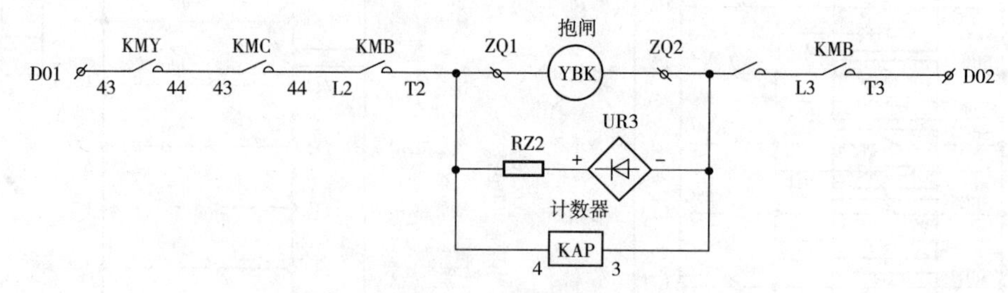

图 5-79 电梯抱闸回路

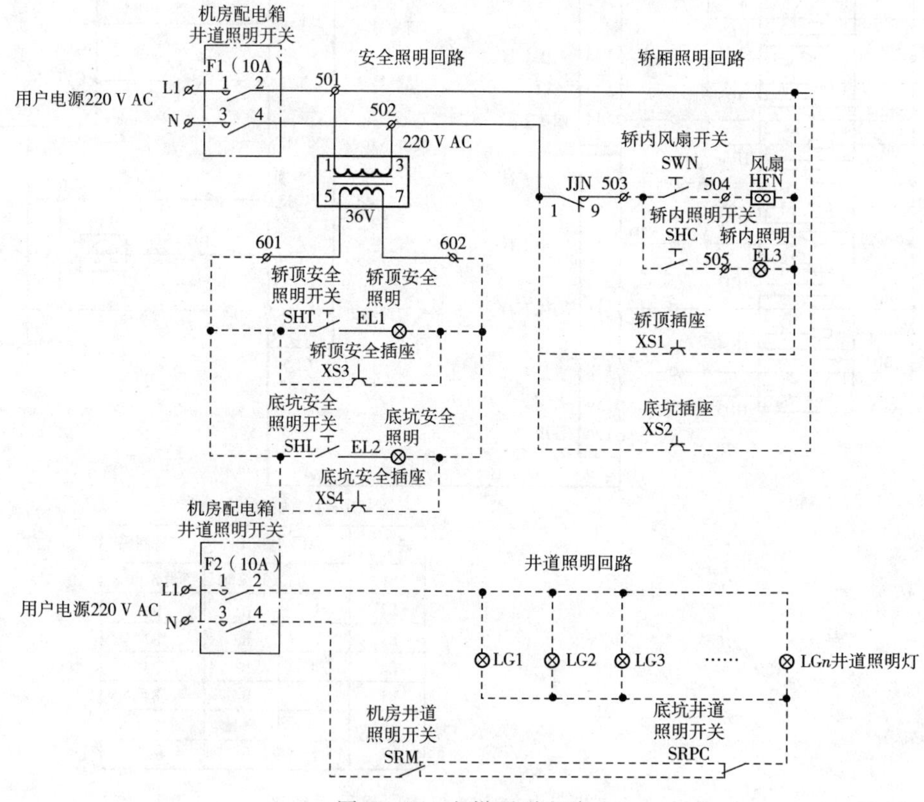

图 5-80 电梯照明电路

思考题与习题

1. 电梯控制中需要哪几个电压等级的电源？
2. 安全回路中有多少个开关串联？

任务七 空调电气控制

【学习目的】

掌握空调的电气控制与故障分析。

任务导入

空调在日常生活中广泛使用，在使用中也经常会出现一些故障。电气故障的分析是电气工程人员的必备技术。

相关知识

一、空调的工作原理

空调的工作原理如图 5-81 所示。

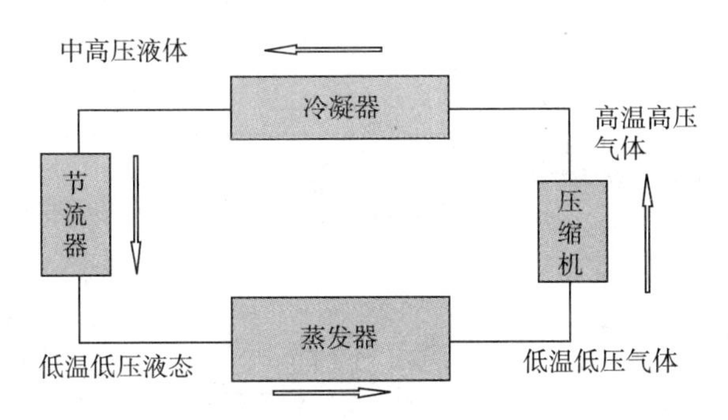

图 5-81 空调的工作原理

压缩机：压缩机吸入低温低压气态制冷剂，排出高温高压气态制冷剂。

冷凝器：高温高压气态制冷剂经冷凝器放热后成为高压液态制冷剂。

节流器：高压液态制冷剂经节流器节流降压后成为低压制冷剂。

蒸发器：低压制冷剂在蒸发器内，在低温低压下蒸发气化吸收热量，逐步蒸发气化达到饱和，成为低温低压气态制冷剂。

空调工作的具体系统流程如图 5-82 所示。一拖一分体式空调管路系统如图 5-83 所示。制冷循环如图 5-84 所示，制热循环如图 5-85 所示。

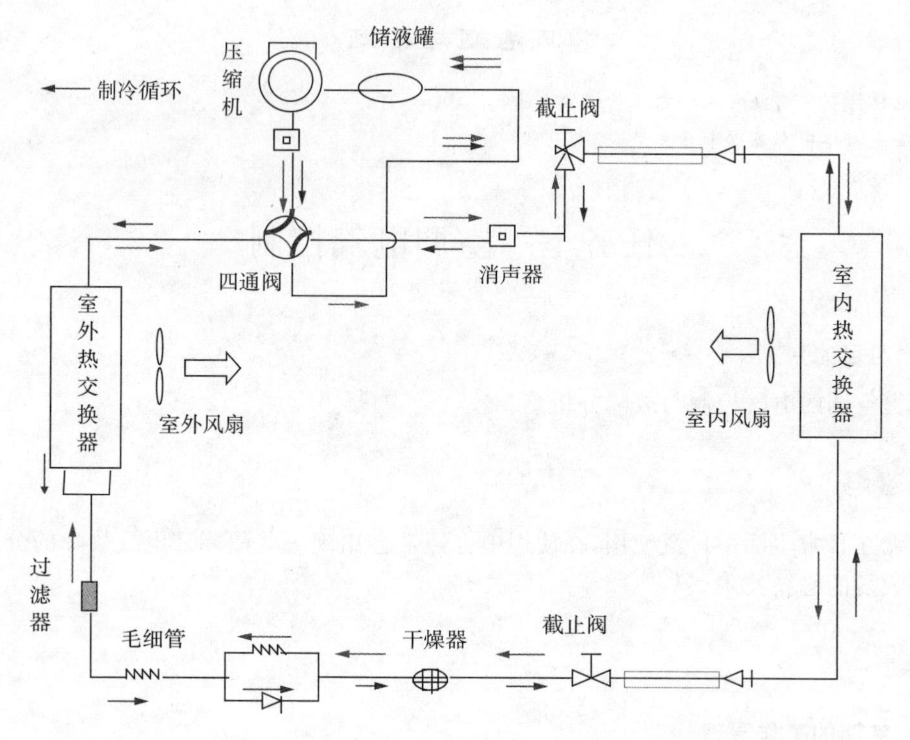

图 5-82　空调工作的系统流程

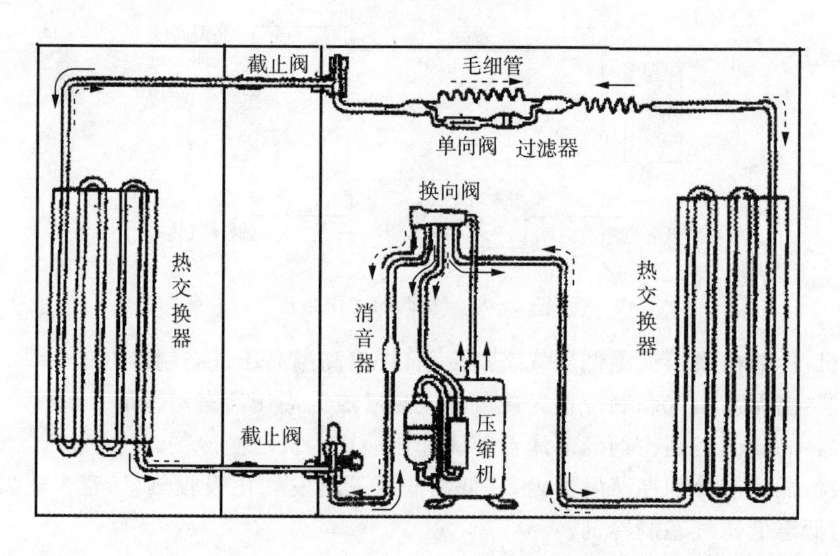

图 5-83　一拖一分体式空调管路系统

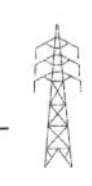

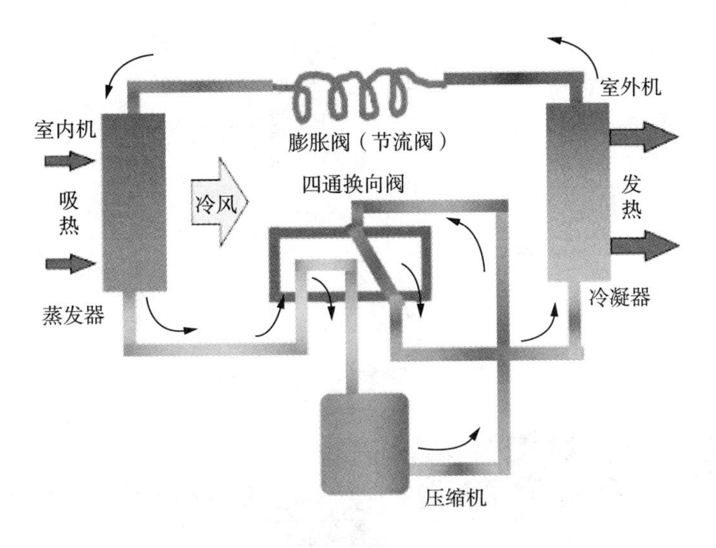

图 5-84　制冷循环

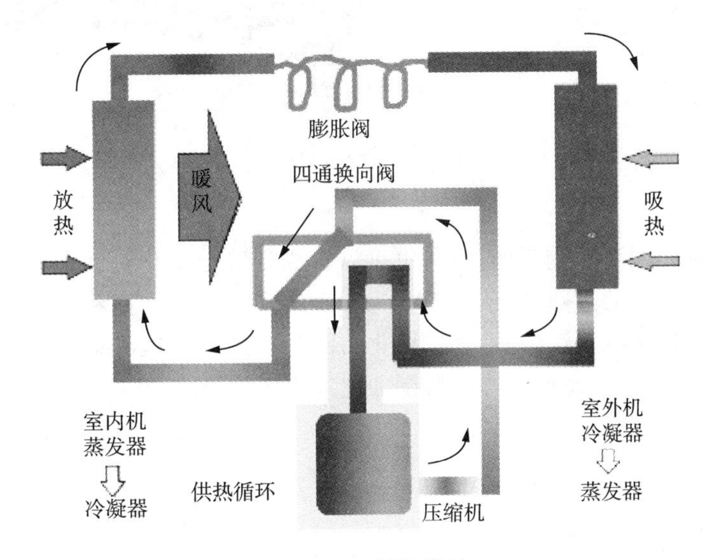

图 5-85　制热循环

二、各部分分析

1. 蒸发器

蒸发器主要由花紫铜管和薄铝散热片构成。制冷剂在蒸发器内气化的作用过程:冷凝器中凝结的高压液体经毛细管节流减压后变为低压制冷剂,进入蒸发器膨胀、沸腾、蒸发,成为低压气态制冷剂。室内的温度较高,空气流过蒸发器时冷媒蒸发带走空气中的热量,空气温度降低成为冷空气。空气被冷却时,空气中会产生凝水,并通过排水器被排走。蒸发器工作示意图如图 5-86 所示,结构如图 5-87 所示。

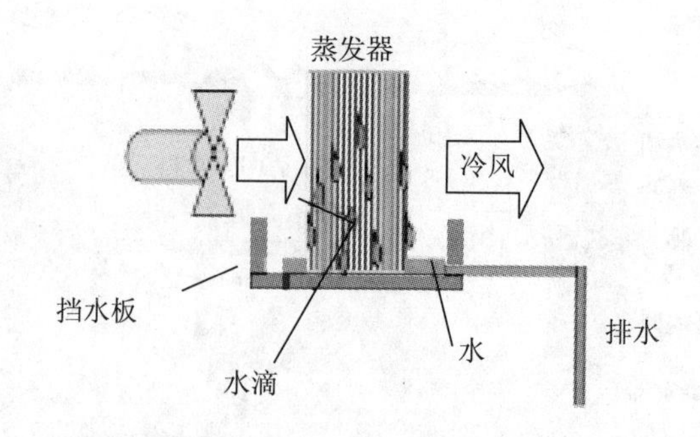

图 5-86　蒸发器工作示意图

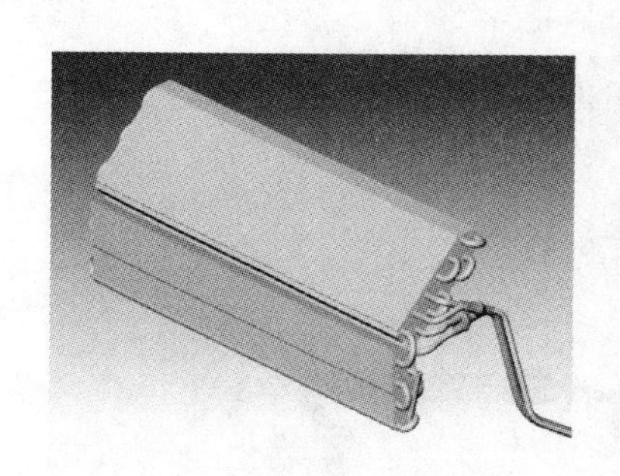

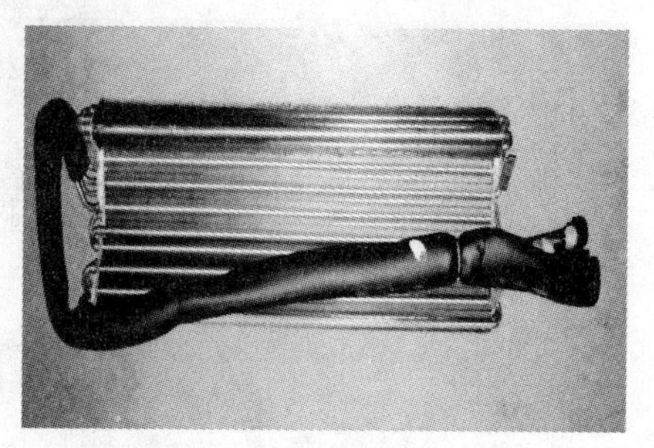

图 5-87　蒸发器结构

2. 冷凝器

冷凝器内的制冷剂发生变化的过程，也可以看成是等温变化过程。空气带走了压缩机送来的高温制冷剂气体的过热部分，让其成为干燥饱和蒸气。在饱和温度不变的情况下进行液化。空气温度低于冷凝温度时，将已液化的制冷剂进一步地冷却到与周围空气相同的温度，起到冷却的作用。气态的冷媒向周围的空气或水放热，气态冷媒液化为液体。冷凝器工作示意图如图 5-88 所示，结构如图 5-89 所示。

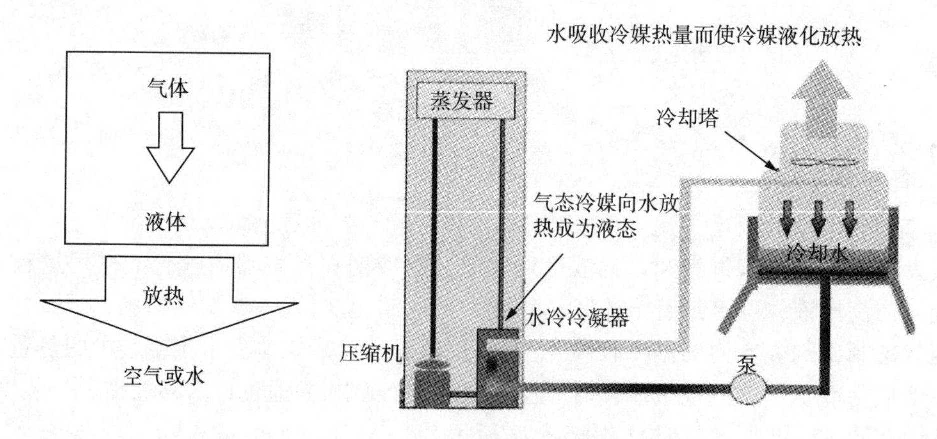

图 5-88　冷凝器工作示意图

3. 电磁换向阀(四通阀)

电磁换向阀(四通阀)由先导阀、主阀、电磁线圈三部分组成，如图 5-90 所示。

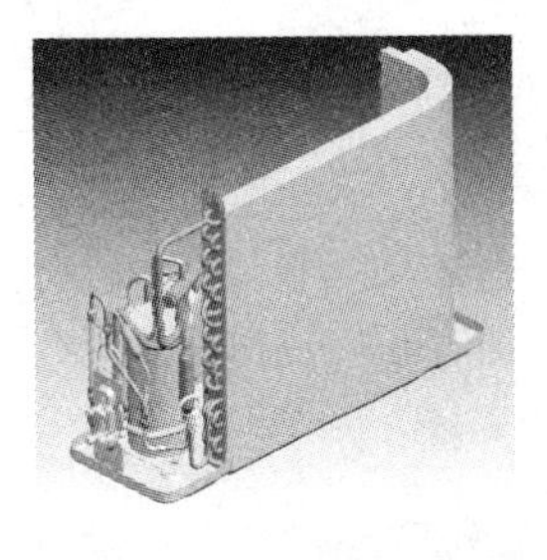

图 5－89　冷凝器结构

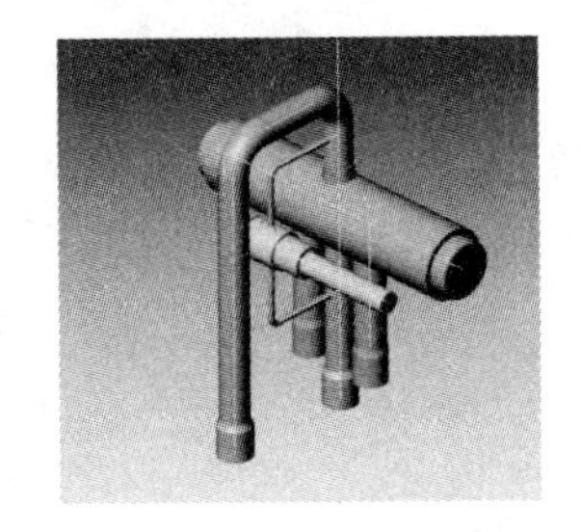

图 5－90　电磁换向阀

4. 毛细管

(1)工作原理:空调毛细管起节流、降压作用,这种压力现象称为节流。制冷系统中,冷凝器和蒸发器之间装有毛细管,从冷凝器流出的制冷剂经毛细管限制了制冷剂进入蒸发器的数量,使冷凝器中保持较稳定的压力,毛细管的压力差也保持稳定,这样使蒸发器的制冷剂降低压力,进行充分的吸热,以达到降温制冷的目的。

(2)毛细管部件(节流减压器):经过热交换器(冷凝器)冷却液化的制冷剂因通过极细的管道而减压,从高压状态变为低压状态,为在进入蒸发器时气化提供了可能。节流减压器工作示意图如图 5－91 所示。节流减压器如图 5－92 所示。

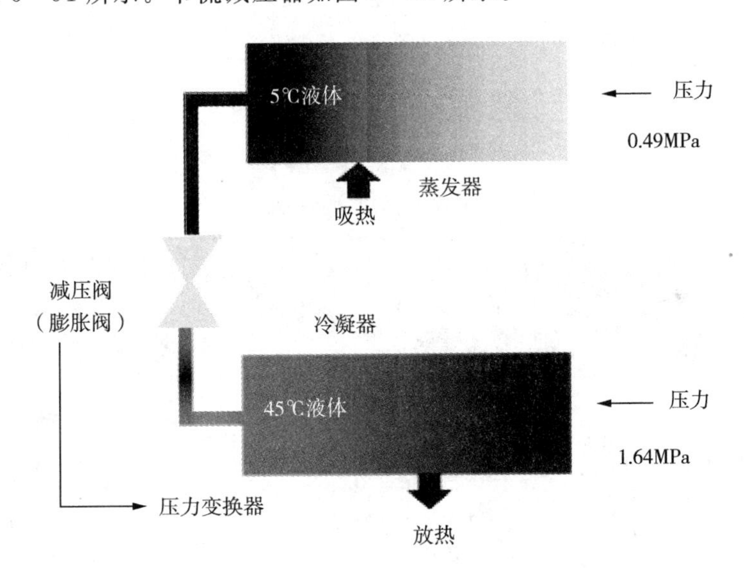

图 5－91　节流减压器工作示意图

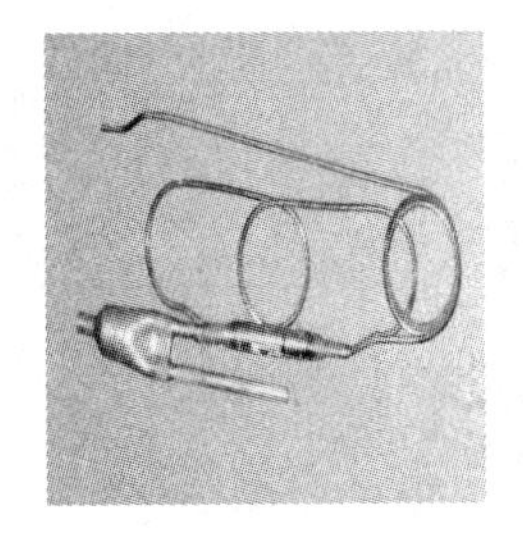

图 5－92　节流减压器

三、电气部分

新分体 R22 控制器如图 5－93 所示，2P、3P 控制器结构如图 5－94 所示。

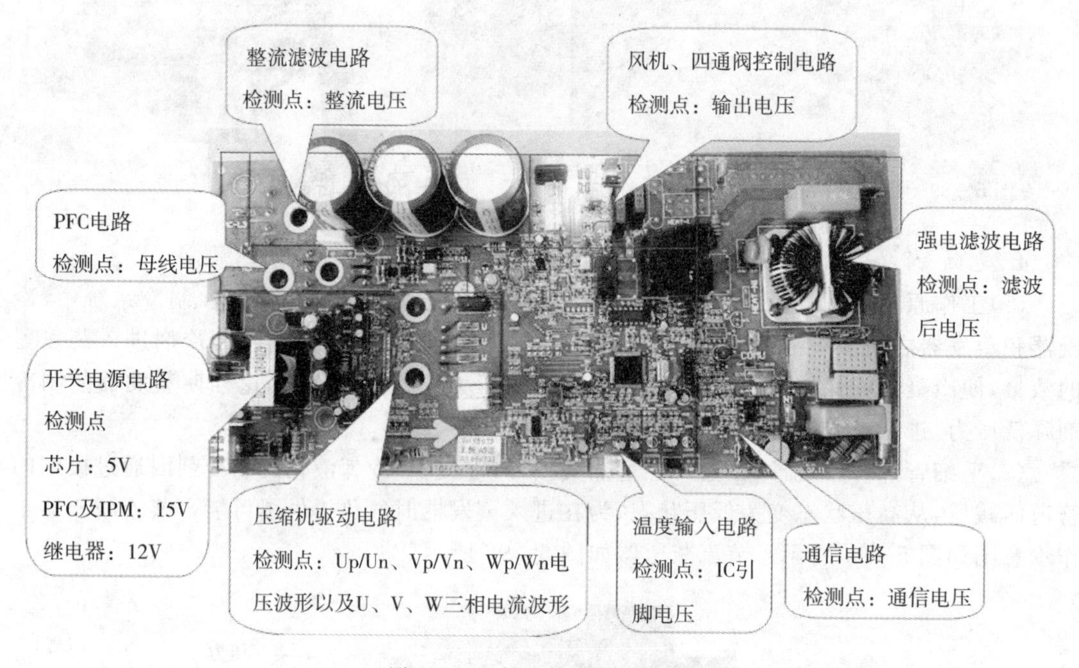

图 5－93　新分体 R22 控制器

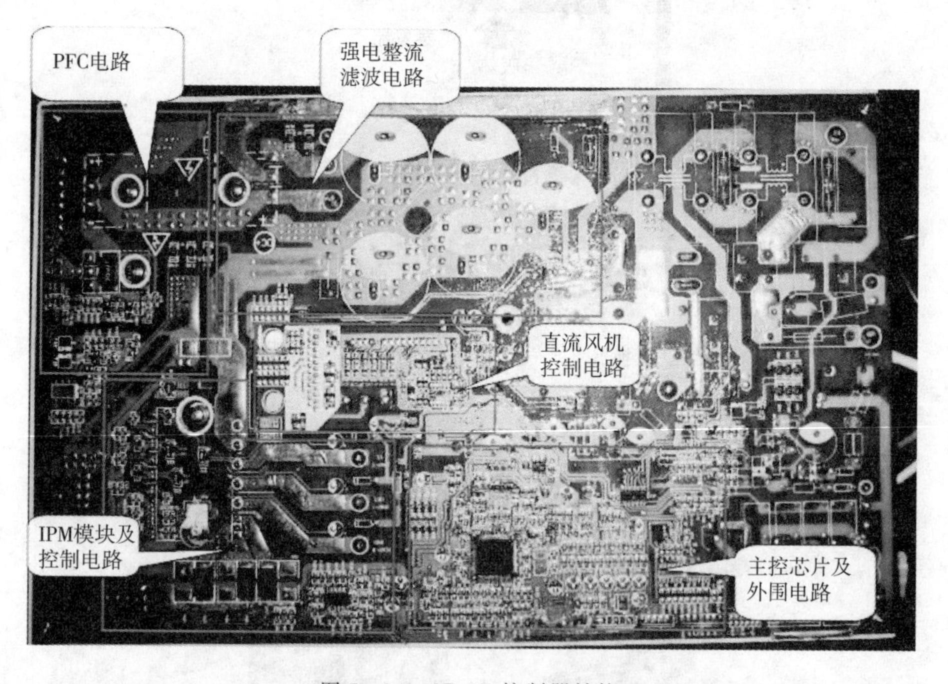

图 5－94　2P、3P 控制器结构

（1）强电滤波电路：位于外机控制板前端，由保险管、压敏电阻、放电管、安规电容、共模差模电感、氧化膜电阻等组成，用于工频交流电源滤波，有 PTC 电阻限流保护，并有浪涌吸

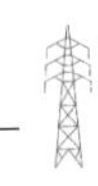

收电路滤除高电压的干扰。

(2)整流滤波电路：由大功率整流桥及高电压大容量电解电容组成，将工频交流电源整流滤波成直流电源，用于后续电路供电。

(3)PFC 电路：由大电感、大功率 IGBT 及其控制保护电路组成，用于提高整机的功率因数，减少对电网的谐波干扰并具有升压作用。

(4)IPM 逆变电路：由 IPM 模块及其控制、保护、检测电路构成，在 DSP 的控制下，通过 IPM 模块，将整流升压后的直流电压转化为可控的三相交流电源输送至压缩机的永磁同步电动机，从而达到调节压缩机转速的目的。

(5)开关电源电路：利用开关电源芯片周期性控制内部开关器件的通断来调整输出所需的稳定的低压电压源，以提供后端各种芯片及继电器、感温包等的工作电压。

(6)温度检测电路：利用各类感温包采集相应温度，以便 DSP 根据具体环境做出相应的运算控制，以及在检测到出现异常情况时及时输出保护信号。

(7)通信电路：由室内外通信发送、接收电路及室内外连接线构成，用于内机和外机之间的通信，将内机检测温度与设置温度等信号传递至外机处理，并将外机处理结果及保护状况传递至内机显示。

(8)风机、四通阀控制电路：用于外风机及四通阀等部件的协调控制。

四、空调故障分析

1. E6 通信故障

通信故障是目前变频机售后服务中遇到最多的故障，与内机、外机以及室内外电源连接线相关，故障点难以判断，维修难度。

通信机制：首先内机向外机发送联络信号，经过室内外连接线传输给外机接收。如果外机接收到该信号后，外机的绿灯会闪(2P 以上采用倒扣电器盒的外机为 4 个故障指示灯全亮)，同时外机向内机发送通信。

通信故障(E6)判断涉及以下几个方面：内机有没有发送信号；外机有没有收到信号；外机有没有发送信号；内机有没有收到信号。

外机通信电路如图 5－95 所示。

通信故障首先需要检查内外机机型是否配套(具体内机搭配什么外机，在内机的包装箱上有明确说明)，然后检查是否存在室内外连接线接错、松脱、加长连接线不牢靠或氧化的情况，如两者均正常，可通过外机板指示灯显示情况来判断，如图 5－96 所示。

测试时要测试外机主芯片是否接收到室内机发送信号，具体测试点请参考相应的售后技术指南。如果电压值在 0～3.3V 之间，说明内机已经发送了信号，只是外机没有接收到，可以直接更换外机板；如果电压恒为高电平(3.3V 左右)或者恒为低电平(0V 左右)，则可以测量外机接线板上中间的通信线与零线(N1)之间的电压，电压在 0～20V 跳动说明内机有信号发送，外机没有接收到，属于外机故障，更换外机板；如果没有变动，则说明内机根本没有发送信号，更换内机控制器。

测试时要测试外机主芯片是否向室内机返回通信信号，具体测试点请参考相应的售后技术指南。如果电压恒为高电平(3.3V 左右)或者恒为低电平(0V 左右)，则说明是外机芯片或者通信电路的故障，直接更换外机控制器。

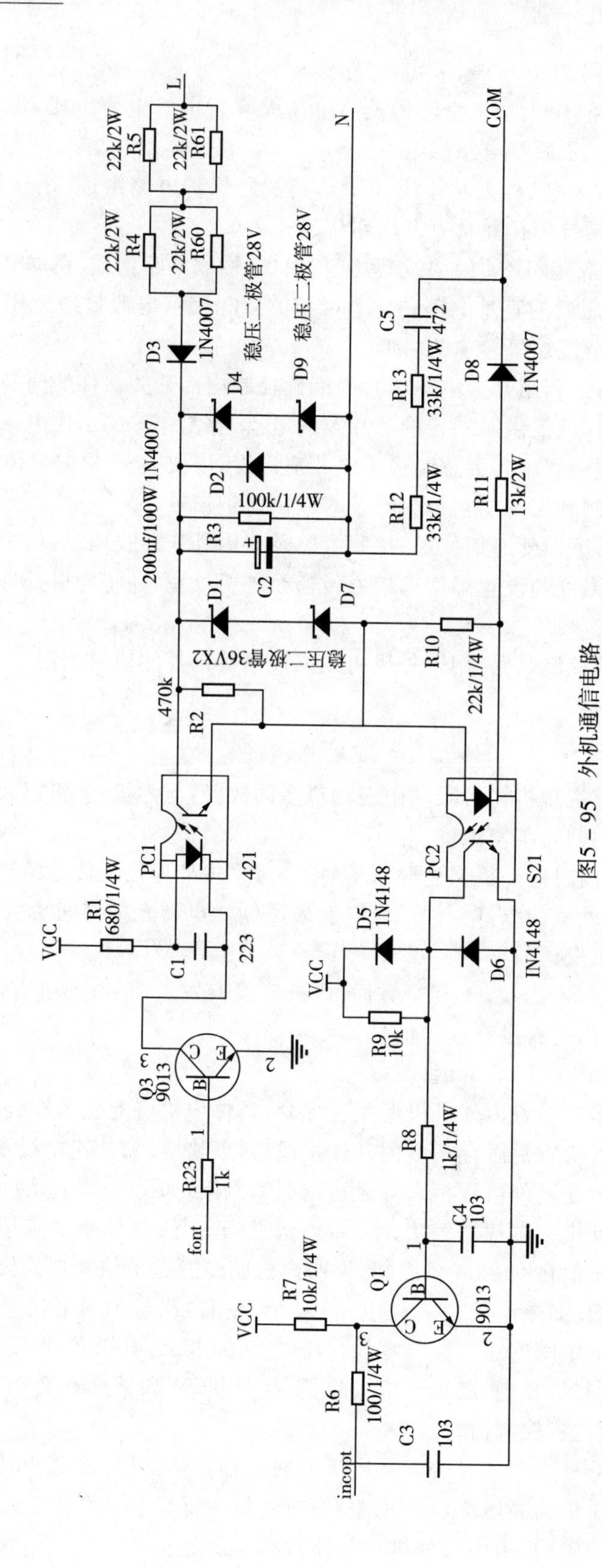

L
N
COM
R5 22k/2W
R61 22k/2W
R4 22k/2W
R60 22k/2W
D3 1N4007
D4 稳压二极管28V
D9 稳压二极管28V
D2 1N4007
R3 100k/1/4W
C2 200uf/100W
D1
D7
稳压二极管36VX2
R2 470k
PC1 421
R1 680/1/4W
VCC
C1 223
Q3 9013
R23 1k
font
C5 472
R13 33k/1/4W
R12 33k/1/4W
D8 1N4007
R11 13k/2W
R10 22k/1/4W
PC2 S21
D5 1N4148
D6 IN4148
R9 10k
R8 1k/1/4W
C4 103
Q1 9013
R7 10k/1/4W
R6 100/1/4W
C3 103
incopt

图5－95 外机通信电路

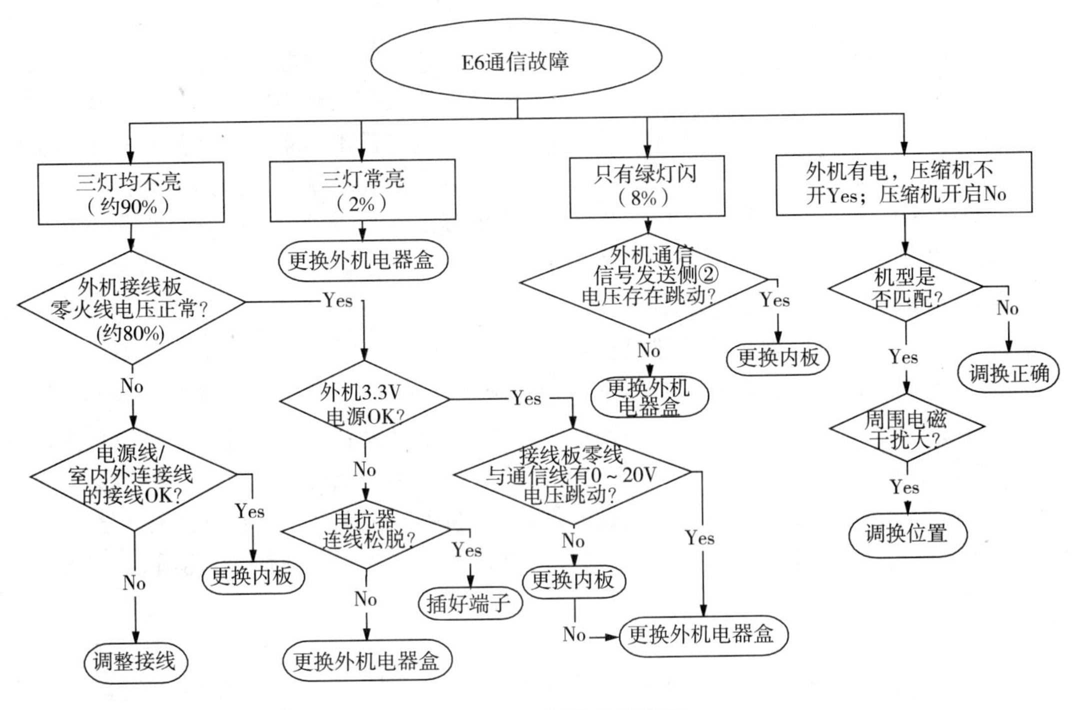

图 5-96　E6 通信故障判断

2. 出现 H5 模块保护的故障

直接原因是，在开机后若压缩机由于一些异常原因导致 IPM 模块出现过流或上下桥臂控制电压过低、IPM 模块温度过高(内部的根本原因)，则 IPM 会产生模块保护信号。过流是指变频模块输出给压缩机三相电流中任意一相的交流峰值超过保护限值；控制电压过低是指模块输入直流控制电压低于保护限值；IPM 模块温度过高是指模块内部传感器检测到的模块表面温度过高。

产生模块保护的原因：可能为外部环境、内部因素造成的，而内部因素又可能是主板、压缩机或管路系统。一般来说以下几种可能较为常见：压缩机线反接；外机控制器故障；外机控制器驱动信号受到干扰；压缩机故障，如存在杂质、卡缸、缺油、三端引线开路等；系统管路堵塞；高负荷下正常保护。首先排查用户电源电压是否过低、压缩机接线是否错误；然后观察外机冷凝器是否脏堵以及是否存在冷媒泄漏过多的情形；最后排查系统、压缩机的问题。

模块保护的判断处理：

(1)拔掉电源插头 3min 后重新上电，马上出现 H5 时：如果不是压缩机接线有误或者松脱，则应更换外机板。更换外机板后如果仍然立刻出现 H5，则应更换压缩机。

(2)运行一段时间后才出现 H5 保护时：如果运行环境恶劣(如冷凝器脏堵等)，则属于正常保护；不恶劣，则需要进一步检查压缩机线是否反接，模块螺钉是否打紧，是否存在压缩机故障或系统堵塞故障等。如果以上故障均不存在，则应更换外机控制器。

注意：H5 模块保护室内不一定立即显示代码[此种情况下如果多次重启均未恢复正常，可以连续按灯光键(有些机型按睡眠键)6 下调出]，但均有室外指示灯闪烁。

运行环境包括电源电压过低、周围环境过热或冷凝器脏堵等。

3. 漏电和短路故障

空调是Ⅰ类器具。Ⅰ类器具是指其电击防护不仅依靠基本绝缘而且包括一个附加安全防护措施的器具。其防护措施是将易触及的导电部件连接到设施固定布线中的接地保护导体上，这样做的好处是万一基本绝缘失效，易触及的导电部件不会带电。此防护措施包括电源线中的保护性导线。基本绝缘是施加于带电部件对电击提供基本防护的绝缘。

空调插上电源未开机就漏电：电源接线错误；电线端子脱落碰壳；空调内部接线端子绝缘击穿；电源火零线反接同时电器元件绝缘下降。

插上电源不漏电但开机后漏电：空调内部某电器元件漏电；环境是否过于潮湿导致系统绝缘强度减弱；没有电源地线或地线没接好(变频特有)。

空调运行后时而漏电时而不漏电：电器元件绝缘强度下降，处于临界状态。

泄漏电流保护：检测是否为电控零部件与地短路、绝缘是否良好或者周围环境过于潮湿造成绝缘强度不足；如不是，则应检查漏电开关是否规格不当或老化失效。

过流保护：检测是否发生短路产生过流。造成空调短路过流的主要原因有电器元件内部短路(90%)、电器元件绝缘破坏短路、内部电路接线错误等；如已排除上述因素，则检查空气开关是否规格不当或老化失效。

4. H6 室内风机堵转

室内风机是一种典型的带反馈控制的部件。堵转问题，在定频和变频空调器上均有发生。

开风机时，连续 1min 检测到电机转速过低，则为电机堵转保护。产生堵转的风机原因如下：

(1)电机安装不正确，端子接插不牢固；

(2)风口被堵导致风速过慢；

(3)风叶卡死；

(4)电机胶圈内滑动轴承处于偏心状态；

(5)风机电容损坏；

(6)主板输出给电机电压信号以及反馈信号异常；

(7)电机本体卡死、损坏(异味、绕组开路或短路等均为不正常，测绕组阻值时，注意区分电机壳体温度是否很高而导致的热保护器动作)。

测试 PG 电机时，可不带驱动板，接上风机电容后直接给电机的电源端通入交流电源测试是否能正常运转。外风机不转，而压缩机正常运行的情况下，一般运行一段时间后即会出现防高温保护。外风机不转的原因：

(1)风机电容损坏(交流)；

(2)电机本体卡死、损坏(异味、绕组开路或短路等均不正常，注意区分壳体高温导致的热保护器动作)；

(3)电机控制线路输出信号异常，继电器未吸合。

交流风机的测试方法：拔出风机的红、棕、黑色线(倒扣电器盒为 OFAN 端子线，对应有白、黑、蓝 3 根线)，然后用万用表的电阻挡测试三线两两之间的电阻，一般为几百欧，否则为开路，即可确定为风机线圈烧坏。也可取下电机，单独接上同规格的电容，棕、黑线间(倒扣电器盒为白、黑线间)通入交流电源进行测试，如图 5－97 所示。

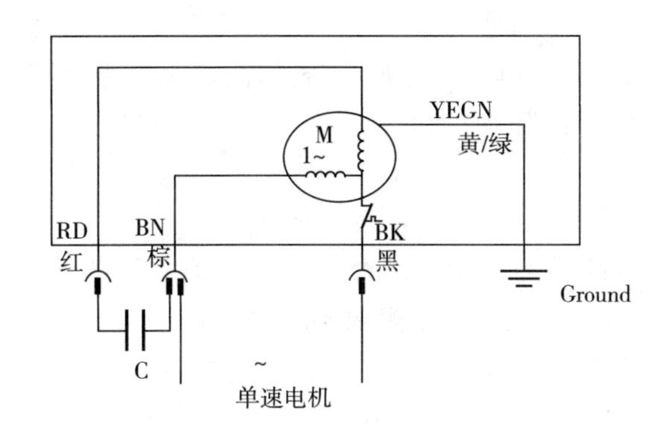

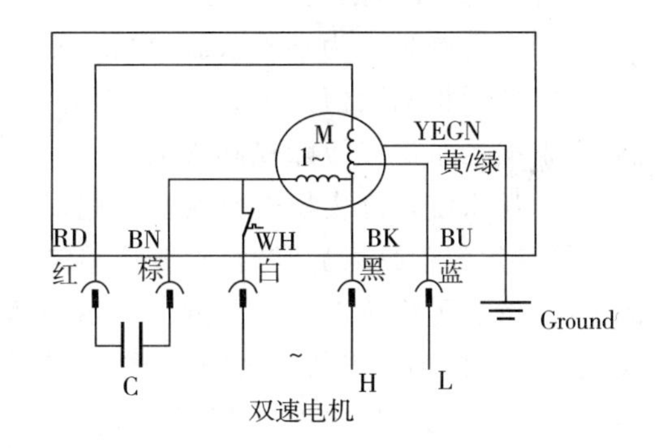

图 5－97　交流风机的测试方法

直流风机的测试方法：拔出风机接线插头，测试红、白、黄、蓝对黑（地线）的电阻，如果只有几千欧或阻值更小可以判定风机损坏，正常值为几十千欧或几百千欧。直流风机的测试方法如图 5－98 所示。

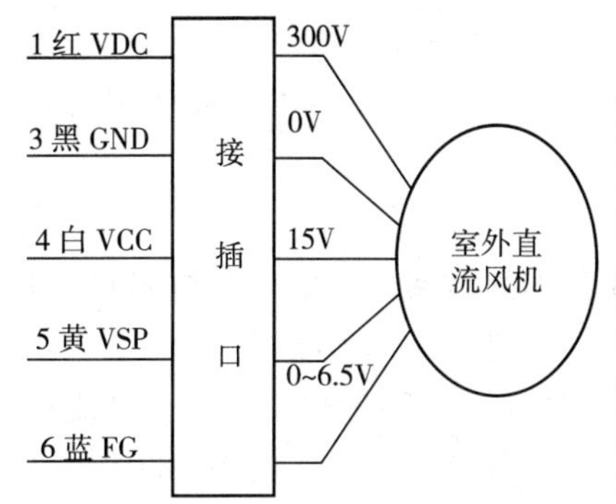

序号	线色	COLOR	PIN NO	电压范围	额定
1	红	RD	VDC	DC310V	DC310V
2	—	—	—	—	—
3	黑	BK	GND	—	—
4	白	WH	VCC	DC13.5~16.5V	DC15V
5	黄	YE	VSP	DC0~6.5V	
6	蓝	BU	FG	—	—

图 5－98　直流风机的测试方法

5. 能够制冷不能制热

这种情况一般是由以下故障之一造成的：

（1）外机控制器对四通阀（制热工作）没有输出。

（2）单向阀堵塞。

（3）四通阀线圈型号不对。

（4）电压过低导致四通阀不能正常吸合。

（5）室内环境感温包检测误差大或感温包电路故障，导致检测值与实际温度相差太大。

（6）由外机控制器四通阀继电器触点黏结所致（不该吸合时强制黏合），可以通过万用表测试继电器触点是否连通来判断。如常通，则需要更换继电器（目前只能更换电器盒）；如四通阀继电器正常，则检查四通阀体本身是否正常。

6. 感温包故障

感温包如端子松脱、短路、断路，均有代码显示。

室内感温包：室内环境感温包故障（F1）和室内管温感温包故障（F2）。

室外感温包：室外环境感温包故障（F3）、室外管温感温包故障（F4）和外排气感温包故障（F5）。

感温包故障时的处理方法：

(1)应检查是否为端子松脱、短路、断路；感温包检测电路器件是否虚焊、松脱或者破损。

(2)然后检测阻值是否异常[可能造成异常限频、保护停机、不能正常开机、制冷工况下制热(根据指示灯或故障代码查询)]。

(3)从系统角度去检查是否有问题，排查系统相关温度是否过高导致保护。

检查感温包是否异常时，首先应检测其常温阻值与正常值是否相符，是否存在阻值偏小的情况；然后可将感温头用手握住升温，看阻值是否变小，如果阻值不变或始终显示一个极大电阻值或极小电阻值或者阻值异常，说明感温包已损坏；同时应将各重要温度点下的阻值(至少两点：常温、热水中)与正常阻值表对应，看是否一致。如果以上问题皆不存在则为外机板检测电路等问题，可直接更换外板。

检查要点：H4(黄灯闪8次，过负荷保护停机)、U7(四通阀换向异常)极大可能为室内管温感温包故障引起。

7. 制冷或制热效果差

可能原因：系统冷媒有泄漏，蒸发器过滤网、冷凝器脏堵严重，毛细管堵塞，蒸发器堵塞，单向阀堵塞，内外机电机损坏，转速偏低，四通换向阀串气，压缩机串气或运转不正常，房间面积与机器大小不匹配，房间保温性能差，漏热严重，用户遥控器设置不正确或使用习惯不合理。

制冷或制热效果差维修方法：

(1)系统冷媒有泄漏：主要检测压缩机额定运转(P1)时的系统压力，或内机出风温度、整机电流值来判断是否有冷媒泄漏。如在室内27℃/室外35℃时，制冷P1的功率有570W，电流2.9A，大阀门压力有10.5kg；如室外温度再高一些，系统压力、功率、电流还会大一些，反之会变小。在内20℃/外7℃时，开制热P1，不开辅热，整机功率900W，电流4.3A，大阀门压力27.6kg；室外环境温度再高一些，整机功率、电流、压力也会变大些，反之变小。以上参数可以在整机的铭牌上或技术服务手册上查到。一般加注冷媒的多少也是根据这些参数而定。

(2)蒸发器过滤网、冷凝器脏堵严重：同定频机的检修方法，直接清洗即可。

(3)毛细管堵塞，蒸发器堵塞：若毛细管堵塞，在外机的小阀门侧会结霜，可以目测或手摸发现。系统冷媒泄露后小阀门也会结霜，区别这两种现象的最好方法是先检查冷媒是否泄漏，加注冷媒后可以区分。

蒸发器某路堵塞，会在蒸发器上看到有结霜，但是要区别的是在最小制冷工况下(内21℃外21℃)，蒸发器也有可能结霜，整机有防冻结保护，排除环境的原因，就可以判断是否是蒸发器问题。内外机电机损坏，转速偏低，如检查出有问题，考虑装配问题，内机可以通过先更换主板，再更换电机解决；外机可以先更换控制器，再更换外风机解决。

(4)四通换向阀串气：四通阀串气可以通过摸阀前阀后温度判定。

(5)压缩机串气或运转不正常：

①这种状况比较隐蔽，也较难排查，如能排除冷媒泄露等其他原因，可以测一下压缩机吸排气温度来判断压缩机是否有问题，如在P1频率下吸排气温度相差不大，基本可以判定是压缩机问题。房间面积与机器大小不匹配，房间保温性能差，漏热严重，用户遥控器设置不正确或使用习惯不合理等状况在售后最常见，如大房间装小机器，效果肯定不好。

②遥控器设定习惯也是原因之一，首先要了解客户平时是怎么用的，有些客户喜欢开低风挡，效果肯定差，因为在某些工况下，内机因为会防高温，防冷风保护，对低风挡进行限制压缩机频率上升。

③房间负荷与机型能力不匹配，房间负荷过大，可能造成机器一直在高频运转，电流一直较大，变化范围小。

④房间负荷与机型能力不匹配，如房间负荷过小，可能造成能力过剩、频繁停机。

⑤电压异常：应改善供电条件，使用稳压电源。

⑥冷凝器散热不佳、通风不良：应清除冷凝器灰尘，去除风口障碍物。

8. 噪音大

常见噪音类型有以下几种：

(1)电磁声(类似飞机升降的声音)

特点：目前投诉较多的主要是压缩机高频工作或者升降频时，外机发出的声音，严重时类似于飞机起落的声音。该声音很好判断，但也比较难处理。

处理方案：从压缩机运行的频率上优化。如果房间温度设定 16℃，那么外机基本上 P2 运行，这样会导致噪声偏高。处理的时候，结合用户的具体使用环境，如果用户房间保温、西晒等各个方面都较好，就通过调整程序把外机的最高运行频率限制在 P1 频率；如果客户要求严格，可以把最高频率限制在 P1 为 10Hz。对于制热工况，限制频率需要结合外界温度，在 5℃以下时，由于负荷低，可以跑高频。

(2)外机碰响或者压缩机不连续的“嗡嗡声”

特点：压缩机运行声音偏大，且声音不连续。

处理方案：看压缩机螺栓是否倾斜，导致压缩机同其他部位碰响。

(3)低频振动碰撞的声音

特点：明显的撞击的声音。

处理方案：把间隙碰撞的部位进行调节，保证运行的时候不发生碰撞。

(4)外机传入内机的声音

特点：空调运行的时候，特别是低风挡，能明显的听到类似制冷剂脉动的声音(制冷和制热都存在)。

处理方案：在大阀门连接管处增加消音器。

(5)内机液流声

特点：类似流水的声音。

处理方案：在分液头处包阻尼块。

(6)其他噪音

内机风声、电机噪声、扫风叶片声音、热胀冷缩的声音，目前在定频机上已经有相关的解决方案。

9. 更换外机控制器故障依然存在

如果初步确定是外机控制器故障，但更换外机控制器后故障依然存在，则需要细致检查电抗器、电器盒装配、通信线、感温包、风机、压缩机、四通阀等相关电控零部件是否正常。

(1)电抗器。首先，查看电抗器插片上的端子是否松脱，特别是新机试机即显示 E6 通信故障时。然后，拔出电抗器的两个接线端子，用万用表的电阻挡测试两端子之间的电阻值,一般为零点几欧,太大说明电抗器接线端子脱落或者开路,则需更换电抗器。

(2)电器盒装配。检查电器盒是否安装到位,卡扣是否卡在正确的位置。如没装到位,会导致电气安全距离不足。以上两种情况皆不符合电器安全要求,易造成更换主板后仍然存在故障。

(3)通信线。检查通信线与火线、零线是否接错或者接线端子接触不良。特别是加长通信线,则须检查接头处是否接触良好,是否存在氧化;如果不确定,建议更换新的连接线对比,如图 5-99 所示。

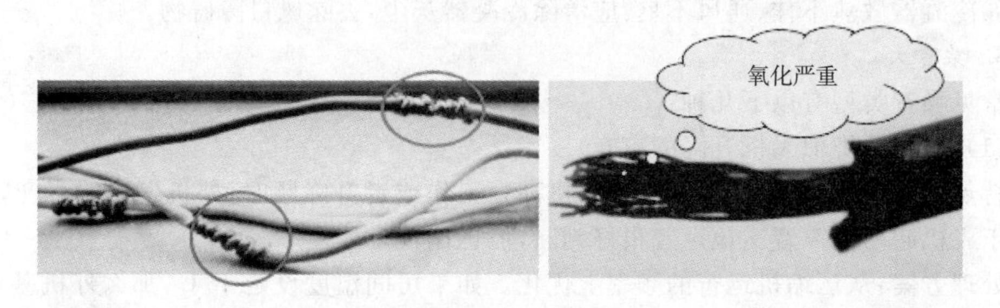

图 5-99　通信线故障

(4)感温包。测量主板 3.3V、IPM15V 对地的电阻值。如果发现对地短路,要仔细检查各感温包是否存在破损的现象,外壳或者感温包金属头是否存在打火的痕迹,如图 5-100 所示。

图 5-100　感温包故障

(5)四通阀。从主板上拔下两条紫色的四通阀连线,然后用万用表测量两条紫线之间的电阻是否为 1～2Ω,如果太大则说明四通阀线圈存在开路的故障,应更换四通阀。

(6)压缩机。在排除运行环境恶劣和接线错误以及管路系统异常的情况下,如果更换控制器之后仍然出现 H5,则压缩机出现故障的可能性比较大。

10. 更换内机控制器故障依然存在

如果初步确定是内机控制器故障,但更换内机控制器后故障依然存在,则需要进一步检查电源线或显示板连线等线路是否松脱、断裂或划伤短路,检查内风机、室内感温包、显示板是否存在故障。如果以上故障均不存在,则请仔细检查是否为外机故障。

11. 感温包引线与铜管或钣金电器盒短路

此时必须同时更换感温包与主板,如只更换主板不更换感温包则会继续烧毁主板。此

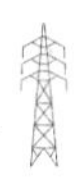

种情况下一般主芯片有明显烧焦痕迹。直流电机坏，同时外机主板坏，此时单独更换直流电机或外机主板均不能恢复正常，另外，如果出现上电开机后四通阀、外风机、压缩机短时间内频繁开停，请先检查电源是否已接地，如已接地应更换外机控制器。关联故障，只更换一个部件一般不能解决问题。

12. 其他故障与保护代码的区分及判断

首先应了解机器的代码与保护逻辑，以区分正常的保护与异常故障，具体保护逻辑参考技术服务手册。当出现真正的故障时，首先要找到故障原因，而确定故障原因最简便的方法是根据内机显示的故障代码（或室外机主板指示灯）来判断，然后根据故障原因排查具体的故障点，再进行针对性的维修。

熟悉故障代码是判断故障点的基础。在内机显示器不显示故障代码的情况下可以连续按灯光键或睡眠键 6 下，如果依然没有故障代码显示可观察外机板指示灯的闪烁情况。

维修注意事项：更换主板时，选取正确的主板编码、型号；更换前检测主板配件关键元器件；确认整机已断电，且主板电容残电已释放完毕；正确装配电器盒。更换压缩机时必须查清故障机型的压缩机型号（风机电容上面贴有压缩机型号标签），选择完全一致的压缩机进行更换，不能单纯只根据机型来判断压缩机型号，否则，会造成压缩机与控制器不匹配，压缩机不启动或者产生 H5 模块保护。正确连线，并做好安全防护，按照线路图进行接线，接线要牢靠，防止划伤，严禁虚插；扎线时配线的两端不能拉得过紧，以防端子松脱；线扎头留长 3～5mm，防止过长摩擦盖板发出异响；电器盒原带的各胶圈要重新装回去并用线扎扎好，防止长期运行后带来隐患；注意防水、防潮、防静电；维修过程中手不得触碰主芯片等静电敏感电子元器件。维修完成后须接好所有地线，地线须单独打一个地线螺钉孔，严禁一孔打多根地线，否则，会造成接地不可靠，产生漏电等电气安全隐患，如图 5－101 所示。

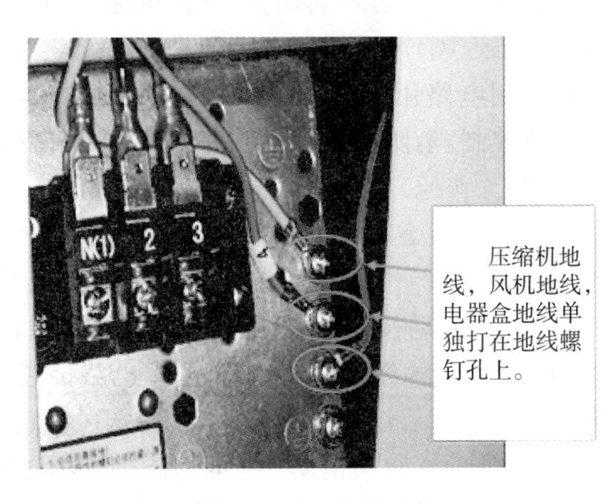

图 5－101　连接地线

思考题与习题

1. 制冷系统由几大系统组成？
2. 空调容易出现哪些故障？

任务八　风机电气控制

【学习目的】

掌握风机的电气控制电路。

任务导入

一类高层建筑和高度超过32米的二类高层建筑中设有排烟(正压送风)设施,此类设施一般设置在不具备自然排烟条件的防烟楼梯间、消防电梯间前室或合用前室。该系统主要由排烟竖井及装设在各层的排烟口、正压送风竖井及装设在各层的正压送风口、排烟风机(正压送风机)及其控制装置、排烟(正压送风)管道、安置在排烟管道上的防火阀(280℃)等组成。

相关知识

一、消防排烟(正压送风)风机控制电路

排烟防火阀(正压送风口)的动作原理:在发生火灾时,火灾现场的探测器、手动报警按钮等动作后,消防联动模块给排烟口(正压送风口)输入一个电信号,排烟口(正压送风口)的电磁铁线圈通电动作,通过杠杆作用使棘轮棘爪脱开,依靠排烟口(正压送风口)上的弹簧力使棘轮逆时针旋转,卷绕在滚筒上的钢丝绳释放,排烟口(正压送风口)开启,同时微动开关动作,接通排烟(正压送风)风机的控制电路,起动排烟(正压送风)风机。

图5-102所示为排烟(正压送风)风机控制电路图,其中YF为安装在排烟风道中的防火阀(280℃)常闭触点,当此控制电路用于正压送风机时,将X1∶8与X1∶9短接。排烟(正压送风)风机采用手动两地控制,消防系统提供有源触点,排烟口(正压送风口)与风机直接联动,风机有过负荷报警。其工作原理分析如下。

1. 手动控制

当万能转换开关SA处于“手动”位置时,按下排烟风机现场控制箱上的起动按钮SBT1′或另一控制地点控制箱上的起动按钮SBT1,排烟风机的交流接触器KM通电吸合,其常开辅助触头KM闭合自锁,其主触头闭合,电动机的主电路接通,排烟风机运转。交流接触器的另一常开触头闭合使信号指示灯HG点亮,显示排烟风机正处于运行状态。

经确认发生火灾时,消防值班人员旋动消防中心联动控制盘上的钥匙式控制按钮SB,可直接起动排烟风机。

检修排烟风机时,断开排烟风机现场控制箱内的主令开关S,切断电动机的控制回路,使其他控制地点不能起动排烟风机,保证检修人员的安全。

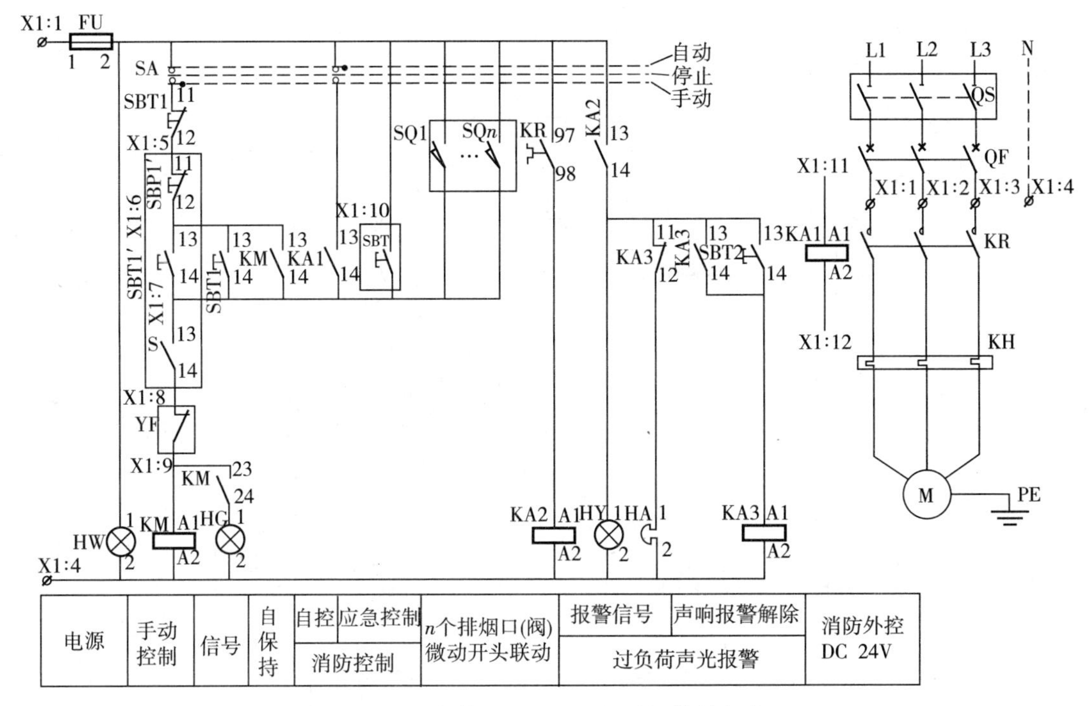

图 5－102　排烟(正压送风)风机控制电路

2. 自动控制

在自动控制状态下,当发生火灾时,来自消防报警控制器的消防外控触点 KA1 或着火层的排烟口微动开关 SQ1～SQn 闭合,使排烟风机的交流接触器 KM 通电吸合,其主触头闭合,电动机的主电路接通,排烟风机运转。当排烟竖井和排烟管道中的空气温度达到 280℃时,防火阀 YF 的常闭触点打开,切断排烟风机的控制电路,交流接触器的主触头断开,切断电动机主电路,排烟风机停止运行。

当排烟风机过负荷时,热继电器的常开辅助触点 KR 闭合,中间继电器 KA2 的线圈通电,其常开触点 KA2 闭合,电铃 HA 和信号指示灯 HY 的电源被接通,发出声光报警。按下复位按钮,中间继电器 KA3 的线圈通电,其常闭触点断开,切断电铃回路,解除声响报警。信号指示灯 HW 为控制电源指示灯。

二、双速风机控制电路

在民用建筑的防排烟设计中,双速风机的应用越来越受到设计人员的重视。这种风机的特点是平时用于通风,风机保持低速运行;火灾时用于排烟,风机转入高速运行。双速风机的核心部分是双速电动机,它是利用改变定子绕组的接线以改变电动机的极对数来达到变速的,可随负载的不同要求分两级变化功率和转速。

图 5－103 所示为双速风机控制电路图。双速风机采用手动两地控制,消防系统提供有源触点,排烟口与风机直接联动,排烟风机过负荷报警。其工作原理如下:

当万能转换开关 SA 处于“手动”位置时,按下风机现场控制箱上的起动按钮 SBT1′或另一控制地点控制箱上的起动按钮 SBT1,交流接触器 KM1 通电吸合,其常开辅助触头 KM1 闭合自锁,KM1 的主触头闭合,电动机的主电路被接通,风机进入低速运行状态,信号指示灯 HG1 点亮,表示风机用于正常通风。

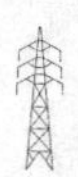

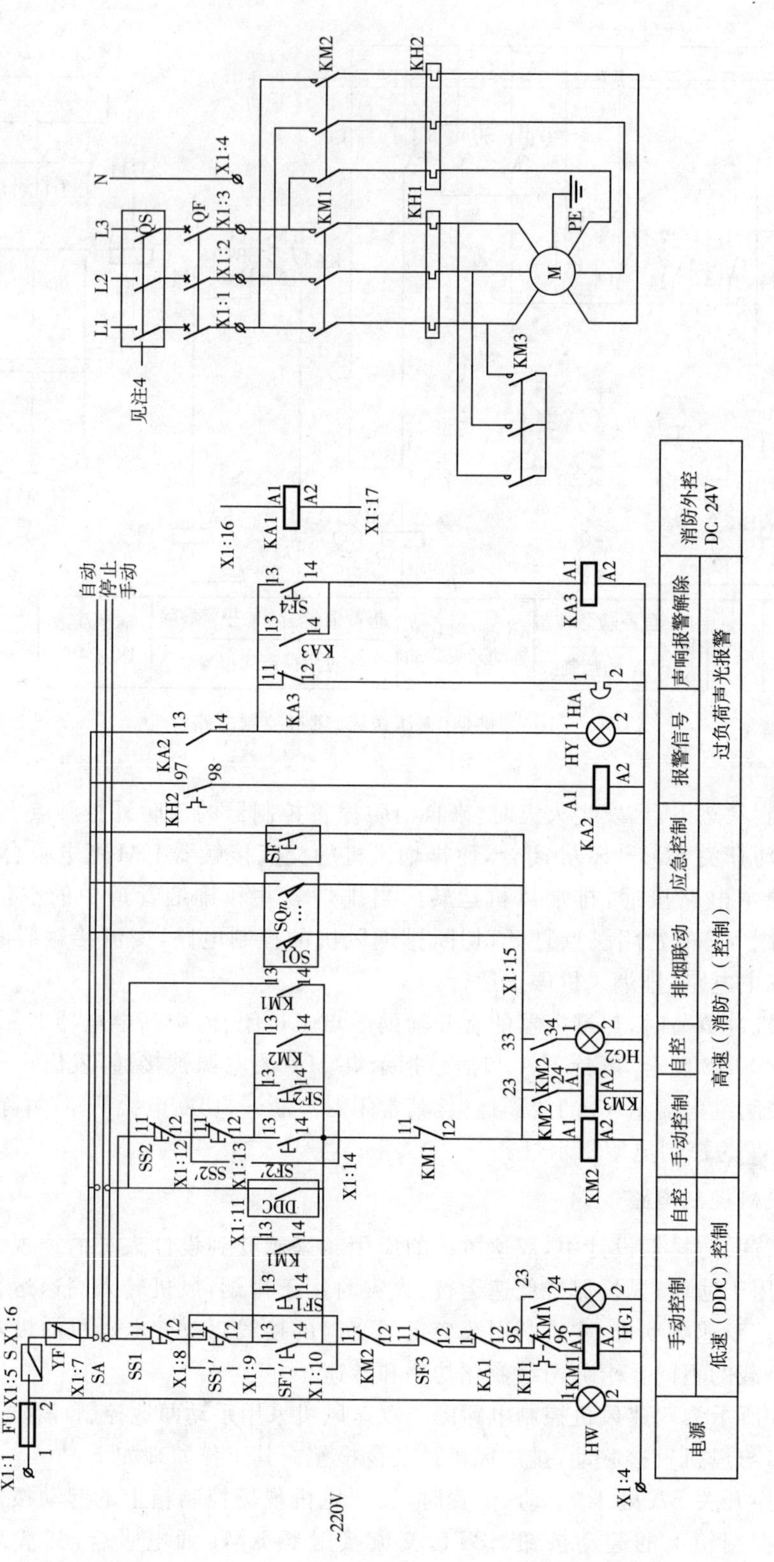

图5－103 双速风机控制电路图

在发生火灾时，按下停止按钮 SBT3，切断交流接触器 KM1 的控制电路，使风机停止低速运转。再按下起动按钮 SBT2′或 SBT2，交流接触器 KM2 和 KM3 先后通电吸合，KM2 的常开辅助触头闭合自锁，KM2、KM3 的主触头闭合，接通电动机主电路，风机进入高速运行状态；KM2 的另一个常开辅助触头闭合，信号指示灯 HG2 点亮，表示风机用于消防排烟。

经确认发生火灾时，消防值班人员转动消防中心联动控制盘上的钥匙式控制按钮 SBT，交流接触器 KM2 和 KM3 先后通电吸合，使风机进入高速运行状态。接在低速控制回路中的 KM2 常闭辅助触头打开，切断低速运行控制电路。

三、三挡调速变风量空调机组控制线路

图 5－104 是三速变风量空调机组控制接线图，其实质是通过改变调速变压器分接头来改变加在电动机绕组上的电压，事先调速，从而改变空调机组的风量。该控制系统能实现高、中、低三挡调速，按钮 2SB1、3SB1、4SB1 分别控制高、中、低三挡，交流接触器 KM2、KM3、KM4 的主触头分别接通高、中、低三个等级的电压。控制线路电路中采取了电气联锁和机械联锁两种安全措施，确保操作时不致引起短路事故。各接触器的辅助触头控制的信号指示灯显示空调机组所处的状态。空调机组停止工作时，为了使调速变压器 T 与电源隔离，在控制电路中接入交流接触器，并由 1SB1 和 1SB2 控制。

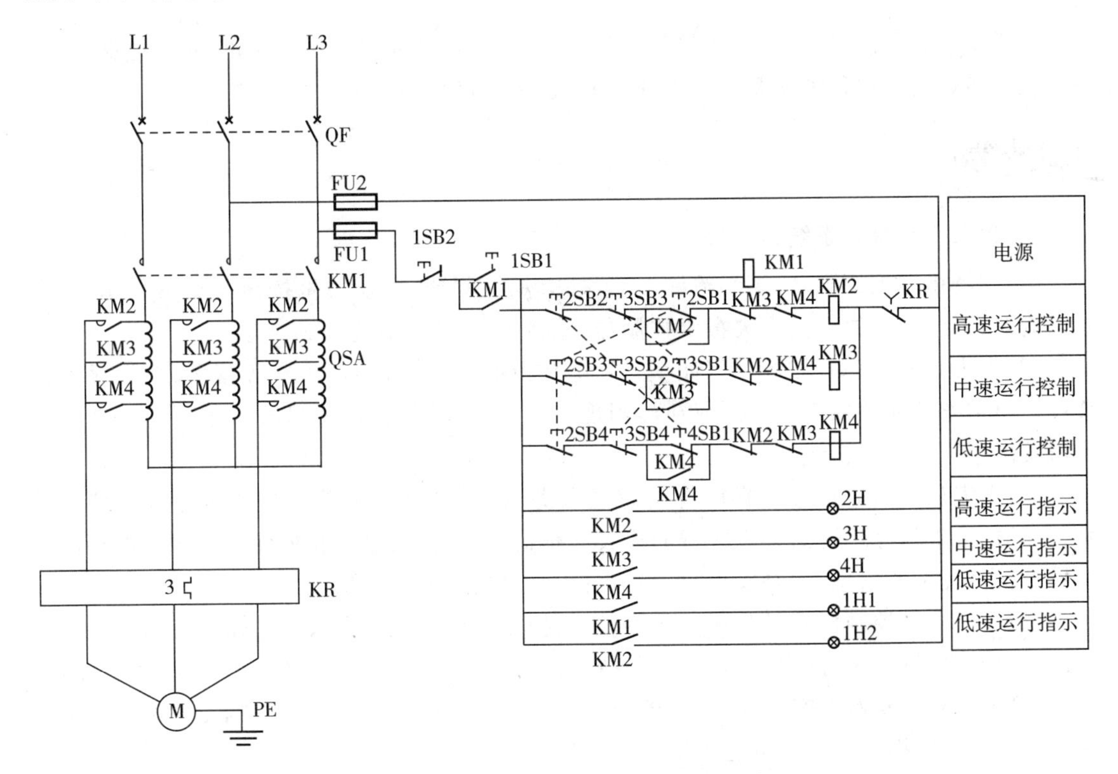

图 5－104　三速变风量空调机组控制接线图

思考题与习题

1. 双速风机有几种控制方式？

2. 三速风机的调速方式是怎样的？

单元六 消防工程图

【学习目的】

掌握火灾报警系统的图形。

任务导入

火灾自动报警及消防联动控制系统在火灾的报警和灭火阶段发挥着重要作用。

报警阶段:火灾初期,往往伴随着烟雾、高温等现象,通过安装在现场的火灾探测器、手动报警按钮,以自动或人为方式向监控中心传递火警信息,达到及早发现火情、通报火灾的目的。

灭火阶段:通过控制器及现场接口模块,控制建筑物内的公共设备(如广播、电梯)和专用灭火设备(如排烟机、消防泵),有效实施救人、灭火,达到减少损失的目的。

相关知识

一、火灾自动报警系统

(1)现场由感烟探测器、感温探测器、紫外火焰探测器、手动报警按钮及火灾显示盘、声光讯响器等组成;监控室由火灾报警控制器、CRT图形显示系统组成。

(2)火灾初期,探测器对火灾(如烟、温)参数及时响应,自动产生火灾报警信号;手动报警按钮通常安装在楼梯口、走廊等位置,当现场人员发现火情时,通过按下附近的手动报警按钮发出报警信号。

(3)火灾显示盘通常安装在电梯前室或服务台处,当火灾报警控制器接收到火警信号后,及时把报警信号传送到失火区域的火灾显示盘上,在火灾显示盘处将显示报警的探测器编号及汉字提示等信息,同时发出“火警”声信号,以通知失火区域的人员。

(4)火灾报警控制器实时监视探测器、手动报警按钮等现场设备的工作状态,接收、显示和传递火灾报警信号,必要时可发出控制指令。

(5)声光讯响器通常安装在走廊、楼梯口处,当有火情发生时,声光讯响器发出区别于环境的声、光信号,提醒现场人员有火情发生。

(6)CRT图形显示系统类似于电子地图,通过CRT图形显示系统,可以更直观地确定火情所在位置,便于及早确认火情。

二、消防联动控制系统的功能

(1)控制及监视专用灭火设备,如消火栓系统、自动水喷淋系统以及防排烟系统等。

(2)控制及监视各类公共设备,如空调系统、电梯及照明电力等。

(3)指挥疏散系统,如火警电话及消防广播控制等。

三、消防联动系统

消防联动系统有消火栓系统、自动喷水灭火系统、气体灭火系统、防排烟系统、防火卷帘门系统、消防通信系统、指挥疏散系统。

四、室内消火栓系统

消火栓箱内有消火栓、水带、水枪,附近一般设置消火栓按钮。按下消火栓按钮,可通知消防控制中心,消防控制中心可以手动启动消防泵,也可以在联动控制器自动允许的情况下自动启动消防泵。

消防泵是室内消火栓系统中最重要的设备,控制启动一般有3种方式:

(1)消防水泵房强电控制箱直接手动启动;

(2)消火栓按钮直接联动强电控制箱直接启动;

(3)通过火灾报警控制器远程控制。

五、自动喷水灭火系统

自动喷水灭火系统是在火灾情况下,能自动启动喷头洒水,以保障人身和生命财产安全的一种控火、灭火系统。自动喷水灭火系统是目前世界上使用最广泛的固定式灭火系统,特别适用于高层建筑等火灾危险性较大的建筑物,具备其他系统无法比拟的优点,如安全可靠、经济实用、灭火控火率高等。主要包括湿式、干式、干湿交替式、预作用式和雨淋式等类型。

1. 湿式自动喷水灭火系统

主要由闭式喷头、管道系统、湿式报警阀、报警装置和供水设施等组成。

湿式自动喷水灭火系统基本工作原理如下:

(1)高温使喷头热敏元件动作;

(2)水流指示器动作,信号传入报警控制器;

(3)湿式报警阀动作,压力水通过延迟器,使水力警铃及压力开关动作;

(4)根据压力开关及水流指示器动作信号或消防水箱的水位信号,控制器自动启动消防水泵向管网加压供水,保证持续自动喷水灭火。

自动喷水灭火系统的联动控制:联动控制系统需要控制喷淋泵的启动和停止,监视水流指示器、压力开关的动作信号,监视检修用的碟阀的开启或关闭信号。

2. 干式自动喷水灭火系统

在报警阀后的管道内充以压缩空气代替压力水,报警阀前仍充以压力水,以适应环境温度的要求。它由闭式喷头、管道系统、干式报警阀、报警装置、充气设备、排气设备和供水设备等组成,适用于环境温度高于70℃或低于4℃的场所。

3. 预作用自动喷水灭火系统

在干式的基础上增加一套火灾自动报警装置,具有双重控制作用,兼有湿式和干式的优点,平时呈干式,火灾自动报警系统报警后联动电磁阀动作,管道充水将压缩空气排出,成为湿式系统,准备灭火,温度升高,喷头动作洒水灭火。

4. 湿式自动喷水灭火系统的日常管理与维护

(1)每月对喷头进行一次外观检查。

(2)每年对水源的供水能力进行一次测定，看是否符合设计要求。消防水池、消防水箱及气压给水设备应每月检查一次。

(3)电磁阀应每月检查一次，试验启动是否正常。每个季度对报警阀旁的放水试验阀进行放水，验证供水能力及压力开关、水力警铃的报警功能，每两个月利用末端放水装置放水，测试水流指示器的报警功能。

六、气体灭火系统

以气体作为灭火介质的灭火系统称为气体灭火系统。主要有卤代烷 1211 灭火系统、卤化烷 1301 灭火系统、二氧化碳灭火系统和蒸气灭火系统。

卤代烷灭火剂主要靠化学机理灭火，切断燃烧链式反应，效率高，低毒，残留物绝缘，不会损坏电子设备。

二氧化碳灭火系统是通过减少空气中氧的含量，使其达不到支持燃烧的程度。二氧化碳来源广泛，价格低廉，电绝缘性能好，清洁无污染；但它有令人窒息的作用，一般用于无人场所。

七、消防广播系统

消防广播系统：在出现火情时，用来指挥现场人员进行有秩序的灭火工作和人员疏散。消防广播系统包括：消控中心内的广播设备和现场广播喇叭两部分。

广播设备包括：音源、话筒、前置、功放。当火警发生时，主机按照设定的程序启动紧急广播，控制器发出控制命令，使火灾层及上、下层自动切换至紧急广播。

八、消防电话系统

主要包括电话主机、固定式电话分机、手提式电话分机、电话插孔等设备。

点型火灾探测器：探测区域内的每个房间应至少设置一只火灾探测器。在宽度小于 3 米的内走道顶棚上设置时宜居中布置。感温探测器的安装间距不宜超过 10 米。感烟探测器的安装间距不应超过 15 米；探测器至墙的距离不应大于探测器安装间距的 1/2。

九、联动控制器

联动控制器与火灾报警装置配合，通过数据通信，接收并处理来自火灾报警装置的报警点数据，然后对其配套执行器件发出控制信号，实现对各类消防设备的控制。联动控制器应实现下述功能。

(1)消防控制室的控制设备应有下列控制及显示功能：

① 控制消防设备的起停，并应显示其工作状态；

② 消防水泵、防烟和排烟风机的起停，除自动控制外，还应能手动直接控制；

③ 显示火灾报警、故障报警部位；

④ 显示保护对象的重点部位、疏散通道及消防设备所在位置的平面图或模拟图等；

⑤ 显示系统供电电源的工作状态；

⑥ 消防控制室应设置火灾警报装置与应急广播的控制装置。

(2)消防控制室在确认火情后，应能切断有关部位的非消防电源，并接通警报装置及火灾应急照明灯和疏散标志灯。

(3)消防控制室在确认火情后，应能控制电梯全部停于首层，并接收其反馈信号。

(4)对室内消火栓系统，消防控制设备应有下列控制、显示功能：

① 控制消防水泵的起停；

② 显示消防水泵的工作、故障状态；

③ 显示起泵按钮的位置。

(5)对自动喷头和水喷雾灭火系统，消防控制设备应有下列控制、显示功能：

① 控制系统的起停；

② 显示消防水泵的工作、故障状态；

③ 显示水流指示器、报警阀、安全信号阀的工作状态。

(6)对管网气体灭火系统，消防控制设备应有下列控制、显示功能：

① 显示系统的手动、自动工作状态；

② 在报警、喷射各阶段，控制室应有相应的声、光警报信号，并能手动切除声响信号；

③ 在延时阶段，应自动关闭防火门、窗，停止通风空调系统，关闭有关部位防火阀；

④ 显示气体灭火系统防护区的报警、喷放及防火门(帘)、通风空调等设备的状态。

(7)消防控制设备对泡沫灭火系统应有下列控制、显示功能：

① 控制泡沫泵及消防水泵的起停；

② 显示系统的工作状态。

(8)对干粉灭火系统，消防控制设备应有下列控制、显示功能：

① 控制系统的起停；

② 显示系统的工作状态。

(9)消防控制设备对常开防火门的控制，应符合下列要求：

① 门任意一侧的火灾探测器报警后，防火门应自动关闭；

② 防火门关闭信号应送到消防控制室。

(10)消防控制设备对防火卷帘的控制，应符合下列要求：

① 疏散通道上的防火卷帘两侧，应设置火灾探测器组及其警报装置，且两侧应设置手动控制按钮；

② 疏散通道上的防火卷帘，自动控制下降的程序为，感烟探测器动作后，卷帘下降至距地(楼)面 1.8m，感温探测器动作后，卷帘下降到底；

③ 用作防火分隔的防火卷帘，火灾探测器动作后，卷帘应下降到底；

④ 感烟、感温火灾探测器的报警信号及防火卷帘的关闭信号应传送至消防控制室。

(11)火灾报警后，对防烟、排烟设施，消防控制设备应有下列控制、显示功能：

① 停止有关部位的空调送风，关闭电动防火阀，并接收其反馈信号；

② 起动有关部位的防烟和排烟风机、排烟阀等，并接收其反馈信号；

③ 控制挡烟垂壁等防烟设施。

十、短路隔离器

短路隔离器用于输入总线回路中，在每一个分支回路的前端。当回路中某处发生短路故障时，短路隔离器可让部分回路与总线隔离，保证总线回路其他部分能正常工作。总线隔离器的设置，一般 20～30 个探测器作为一个支路，前端安装一个总线隔离器，也有厂家明确规定一个支路最多连接的探测器的个数。

十一、输入输出模块

输入输出模块一般分为单输入模块、单输出模块、单输入单输出模块、二输入二输出模块等，是各类开关量触点与总线连接的专用器件。输入输出模块常与以下装置配接：

(1)配接消火栓按钮、手动报警按钮、水流指示器、压力开关等；

(2)配接缆式线型定温电缆的输入模块；

(3)配接温控防火阀；

(4)配接光束对射探测器的输入模块；

(5)配接可燃气体报警输出(需另提供 24V 探测器电源)。

也有的消火栓按钮、手动报警按钮可以直接挂在输入总线上，而不需要输入模块。输入模块需要报警控制器对它供电。

单输出模块用于控制不需要反馈信号的设备，如火警电铃、声光报警，火灾警报扬声器等。

单输入单输出模块，用于控制需 24V 电源控制的设备，并接受其反馈信号(也可采用单输入、单输出组合，需多占地址)，如电控开关防火阀、排烟阀、正压送风口、防火门磁释放器等。

输入输出加电压转换模块，用于需 220V 控制的设备。当控制模块的电压、电流不能满足要求时，须加继电器转换，如起动消防泵、喷淋泵；起动排烟风机、正压风机；关闭空调机、通风机；断开非消防电源；电梯归首层。

二输入二输出模块(也可采用单输入单输出模块的组合)一般用于如下情况：防火卷帘门两步下降；消防泵、喷淋泵的起动和停止；排烟机、送风机的起动和停止。

十二、火灾自动报警系统设备布置及线路敷设

1. 点型火灾探测器的设置

(1)探测区域内的每个房间至少应设置一只火灾探测器。

(2)感烟探测器、感温探测器的保护面积和保护半径，应符合规程规定。

(3)在宽度小于 3m 的内走道顶棚上设置探测器时，宜居中布置。感温探测器的安装间距不应超过 10m；感烟探测器的安装间距不应超过 15m；探测器至端墙的距离不应大于探测器安装间距的 1/2。

(4)探测器至墙壁、梁边的水平距离，不应小于 0.5m。

(5)探测器周围 0.5m 内，不应有遮挡物。

(6)探测器至空调送风口边的水平距离不应小于 1.5m，并宜接近回风口安装，探测器至多孔送风顶棚孔口的水平距离不应小于 0.5m。

(7)探测器宜水平安装。当倾斜安装时，倾斜角不应大于 45°。

(8)在电梯井、升降机井设置探测器时，其位置宜在井道上方的机房顶棚上。

2. 线型火灾探测器的设置

(1)红外光束感烟探测器的光束轴线距顶棚的垂直距离宜为 0.3～1.0m，距地高度不宜超过 20m。

(2)相邻两组红外光束感烟探测器的水平距离不应大于 14m。探测器距侧墙水平距离不应大于 7m，且不应小于 0.5m。探测器的发射器和接收器之间的距离不宜超过 100m。

(3)缆式线型定温探测器在电缆桥架或支架上设置时，宜采用接触式布置；在各种输送装置上设置时，宜设置在装置的过热点附近。

(4)设置在顶棚下方的空气管式线型差温探测器，距顶棚的距离宜为 0.1m。相邻管路

之间的水平距离不宜大于 5m；管路至墙壁的距离宜为 1～1.5m。

3. 手动火灾报警按钮的设置

(1)每个防火分区应至少设置一只手动火灾报警按钮。从一个防火分区内的任何位置到最近的一个手动火灾报警按钮的距离，不应大于 30m。手动火灾报警按钮宜设置在公共活动场所的出入口处。

(2)手动火灾报警按钮应设置在明显和便于操作的部位。当安装在墙上时其底边距地高度宜为 1.3～1.5m，且应有明显的标志。

4. 导线选择及敷设

(1)火灾自动报警系统的传输线路和 50V 以下供电控制线路，应采用电压等级不低于交流 250V 的铜芯绝缘导线或铜芯电缆。采用交流 380/220V 的供电或控制线路应采用电压等级不低于交流 500V 的铜芯绝缘导线或铜芯电缆。

(2)火灾自动报警系统的传输线路的线心截面选择，除应满足自动报警装置技术条件的要求外，还应满足机械强度的要求。铜芯绝缘导线、铜芯电缆线芯的截面面积还要满足不应小于 $1mm^2$ 的规定。

(3)火灾自动报警系统的传输线路应采用穿金属管、经阻燃处理的硬质塑料管或封闭式线槽保护方式布线。消防控制、通信和警报线路采用暗敷设时，宜采用金属管或经阻燃处理的硬质塑料管保护，并应敷设在不燃烧体的结构层内，且保护层厚度不宜小于 30mm。当采用明敷设时，应采用金属管或金属线槽保护，并应在金属管或金属线槽上采取防火保护措施。

采用经阻燃处理的电缆时，可不穿金属管保护，但应敷设在电缆竖井或吊顶内有防火保护措施的封闭式线槽内。

十三、火灾自动报警实例

1. 消防报警系统图例

消防报警系统图例，如表 6-1 所示。

表 6-1　消防报警系统图例

序号	符号	名　称	安装方式和安装高度
1		配电箱	暗装，1.5m
2		电源自动切换箱	明装，1.5m
3		感烟探测器	吸顶
4		感温探测器	吸顶
5		手动报警按钮	暗装，1.5m
6		气体探测器	壁装
7		火灾报警扬声器	吸顶
8		组合声光报警装置	壁装，1.5m
9	F	报警电话插孔	暗装，0.3m
10	SE	排烟口	—

（续表）

序号	符号	名　称	安装方式和安装高度
11		水流指示器	—
12		压力报警阀	—
13		消火栓起泵按钮	消火栓内
14		遥控信号阀	—
15	XFB	消防泵控制柜	—
16	PLB	喷淋泵控制柜	—
17	JL	防火卷帘门控制箱	明装
18	XSP	楼层显示器	暗装，1.5m
19	SI	短路隔离器	消防箱内
20	I	输入模块	设备附近
21	I/O	输入输出模块	设备附近
22	P	压力开关	—
23	O	输出模块	设备附近
24	M	端子箱	暗装，梁下

2. 消防设备实物图

消防设备实物图，如图 6-1 所示。

消防主机

回路卡

模块箱

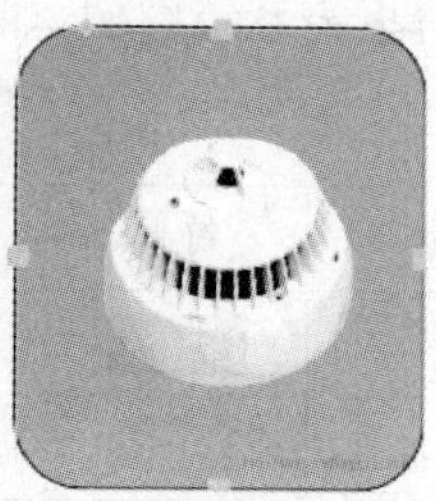

感烟探测器

感温探测器

手动报警按钮

警铃

声光报警器

图 6－1　消防设备实物图

3. 工程实例

本工程为高层宾馆，地下室为人防车库，一层为商业及服务用房，二层为餐饮，3～14 层为宾馆，建筑面积约 13118m^2，建筑高度 49.75m。本工程为框架结构。建筑物的地下室设有消防泵房、生活泵房、低压配电室，一层设有消防控制室，四层服务用房分割出一间做背景音乐广播间，六层服务用房分割出一间 5m^2 的房间做内线电话及网络配线用房。

消防部分的配线：消防报警线 RVB(2×1.5)－SC15－SCE，图中标注 4 根导线的部分另增加 BV(2×2.5)－SC15－SCE 电源线。广播线采用 RVB(2×1.5)－SC15－SCE，电话线采用 RVB(2×15)－SC15－SCE，电话线必须单独穿管敷设，否则应采用屏蔽电缆。消防电话的设置要求各手动报警按钮内设电话插孔，各机房、配电室设消防电话，所有手动报警按钮内消防电话插孔接到同一对电话线上。消防控制室引至消防泵房的管线为 KVV(19×1.5)－SC32－SCE。总线隔离器、消防广播切换装置安装在各层模块箱内。其余各输入输出模块均就近安装在各被控制设备附近。消防部分管线均做防火处理。

二层为商业厨房，设置了六套煤气报警器，该报警器的功耗比较大，从消防控制室引来 24V 电源为系统供电，报警器报警后将信号送回报警控制室。

图 6－2 是消防报警系统图。消防控制室设置在一层，火灾报警与联动控制设备的型号为 JB－QB－GST500，同时具有报警及联动控制功能，设有 TS－Z01A 消防广播与消防电话主机，

消防广播通过控制模块，实现应急广播。系统图中探测器旁文字“×17”表示共计 17 套该种探测器。每层的报警系统分别设 2～3 个总线隔离器，每个总线隔离器的后面分别接有不超过 30 个的报警探测器，各类联动设备通过 I/O 接口与总线连接，反馈信号也通过总线反馈到消防控制室。一层平面图中各消火栓按钮之间均有导线连接，不同层的消火栓之间也有导线连接，通过对比系统图中消火栓按钮起泵线，当击破按钮上的玻璃后，起动消火栓泵，同时将水泵的运行信号返回到消防控制室，导线的规格为 RVB(4×1.5)－SC15－SC。

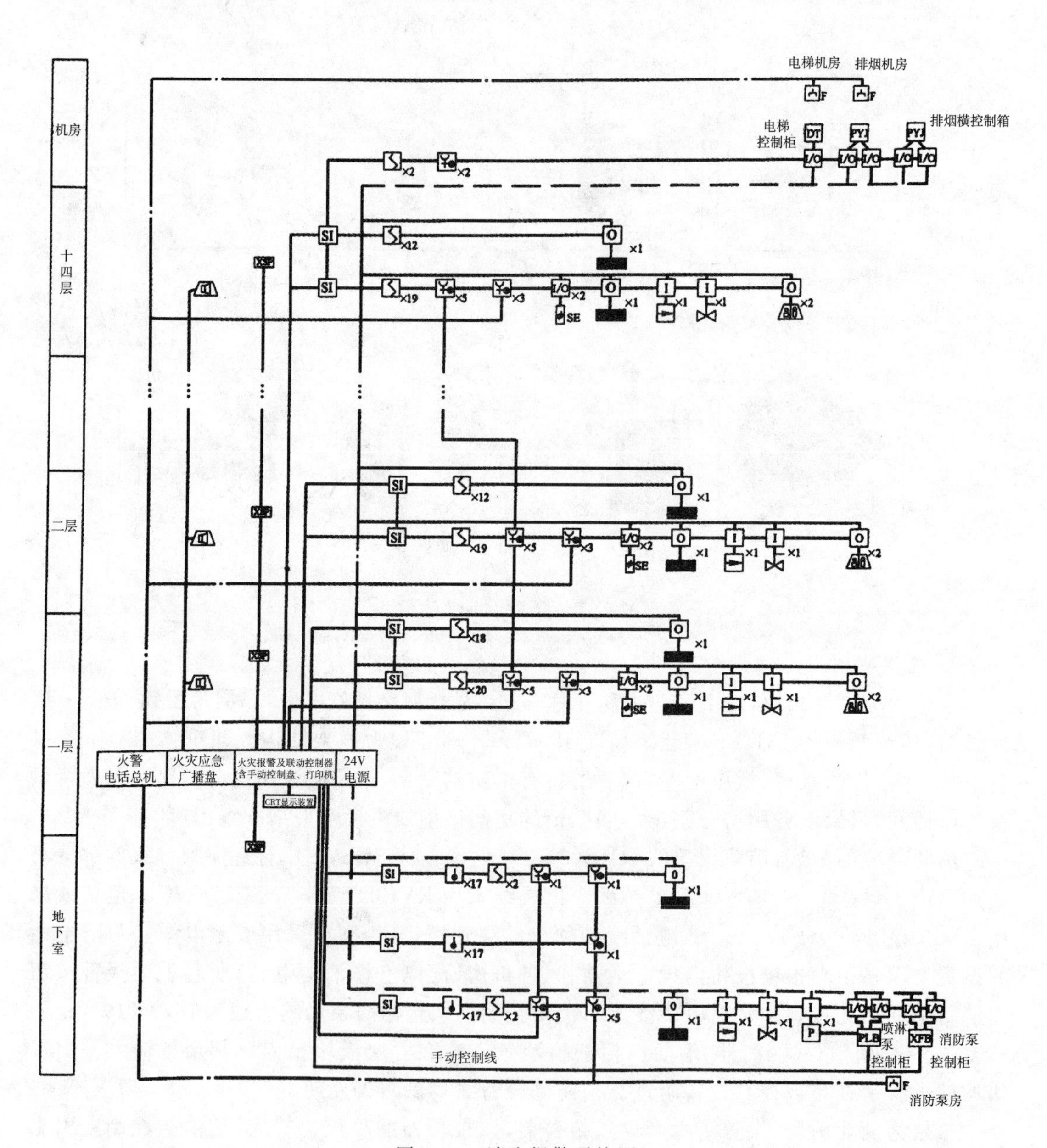

图 6－2　消防报警系统图

图 6－3 是该建筑物的地下室消防报警平面图。地下室为车库，地下室采用感温探测器，每个柱距内设置 4 套感温探测器，探测器较多时设置了 3 个总线隔离器，消防泵房有消

防泵、喷淋泵的起动与停止模块，还有消防电话，在汽车入口处还有控制卷帘门的上升与下降的模块，在楼道里有消防声光报警装置。

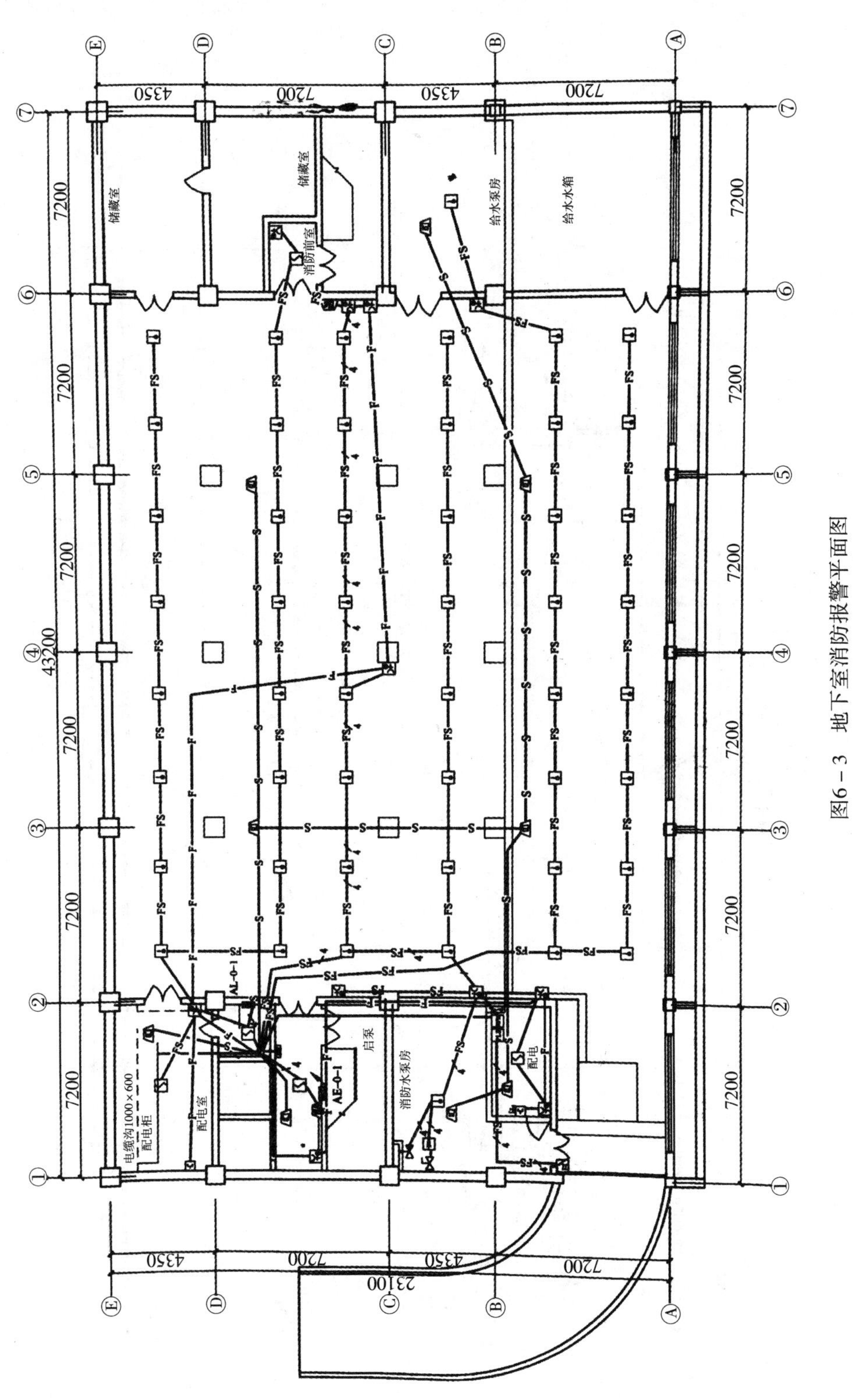

图6－3 地下室消防报警平面图

图 6－4 是一层消防平面图。一层有消防控制室，消防控制室有火灾专用电话。

图 6－5 是标准层消防平面图。标准层楼道设有排烟口，当感烟探测器或手动报警按钮动作后，打开屋顶的排烟风机及相关的排烟口。当采用双速风机时，风机转为高速运行。

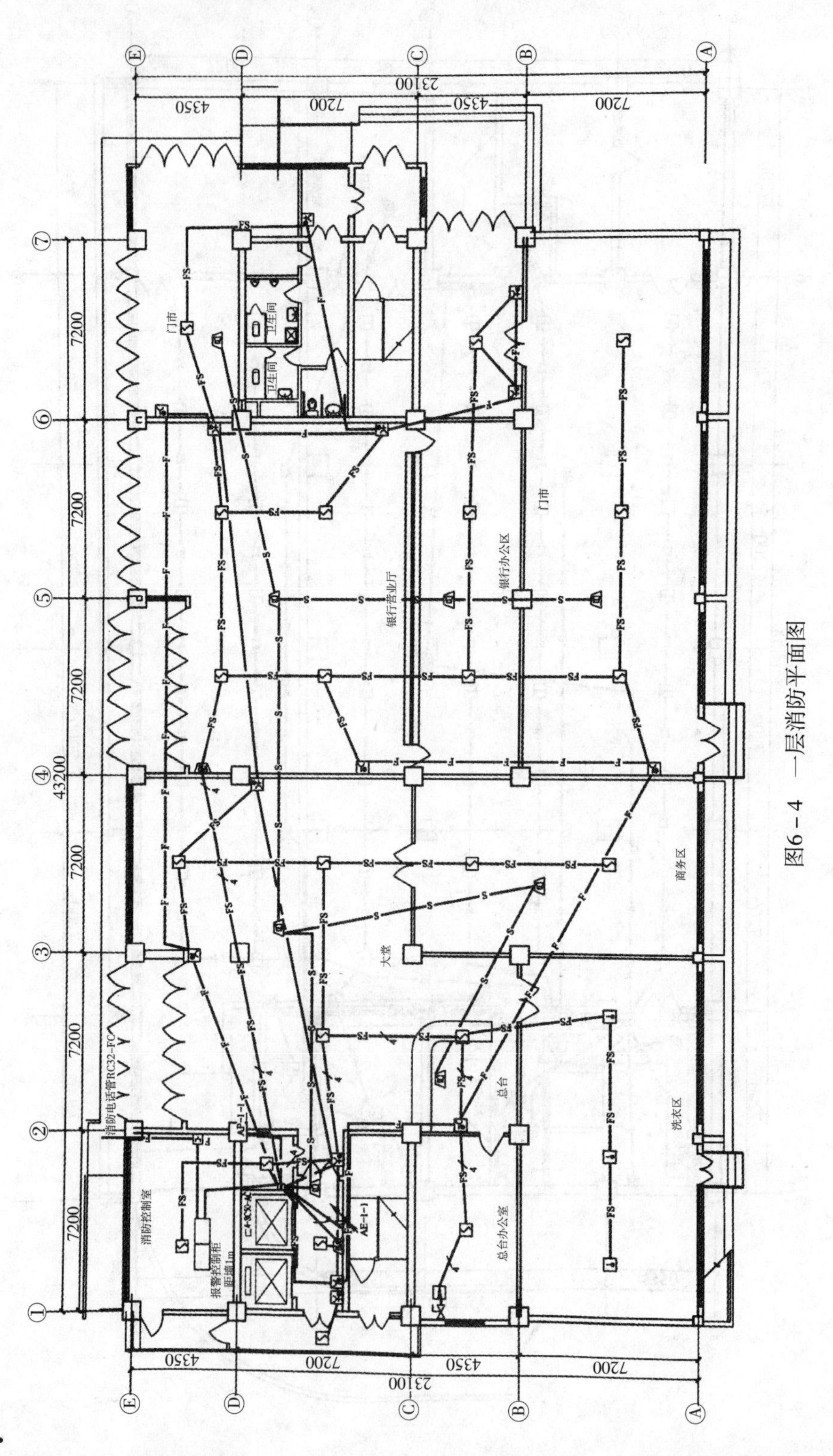

图6－4 一层消防平面图

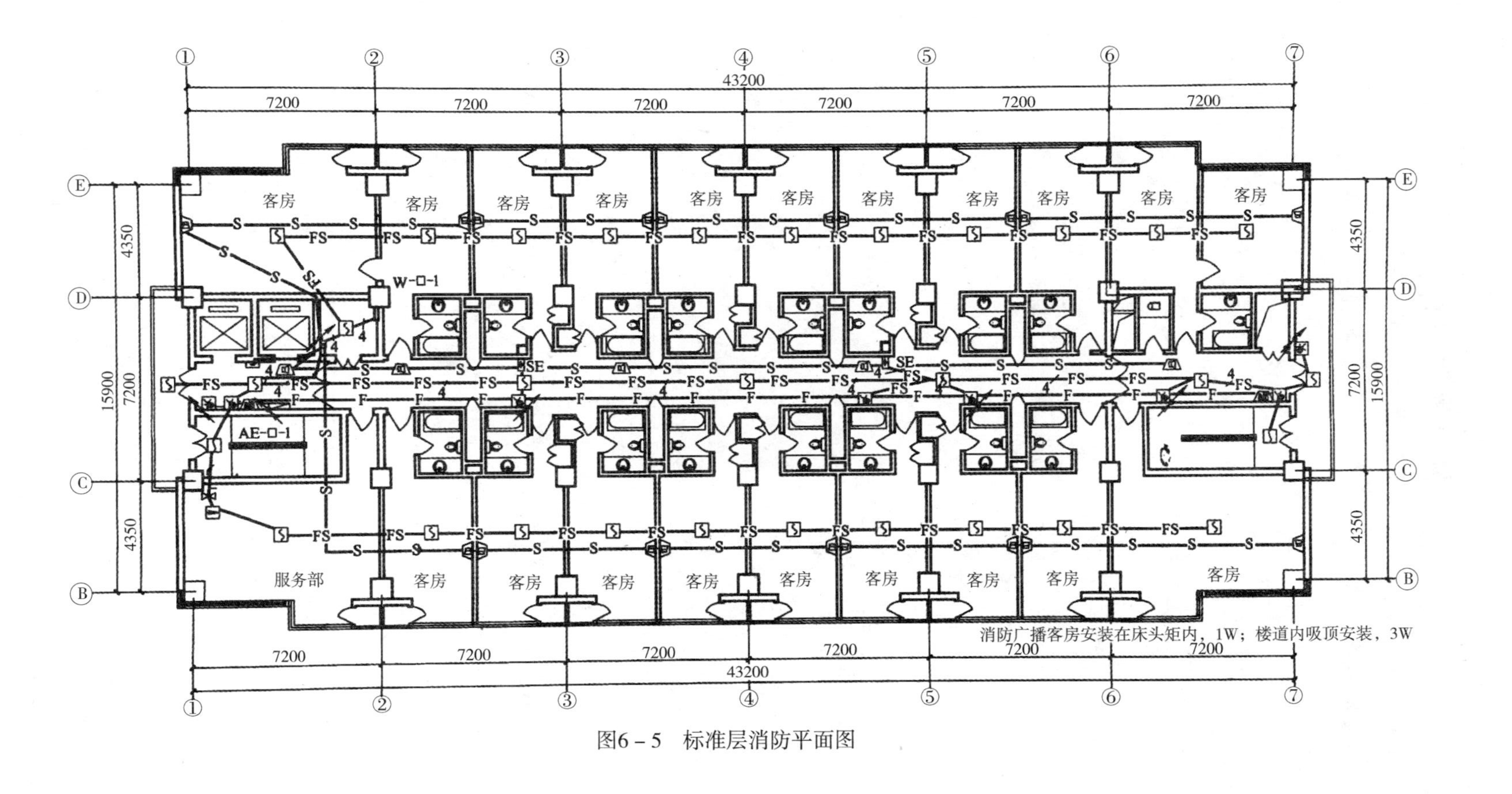

图6－5　标准层消防平面图

思考题与习题

1. 消防报警系统图中有哪些设备？

2. 发生火灾时，控制系统是如何动作的？

单元七　有线电视系统图

【学习目的】

掌握有线电视的系统图形。

任务导入

随着社会经济和科学技术的飞速发展，人们对安全技术防范的要求也越来越高。各种新型安保观念不断引入，社会各部门、各行业及居民小区纷纷建立起了各自独立的闭路电视监控系统。然而，传统的视频监控受到当时技术发展水平的限制，监控系统大多只能在现场进行模拟电视监视，视频信息存储到录像带上，如果监控的地点比较多，要求录像的数据保存时间长，录像带的数量就会大得惊人，整个查询、检索工作变得很复杂，管理运营成本增加，而且还会出现录像带时间长了或转录次数多了导致图像质量变差的问题。随着编解码技术的发展，特别是 MPEG4/H264 编解码技术的成熟，越来越多的用户采用了数字视频监控系统，实时压缩多路视频，并存储到硬盘上，录像信息以数字形式存放在硬盘上。由于计算机屏幕尺寸有限，在同时显示多路视频时每一路预览的画面都比较小，这一点不利于工作人员及时发现一些细小而隐蔽的安全隐患问题；而且智能化在数字安全防范领域也得到越来越多的应用，在某些监控的场所对安全性要求比较高，需要对运动的物体进行及时的检测和跟踪，因此我们需要一些精确的图像检测技术来提供自动报警和目标检测。运动检测作为安防智能化应用最早的领域，它的技术发展和应用前景都受到人们的关注。

相关知识

一、有线电视系统

一般是由信号源和机房设备、前端设备、传输网络、分配网络、用户终端五个部分组成的整体系统。

1. 信号源和机房设备

有线电视节目来源包括卫星地面站接收的模拟和数字电视信号，本地微波站发射的电视信号，本地电视台发射的电视信号等。为实现信号源的播放，机房内应有卫星接收机、模拟和数字播放机、多功能控制台、摄像机、特技图文处理设备、编辑设备、视频服务器、用户管理控制设备等。

2. 前端设备

前端设备是接在信号源与干线传输网络之间的设备。它把接收来的电视信号进行处理后，再把全部电视信号经混合器混合，然后送入干线传输网络，以实现多信号的单路传输。

前端设备输出信号频率范围为5～1000MHz。前端输出可接电缆干线，也可接光缆和微波干线。

3. 传输网络

传输网络处于前端设备和用户分配网络之间，其作用是将前端输出的各种信号不失真地、稳定地传输给用户分配部分。传输媒介可以是射频同轴电缆、光缆、微波或它们的组合，当前使用最多的是光缆和同轴电缆混合(HFC)传输。

4. 分配网络

有线电视的分配网络都是采用电缆传输，其作用是将放大器输出信号按一定电平分配给楼宇单元和用户。

5. 用户终端

用户终端是接到千家万户的用户端口，用户端口与电视机相连。目前，用户端口普遍采用单口用户盒或双口用户盒，或串接一分支。未来用户终端包括机顶盒、电缆调制解调器、解扰器等。

简化的系统是由前端系统、干线传输系统和用户分配网络组成。

(1)系统的前端部分

将要播放的信号转换为高频电视信号，并将多路电视信号混合后送往干线传输系统。

(2)干线传输系统

将电视信号不失真地输送到用户分配网络的输入接口。

(3)用户分配网络

负责将电视信号分配到各个电视机终端。

① 用户分支网络：分支器的作用是将电缆输入的电视信号进行分支，每一个分支电路接一台电视机分支器。由一个主路输入端、一个主路输出端和若干个分支输出端构成。分支/分配器是一种高频宽带信号功率分配的无源器件。它的带宽目前已达到5～1000MHz，其结构简单，价格低廉，工作不需要电源，广泛用于HFC有线电视领域。器件分为室内型和野外型两种结构，以适应不同环境的需要。

野外型器件除具有防水功能外，通常还具有过流功能，以适应需要通过电缆供电的网络。

② 分支器：从主路上取出少部分信号送到分支口的功率电平分配器件称为分支器。主路的输出/输入口分别用OUT和IN表示，支路的分支口用BR/TAP表示。

③ 分配器：输入信号等分到输出口的功率电平分配器件称为分配器。输出/输入口分别用OUT和IN表示。

分支/分配器对信号功率的分配分量大小用dB(分贝)表示，这是一个相对量，类似我们日常所熟悉的倍数。例如：我们把一个信号按1/2平均分配，每个信号即为0.5。换算成分贝表示即：lg0.5(取0.5的对数)×10＝－3dB，因此，在理论上，把一个信号一分为二，这个信号即减小了3dB。但在实际运用中，这些器件都不是理想化的，所以，实际衰减要稍大于理论值。

分支/分配器的命名通常由生产厂家而定，但也有一定规律可循，一般是由分支口数量和衰减量来决定名称的主要部分。如：支路衰减8dB的一分支器，就称为108；支路衰减14dB的二分支器，即可称为214……输出衰减8dB的四分配器，称为408。

对于理想的分支/分配器，常要求它们的输出口 OUT 之间，以及分支口 BR 与输出口 OUT 之间的隔离度越大越好，以免各信号口之间产生相互影响。我们把 OUT 口之间的隔离称为相互隔离；把 BR 口与 OUT 口之间的隔离称为反向隔离；输入口 IN 与输出口 OUT 之间的信号衰减称为插入损耗；IN 和 BR 之间的信号衰减称为分支衰减。

分支/分配器不但具有功率信号的分配功能，更重要的是它在分配信号的同时，对端口的设备起到阻抗匹配的作用，这在高频宽带电路中是非常重要的。

二、HFC(光纤同轴混合网)传输技术

1. HFC 传输系统的构成

HFC 有线电视网由光纤做干线、同轴电缆做用户分配网传输介质，构成光纤同轴混合的网络。HFC 是一个以前端为中心、光纤延伸到小区并以光节点为终点的光纤星形布局，同时，以一个树形同轴电缆网络从光节点延伸覆盖用户，因而，HFC 有线电视网络拓扑是一个星一树形结构。

2. HFC 网络的频分复用技术

HFC 网络采用频分复用技术，将 5～1000MHz 的频段分割为上行和下行通道。

3. HFC 传输技术的应用

HFC 宽带接入网具有巨大的接入带宽的优势，可提供各种模拟和数字传输业务。HFC 宽带接入网络的主要业务可分为两大类，即广播电视业务和交互业务。

三、多路微波系统 MMDS 传输技术

1. MMDS 采用微波技术

以一点发射或多点接收的方式将电视、声音广播及数据信号传输到各有线电视站、共用天线电视系统前端或直接到各用户的微波系统。该系统的信号频率范围为 2500～2700MHz，采用空间传输方式。

2. MMDS 传输技术的应用

MMDS 传输系统属于无线传输，带有无线传输的共有缺点，如信号怕遮挡、反射出重影、易受干扰等。这种方式不适用于人口稠密、高层建筑林立的大中城市，但其建设复杂程度低、建设速度快，适合于地形开阔、建筑物密集度不高的电视传输场合，如农村。

四、施工常见故障及其消除方法

1. 常见故障

(1)电缆 F 头插入串接头时，因用力过猛将串接头内的弹簧片压瘪错位，使电缆芯线与弹簧片接触不良，尤其是馈电电缆易引起头子打火造成信号故障。

(2)接头处电缆不留裕量，且接头位置任意留置，日久因电缆热胀冷缩或外力引起 F 头与电缆松脱，在看似一条直线的线路中接头处很容易被忽视，往往对故障原因造成错判，即使在查到接头时也因没有电缆裕量需重新做接头，当然比较困难。

(3)电缆裕量不够或裕量过多，绑扎不牢固。一种做法是只留少数裕量，使盘圈半径过小，因电缆张力较大，常出现 F 头卡圈被弹出，使电缆屏蔽层脱离头子，致使低频段信号变劣；另一种则是裕量过多，十几圈电缆乱盘在一起，头子易随风摇动而被甩出。

(4)接头处未用防水胶带密封，头子进水氧化，信号电平衰减增大。

2. 消除故障的方法

(1)电缆接头处一般应留在电杆旁或屋角等检修方便的位置,并留有足够裕量(视不同电缆规格不小于最小弯曲半径,一般能盘成3~4圈即够),如达不到理想的位置,则应剪去余缆,宁可多用几米接续部分的电缆。

(2)做电缆F头必须仔细认真,将F头插入串接头时须对准弹簧芯片轻轻推入,确信插入正常后再用力旋紧F头。

(3)接头必须先用自黏性橡胶带做半搭式绕包作为防水密封,在其外层再绕一层PVC胶粘带做保护层,以防止接头处进水。

(4)将余缆盘成圈,使其弯度不小于电缆的最小弯曲半径,然后用铁扎线成捆绑扎,在距串接头两端约5cm处一定要各绑扎一道,这样能使接头处的弧度与所盘余缆的弯度保持一体,F头就不会因电缆张力而弹出,最后将圈扎好的余缆在电杆线架或墙体上固定好,不致摇摆即可。

五、网络匹配问题

有线电视系统中所用的各种器件和线材,按照国家标准,输入和输出阻抗均应为75Ω。如果线材、有源器件和无源器件质量较差,特性阻抗偏离75Ω,或接插件接触不良,就会产生反射波。反射波与入射波叠加就会产生信号失真和干扰,使有线电视信号的传输质量恶化。

1. 网络匹配中的主要工作

在有线电视网的建设、调试、维护中,主要有以下两方面工作:

(1)各放大器输入和输出电平的调整。

(2)均衡和斜率的调整,使各频率的信号电平趋向设计值。

匹配的调试:在有线电视网建设中,往往注重电平的调整,却经常忽略匹配调整的重要性。频带越宽,匹配越困难,匹配不良造成的影响就越大。在宽带网建设中匹配问题是一个关系到网络质量的严重问题。

2. 匹配不良造成的后果举例

(1)前端接插件不良造成图像固定的粗网纹干扰,是由于贪图便宜而使用莲花接插件所致。这种干扰区别于非线性二阶、三阶差拍引起的网纹干扰。二阶、三阶差拍干扰是细而密的网纹。

匹配不良时,出现的是粗而疏的网纹。按照常规理论及书本介绍,一般的机房监视器,不易出现二阶、三阶差拍引起的网纹,经过仔细检查才发现属接插件不良引起的干扰,直接影响到全市的收视质量。

(2)反射信号会造成误码率增加。对于传输数字信号,反射信号有一定延时,其幅度足够大时将会使误码率显著增加,故应引起特别注意。

(3)匹配不良时反射波引起重影。由于反射波滞后于主射波,故在用户终端电视画面上会引起不同程度的后重影(或称右重影)。

(4)网络反射信号造成频率响应严重劣化。实践中发现,经过几级放大后,出现波峰、波谷电平差高达10dB的“大起大落”现象,特别是分配系统中采用国产放大器时更为明显。这种频率响应失真是匹配不良引起的。

例如:施工时输入信号已经引入,而电缆终端没做终接或没有利用放大器分配输出口、分支分配器主输出口不做终接匹配电阻,此时信号就会产生反射。这种影响大起大落主要

集中在 100～250MHz 之间的低频段上，频率很高的 U 段，电缆对反射波衰减大，故对频响的影响反而较小。

频响的起落对信号质量影响很大。如电平升高会造成非线性失真，电平降低会使某频道载噪比下降。如果电平升降偏离了设计值，使导频信号电平超出了自动电平控制范围，还会使非线性失真和载噪比进一步恶化。

3. 改进匹配的措施

(1)必须提高对匹配重要性的认识。一旦忽略匹配问题，待建成很大一个网络系统，再查找哪一点引起的反射是相当困难的。因为反射引起的故障现象也是非常复杂的。

(2)把好器材关。线材、有源及无源器件，特别是接插件，往往被忽视，认为小器件无所谓，其实传输系统中每一个器件的重要性应是相同的。大家都知道，信号必须通过各个器件，所以各种器件，无论大小，对信号所起的作用是相同的(仅指匹配指标)。

(3)提高施工质量。

(4)加强网络管护稽查力度，随时查处乱接、乱扯现象。对被乱剥的干支线，查处后要及时更换新电缆。

(5)用户终端要规范化。现在千家万户的有线电视终端，不断被用户私拉乱接而造成阻抗失配。因为用户家里有两台或多台电视机，他们自己把线剥开乱接。如今家庭装修中，把几个套间都私自走暗线连在信号线上，根本谈不上匹配，造成相互干扰。这种现象用户之多，是当前一大隐患，必须按标准规范安装，规范管护。

图 7－1 为有线电视分配器和分支器，图 7－2 为有线电视系统图，图 7－3 为有线电视平面图。

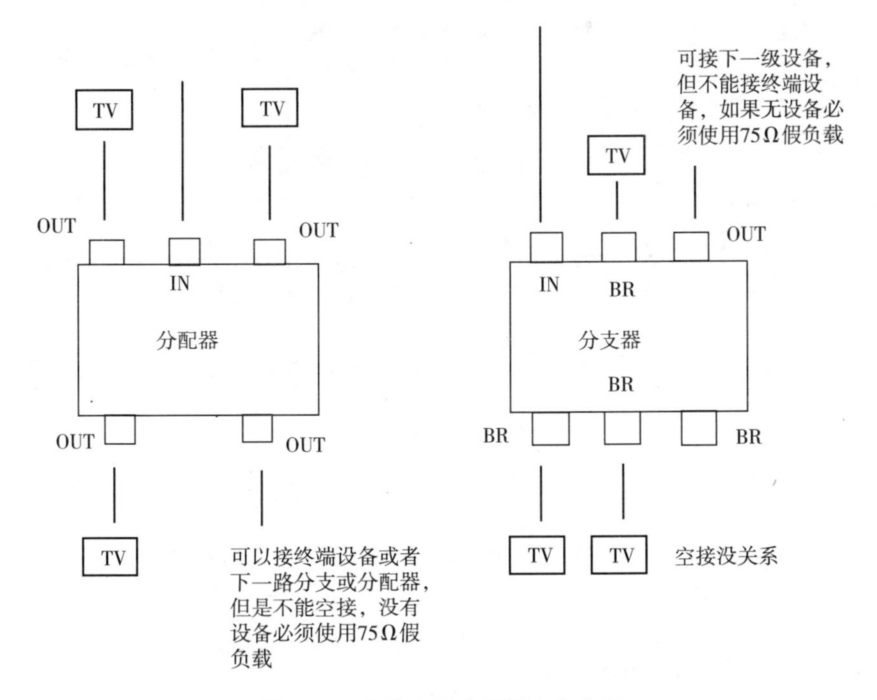

图 7－1　有线电视分配器和分支器

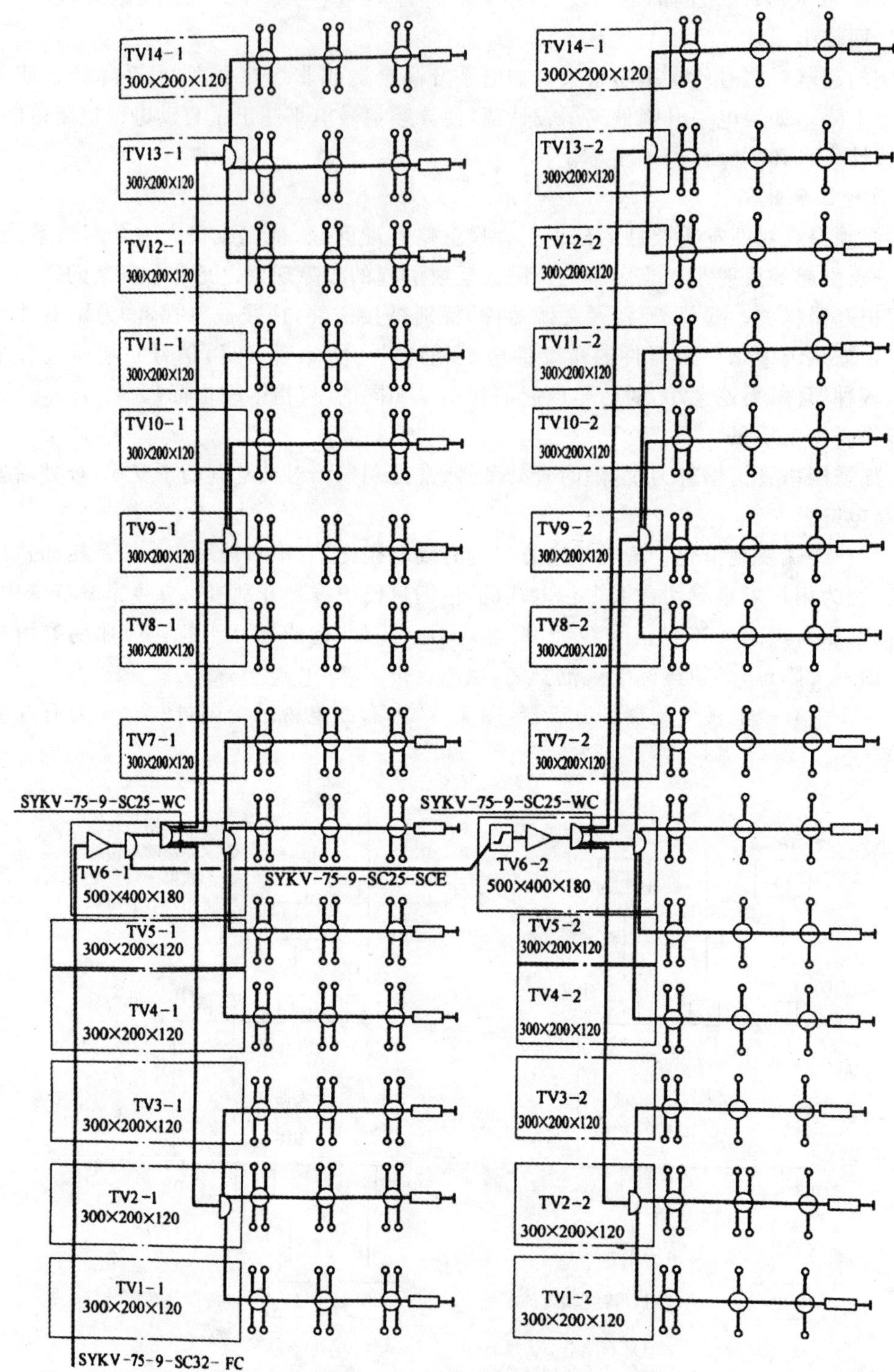

注：未标注管线均为SYKV-75-SC20-WC，同一路径的两个插座可管敷设
分支器安装在吊顶内，标准层安装在客房壁橱的顶端。

图 7－2　有线电视系统图

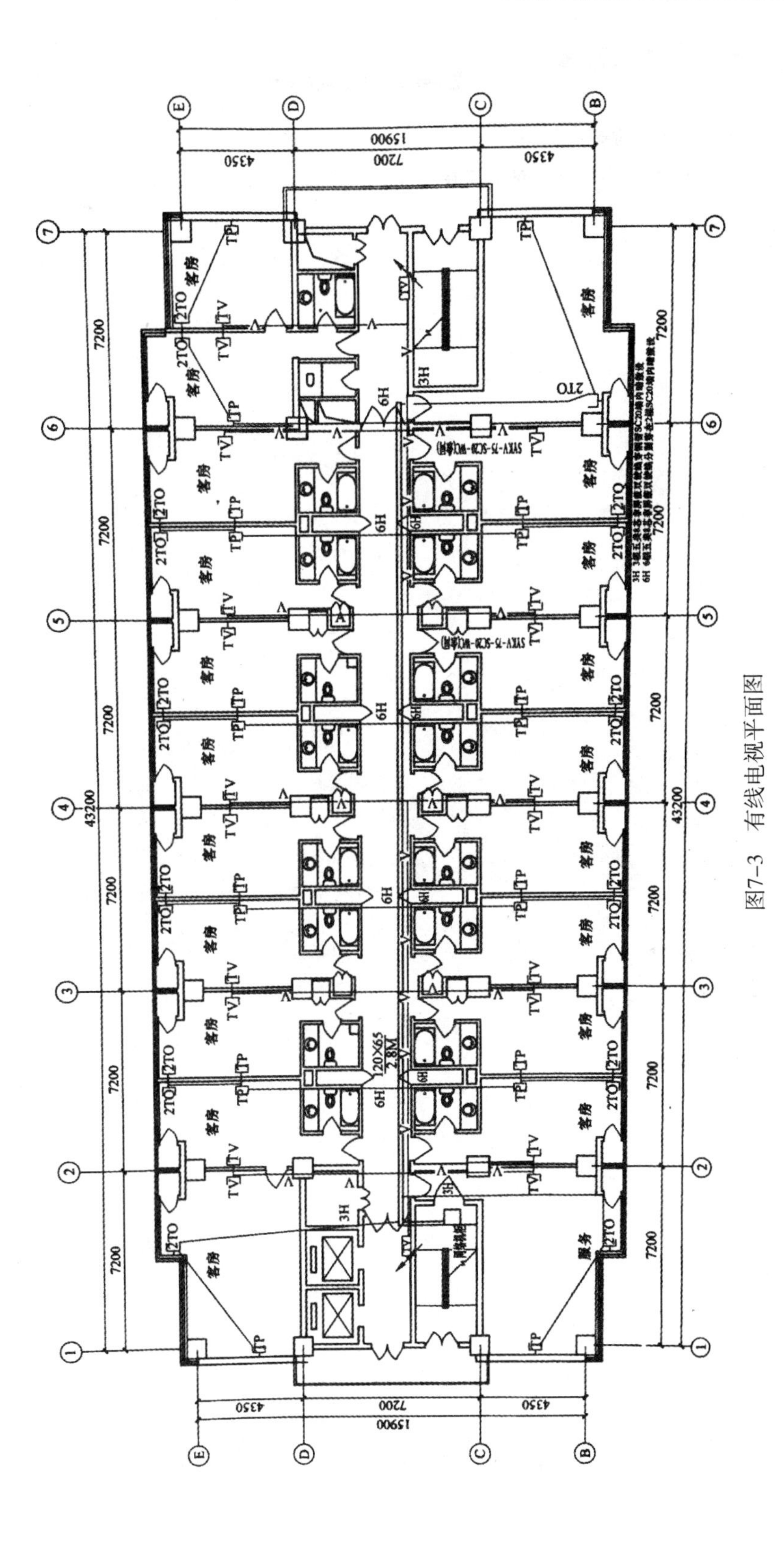

15900
4350
7200
4350
43200
7200
客房
服务
TV
TP
2TO
3H
6H
V
120×65
2.8M
SYKV-75-SC20-WC(暗敷)
E
D
C
B
1
2
3
4
5
6
7

图7-3　有线电视平面图

思考题与习题

1. 有线电视系统图中有哪些设备?

2. 在有线电视网的建设、调试和维护过程中,主要工作有哪些?

单元八　安防监控工程图

任务一　监控系统

【学习目的】

掌握安防监控系统图形。

任务导入

我国安防监控技术的发展可分为三个阶段：1979—1983 年为起步阶段；1984—1996 年为发展阶段；1997 年后为提高阶段，即探索安全技术防范的发展规律和方向的阶段。随着高新技术和楼宇智能化的发展，安防监控在生活中得到了广泛的应用。

相关知识

一、传统模拟监控系统

闭路电视监控系统是基于民用闭路电视为标准产品的一门技术，传输的信号是模拟视频信号。早期的监控主要以摄像机与监视器（电视）一对一监视系统为主，安保人员可实时监看。传统模拟监控系统有造价高、施工复杂、资源浪费及安装场所需空间大等缺点。

传统模拟监控系统如图 8－1 所示。

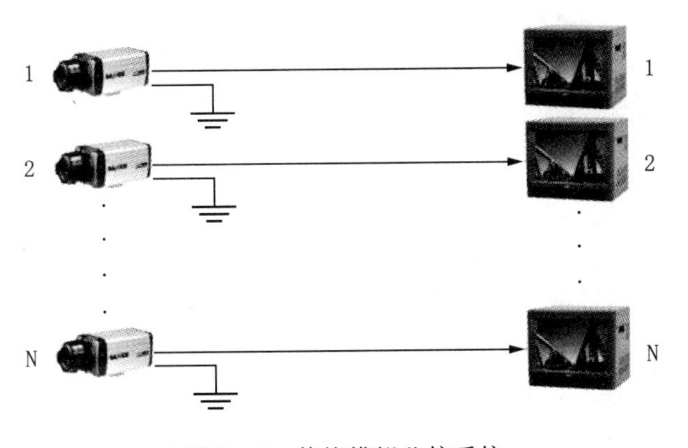

图 8－1　传统模拟监控系统

1. 视频分配器

分配器是将一路视频信号分为多路，一般常见的有 1 分 2、1 分 4、1 分 8 等。如一路图像需要同时在办公室和门卫室显示，这样就需要将信号分成两路传输到办公室和门卫处，如图8－2所示。

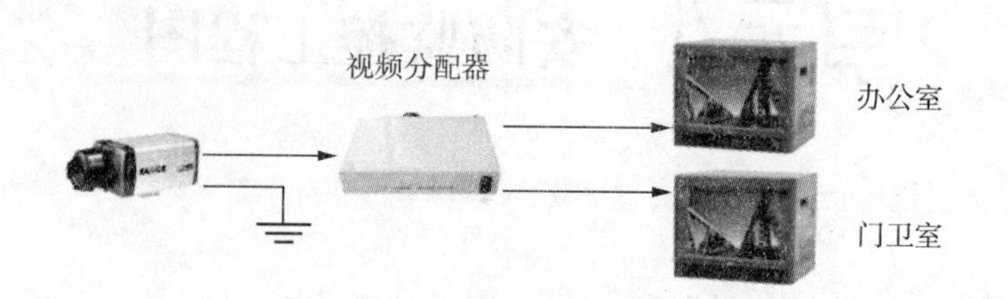

图 8－2　有视频分配器的监控系统

2. 视频切换器

作用：将多个摄像机在一台监视器（电视）上显示，也可设定一个时间，让多个摄像机图像在一台监视器（电视）上轮流显示。

优点：降低成本［监视器（电视）价格较高］，节约空间（点对点显示，需要相当大的房间摆设大数量的显示设备）。视频切换器如图 8－3 所示。

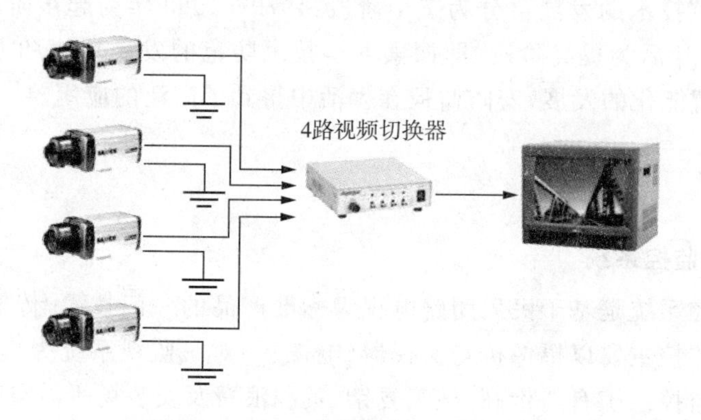

图 8－3　有视频切换器的监控系统

3. 视频分割器

作用：将多个视频信号以 4、9、16 的分格形式显示在一起，也可以单独显示某一路视频信号，而不需要轮流显示多个画面。

实现：

（1）后端监视器上可以任意选择前端图像显示；

（2）前端任意一路图像可同时显示在后端 4 台监视器上；

（3）前端 64 路图像可同时在 4 台监视器上实现轮巡；

（4）可以将前端 64 路图像任意分 4 组，每组图像在一台监视器上实现轮巡。

4. 传统模拟监控系统存在的不足

（1）传输部分：传统的视频信号线传输距离受限，使得监控系统的敷设范围受限。在分布较广的区域，需要建立多个监控点，无法统一调度、管理。

（2）录像存储：传统的监控系统是采用磁带录像机进行录像，存储系统相当庞大，只有在安防要求相当高的地方才宜使用如此高价格的产品。

二、数字化监控系统

数字化监控系统是在计算机及网络技术的飞速发展下孕育而生的，将视频信号转化为数字信号进行传输、储存。在降低了成本的同时，使得监控系统能适应更多更大的使用环境。

1. IP 摄像机

IP 摄像机区别于传统的摄像机，主要是视频输出信号的不同，它不需要借鉴转换设备。IP 摄像机转换信号格式是在摄像机内的 IP 模块里进行的，IP 模块也相当于一个物理网卡，在设定 IP 地址后，可以通过网络来访问。

IP 摄像机各零器件功能如下：

CCD(Charge Coupled Devices)即电荷耦合器件，相当于人的眼睛，通过其感光点把光影像转成电子信号。

V - Driver 能产生不同的脉波，将 CCD 感光点上的电子信号转换出来，即通常说的 CCD 的驱动。

DSP(Digital Signal Processor)是数字信号处理器，主要针对算法运算而产生的一种 MCU。在摄像机中进行颜色、亮度、白平衡等运算，运算后把信号转换成模拟信号输出。

CCD 是 20 世纪 70 年代初发展起来的新型半导体集成光电器件。CCD 器件具有灵敏度高、光谱响应宽、动态范围大、空间自扫描、抗震动、抗磁场、体积小、无残影等诸多优点，能够将光线变为电荷并可将电荷储存及转移，也可将储存的电荷取出，使电压发生变化，因此是理想的摄像元件，是代替摄像管传感器的新型器件。镜头是摄像机的第一道关口，作用是将光信号(可见光与非可见光)成像在摄像机的 CCD 上。

一体化摄像机如图 8 - 4 所示。

2. 摄像机延伸产品

摄像机延伸产品如图 8 - 5 所示。

图 8 - 4　一体化摄像机

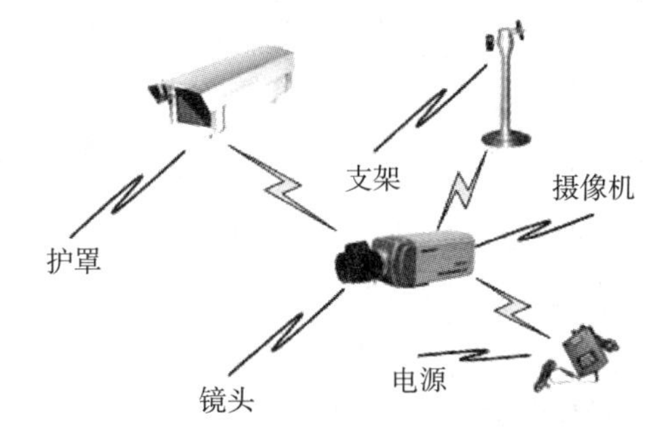

图 8 - 5　摄像机延伸产品

(1)半球形摄像机

普通摄像机一般安装在监视场所区域固定的地方。在有些安装场所，由于空间较小或要求安装隐蔽，为了适应这种需求，半球型摄像机诞生了。由于其集成了护罩、支架及镜头，因此安装体积小，安装方便。

(2)云台摄像机

云台摄像机根据需求,可以通过转动方向更有效地监视一片区域的情况,其控制主要是由解码器和后端的控制设备通讯实现的,如图 8－6 所示。

(3)球形云台摄像机

由于云台摄像机占用空间大,外观美感差,球形云台诞生了。它将云台、解码器、护罩整合在了一起,在减少空间的同时,增加了美感,如图 8－7 所示。

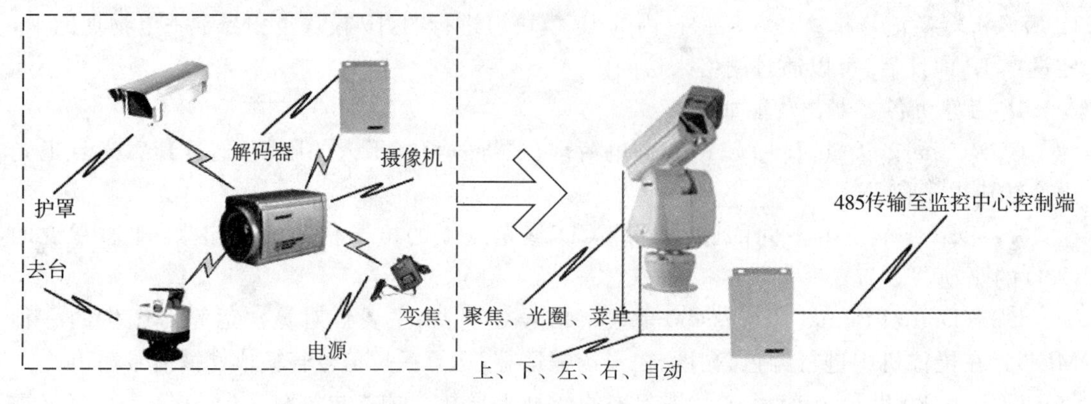

图 8－6　云台摄像机

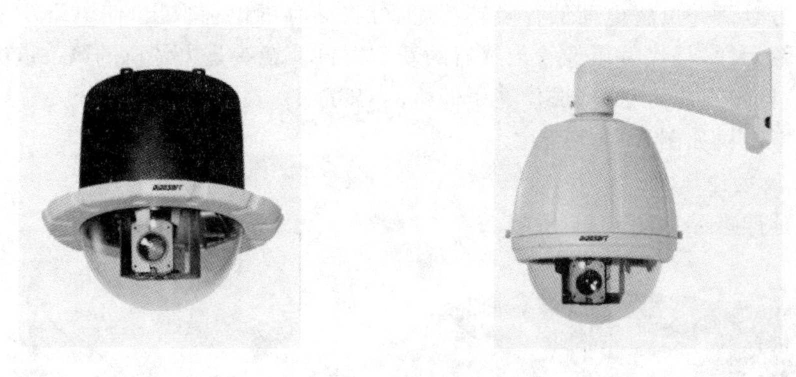

图 8－7　球形云台摄像机

(4)智能球

智能球比起云台控制更加灵活,加入了部分智能化功能,比起云台只能单纯的控制方向、镜头而言具有以下优点:转动速度明显的提升,恒速球转速一般为水平/垂直 6°～15°/s 以上,高速球的转速为 0.5°～120°/s(最高巡航速度 240°/s,64 级变速)。

智能球可以实现 360°不限位旋转;增加了预置点、巡航线路、看守位等智能功能,并具有断电记忆不丢失的特性,如图 8－8 所示。

图 8-8 智能恒速球、高速球

3. 硬盘录像机

作用:将前端的各个视频信号转化为数字信号,在录像机内进行存储,可灵活地将这些画面显示在录像机的显示设备上。另外,录像机具备了网络特性,用户可以通过网络对分布在广大区域的录像机进行访问,随时随地监视到前端录像机的画面。

硬盘录像机(Digital Video Recorder,DVR)按系统结构可以分为两大类:基于 PC 架构的 PC 式硬盘录像机和脱离 PC 架构的嵌入式硬盘录像机。

(1)PC 式硬盘录像机

这种架构的 DVR 以传统的 PC 机为基本硬件,以 Windows 或 Linux 为基本操作系统,配备图像采集或图像采集压缩卡、编制软件成为一套完整的系统。PC 机是一种通用的平台,PC 机的硬件更新换代速度快,因而 PC 式 DVR 的产品性能提升较容易,同时软件修正、升级也比较方便。PC 式 DVR 各种功能的实现都依靠各种板卡来完成,比如视音频压缩卡、网卡、声卡、显卡等。这种插卡式的系统在系统装配、维修、运输中很容易出现不可靠的问题,不能用于工业控制领域,只适合于对可靠性要求不高的商用办公环境。

(2)嵌入式硬盘录像机

嵌入式系统一般指非 PC 系统,有计算机功能但又不称为计算机的设备或器材。它是以应用为中心,软硬件可裁减的,对功能、可靠性、成本、体积、功耗等要求严格的微型专用计算机系统。简单地说,嵌入式系统集系统的应用软件与硬件融于一体,类似于 PC 中 BIOS 的工作方式,具有软件代码小、高度自动化、响应速度快等特点,特别适合于要求实时和多任务的应用。嵌入式 DVR 就是基于嵌入式处理器和嵌入式实时操作系统的嵌入式系统,它采用专用芯片对图像进行压缩及解压回放,嵌入式操作系统主要是完成整机的控制及管理。此类产品没有 PC 式 DVR 那么多的模块和多余的软件功能,在设计制造时对软件、硬件的稳定性进行了有针对性的规划,因此此类产品品质稳定,不会有死机的问题产生,而且在视音频压缩码流的储存速度、分辨率及画质上都有较大的改善,就功能来说丝毫不比 PCDVR 逊色。

(3)硬盘录像机的功能

硬盘录像机的功能主要包括:监视功能、录像功能、回放功能、报警功能、控制功能、网络功能、密码授权功能和工作时间表功能等。

① 监视:实时、清晰的监视。

② 录像:录像效果是数字主机的核心和生命力所在。

③ 报警功能:主要指探测器的输入报警和图像视频侦测的报警,报警后系统会自动开

启录像功能，并通过报警输出功能开启相应射灯、警号和联网输出信号。图像移动侦测是DVR的主要报警功能。

④ 控制功能：主要指通过主机对全方位摄像机云台、镜头进行控制。一般要通过专用解码器和键盘完成。

⑤ 网络功能：通过局域网或者广域网经过简单身份识别，可以对主机进行各种监视录像控制的操作，其作用相当于本地操作。

⑥ 密码授权功能：为减少系统的故障率和非法进入，对于停止录像、布撤防系统及进入编程等程序须设密码口令，使未授权者不得操作。一般分为多级密码授权系统。

⑦ 工作时间表：可对某一摄像机的某一时间段进行工作时间编程。这也是数字主机独有的功能，它可以把节假日、作息时间表的变化全部预排到程序中，可以在一定意义上实现无人值守。

4. 同轴电缆(SYV75-×)

这里的布线指的是前端模拟摄像机，通过视频信号传输介质到中心监控点。视频信号传送介质主要是同轴电缆。在电视监控系统中采用视频基带传输是最常用的传输方式。所谓基带传输是指不需经过频率变换等任何处理而直接传输全电视信号的方式。基带传输方式的优点是：传输系统简单；在一定距离范围内，失真小；附加噪声低(系统信噪比高)；不必增加诸如调制器、解调器等附加设备。基带传输方式的缺点是：传输距离不能太远，很容易受到电力、电话、广播等低频干扰源的干扰。同轴电缆如图8-9所示。

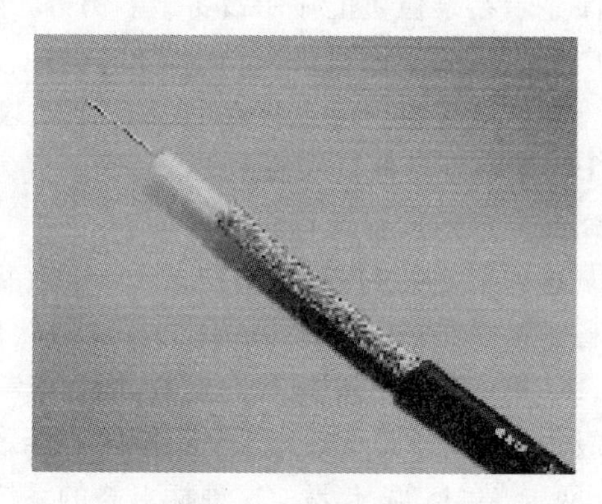

图8-9 同轴电缆

5. 双绞线传输器、视频光端机

在布线系统中，传统的同轴电缆本身的特性决定最长的传输距离不能超过800米(SYV75-7)，且敷设线路复杂、成本过高。因此在需要长距离敷设线路时，产生两种借助其他传输线路的设备，即双绞线传输器和视频光端机。双绞线传输如图8-10所示。

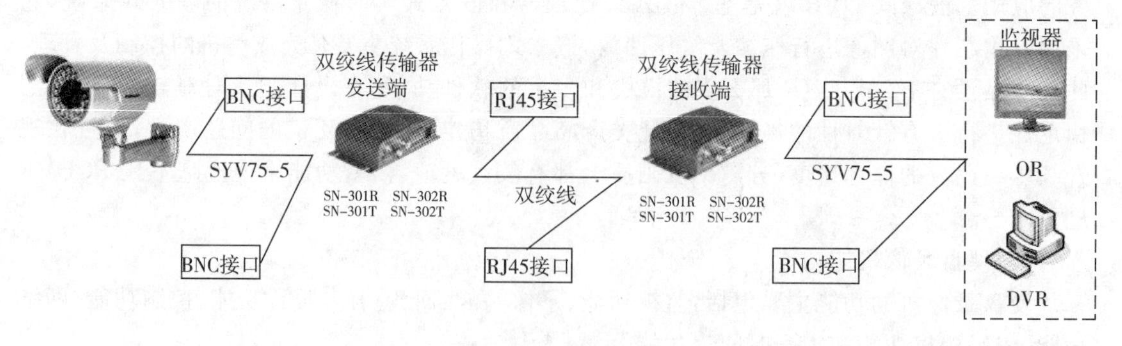

图8-10 双绞线传输

目前监控系统主要是模拟系统和数字系统相混合的系统，利用两种系统的优点来达到较完善的结构。图8-11就是一个典型的混合型监控系统。

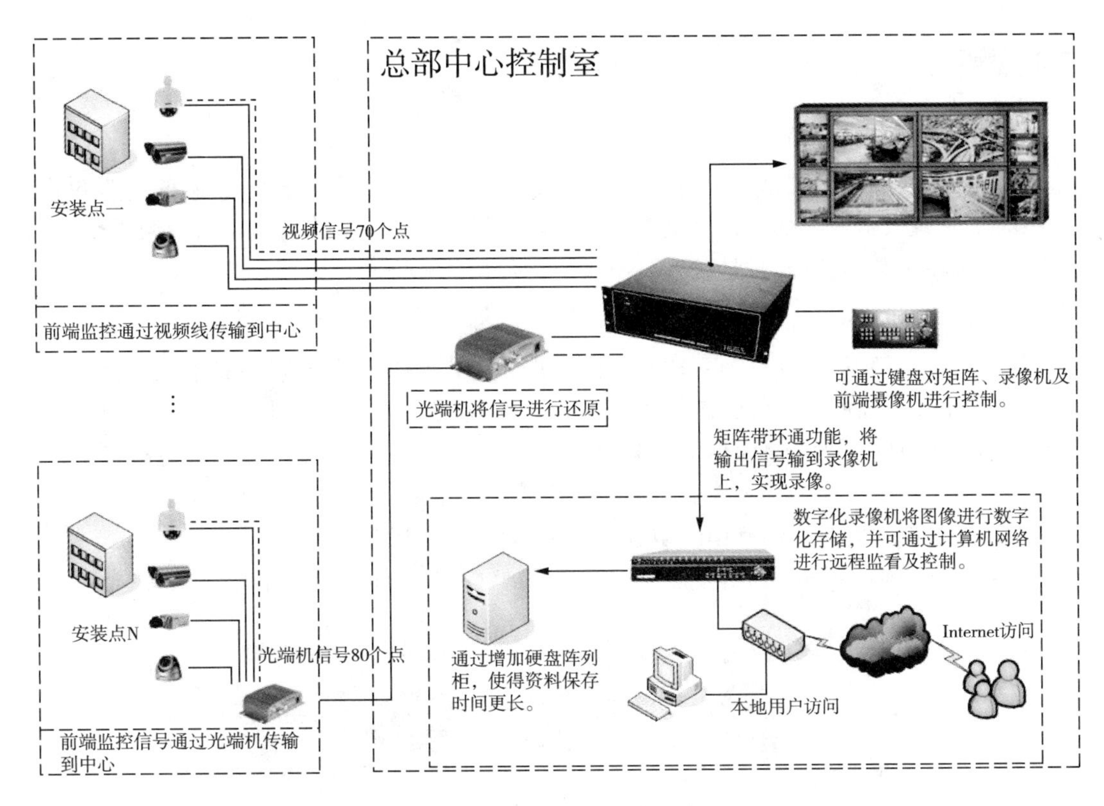

图 8－11 混合型监控系统

思考题与习题

1. 安防监控系统有哪些设备？
2. 安防监控系统图是怎样连接的？

任务二 门禁系统

【学习目的】

掌握门禁系统图形。

任务导入

门禁系统是指基于现代电子与信息技术，在建筑物内外的出入口安装智能卡电子自动识别系统或指纹生物识别器，通过对人（或物）的进出实施放行、拒绝、记录等操作的智能化管理系统。其目的是为了有效地控制人员（物品）的出入，并且记录所有进出的详细情况，实现对出入口的安全管理。门禁系统作为一卡通系统中一个重要的子系统，其专业、稳定、齐全的产品能为各种使用场合提供高性价比的选择。

相关知识

一、中心计算机管理系统

中心计算机管理系统是整个门禁系统的管理平台，由计算机、打印机、通信线路和管理软件组成，管理人员通过操作计算机系统上的门禁系统软件来完成人员出入权限设置、各门禁点的控制以及与门禁控制器的通信、出入记录数据的查询和打印报表等。

二、控制主机

控制主机是门禁系统的核心，控制主机接收系统软件的控制指令，存储有效卡片权限信息，可脱机工作。控制主机接收读卡器读取的卡号，判断其合法性对其实施放行或拒绝，并记录相应出入时间、卡号等信息，同时某些型号控制主机具备门状态监测、防盗报警等高级功能。

根据其功能和安全级别有国际型、增强型、标准型、实用型可选。

根据通信方式有 RS485 通信方式和 TCP/IP 互联网方式可选。控制器如图 8 - 12 所示。

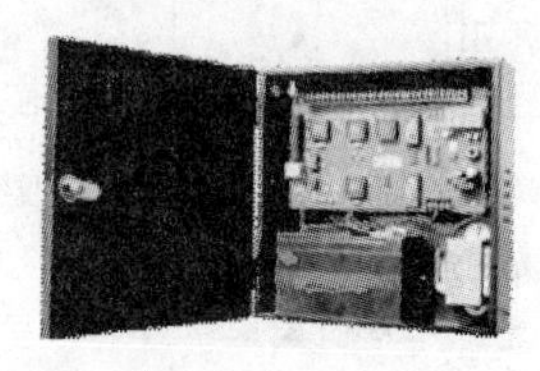

图 8 - 12　控制器

三、读卡器等识别设备

读卡器、指纹头需配合控制主机一同使用，负责读取人员卡号或采集指纹信息传输给控制主机；读卡器根据读卡类型（EM、Mifare、HID 等）、是否带密码键盘、是否带液晶显示等有多款型号可选。读卡器如图 8 - 13 所示。

图 8 - 13　读卡器

四、其他配套设备

电锁：受控于控制主机，是出入放行的执行机构。

RS485 转换器：RS232 转 RS485，通信距离 1200m。

TCP 转换器：TCP/IP 转 RS485，TCP/IP 通信距离不限。

按钮：在单向刷卡门禁系统中按下按钮出门。

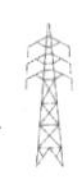

门磁：检测门的开关状态并把信息传送给控制主机。

警号：在门非法闯开时发出警鸣声。

发卡器：自动读出卡号，便于发卡。

卡片：有 EM、Mifare 等类型可选。

其他配套设备如图 8-14 所示。

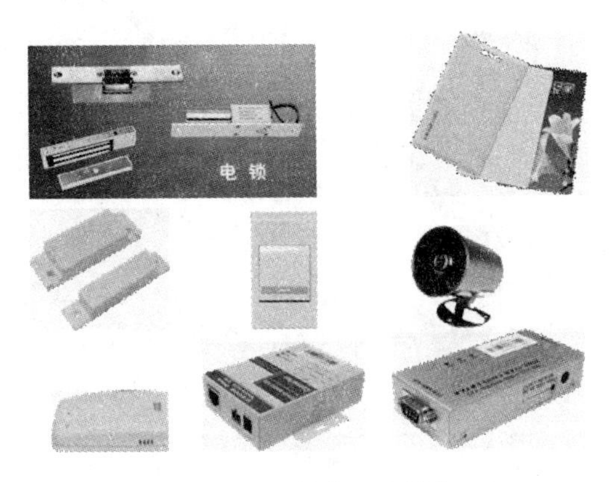

图 8-14　其他配套设备

五、单机管理模式

此模式使用一台电脑管理所有的门，数据库和管理软件安装在管理电脑上，管理电脑通过 RS485 转换器或 TCP/IP 转换器连接和管理所有门禁机，如图 8-15 所示。

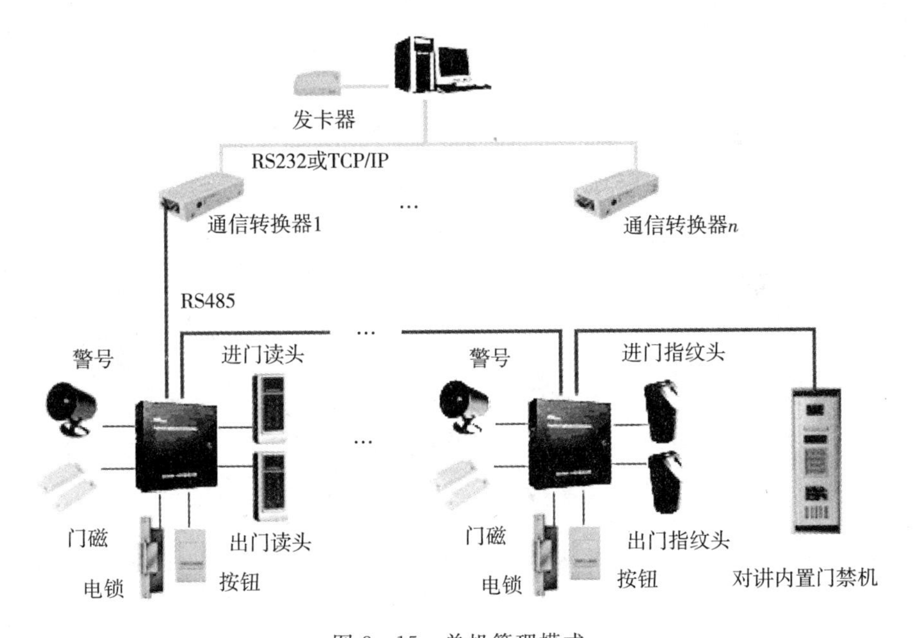

图 8-15　单机管理模式

六、局域网管理模式

局域网管理模式针对大型门禁系统或有需要分区域管理的系统，设置一台数据库服务器。管理电脑工作站可以有多台，每台管理电脑都共同访问数据库服务器上的数据，并通过 RS485

或 TCP/IP 通信方式连接和管理各自区域的门禁机，其系统结构如图 8－16 所示。

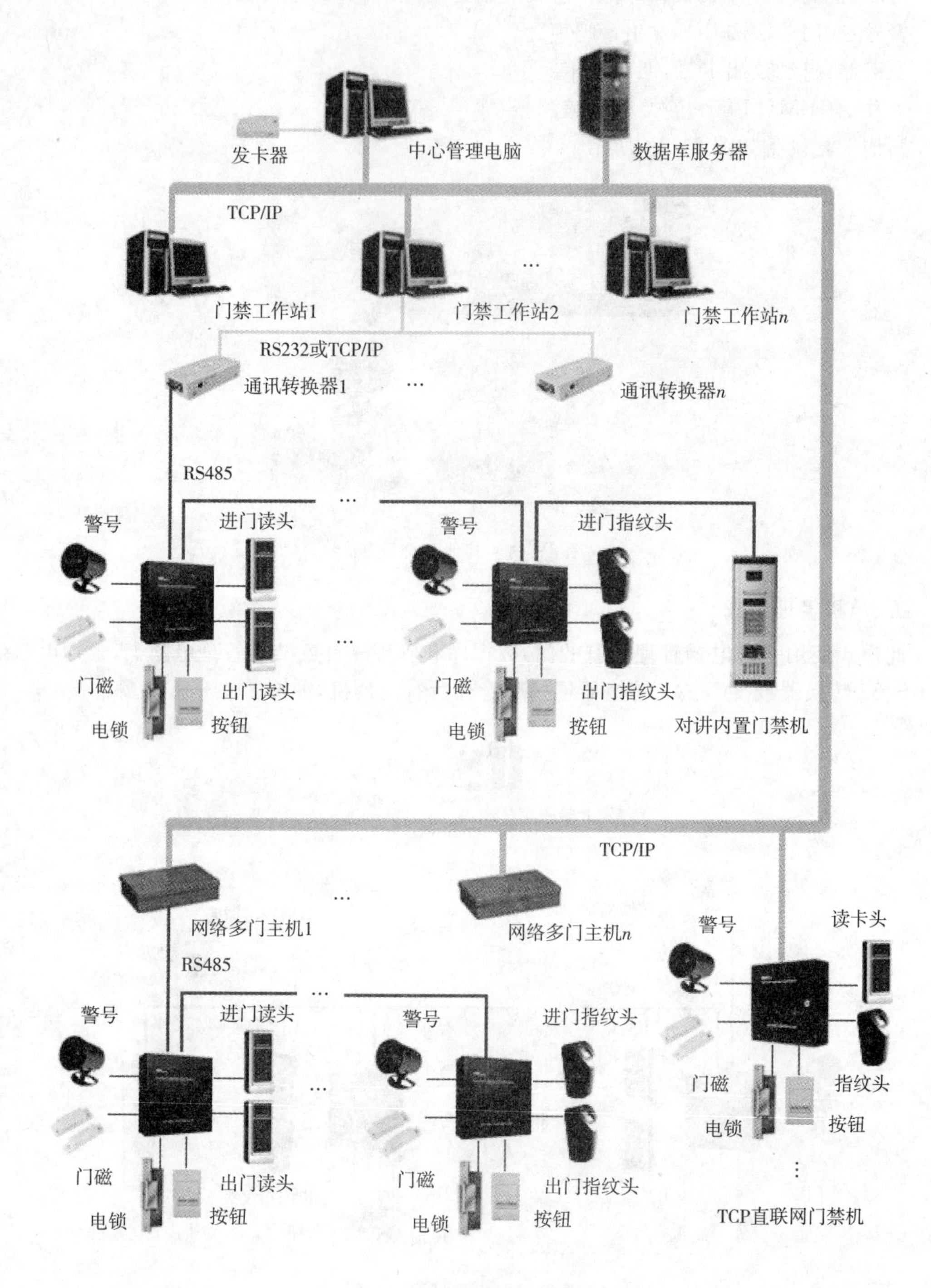

图 8－16　局域网管理模式

七、软件介绍

版本选择：单机版、网络版等。

语言支持：英文、中文简体、中文繁体等。

数据库：Access、SQL server 等。

功能简述：操作保护控制、人事管理、卡片管理、门禁权限管理、实时进出监控、报警事务管理、报警实时监控、记录查询和统计、报表输出。软件功能强大，操作简便，高级门禁系统中具备防盗报警、图像监控功能。

软件界面：软件界面如图 8-17 所示。

门禁授权：可以灵活方便授权不同的人员，允许出入不同的门或通道，如图 8-18 所示。

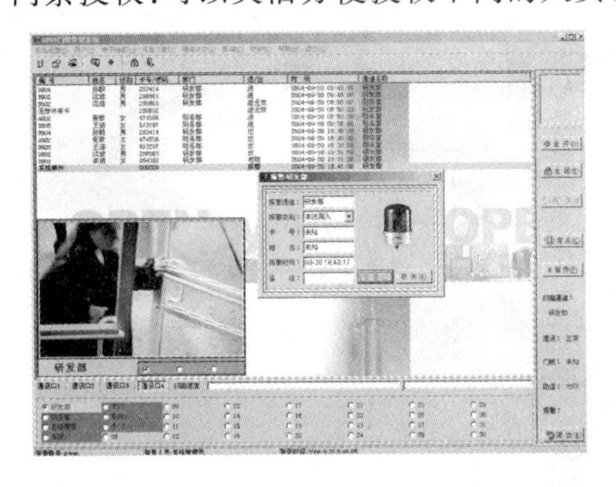

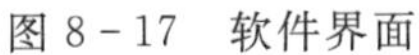

图 8-17　软件界面

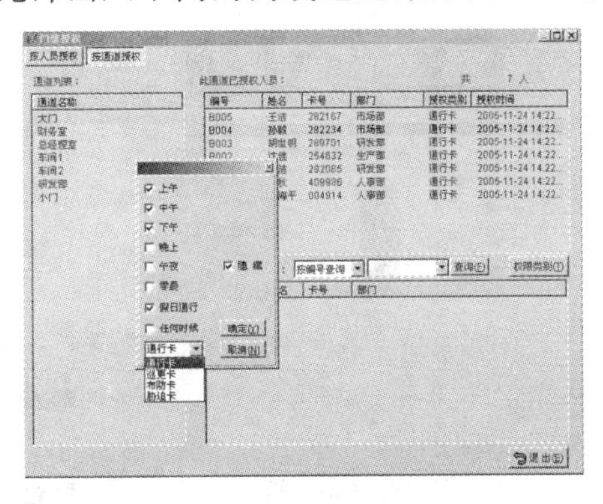

图 8-18　门禁授权界面

出入记录查询：可以方便地查询和打印人员历史出入记录，如图 8-19 所示。

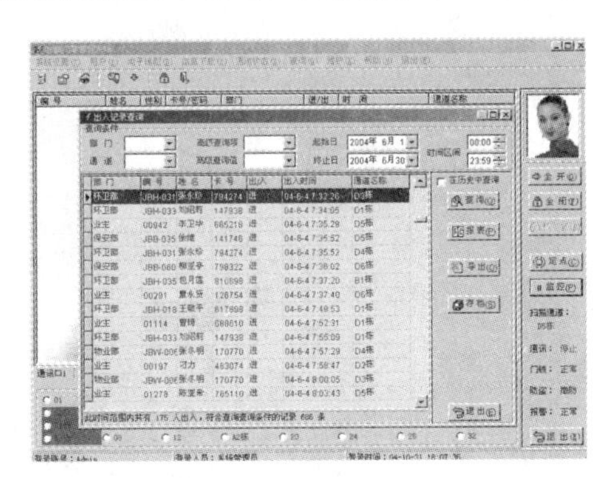

图 8-19　出入记录查询界面

思考题与习题

1. 门禁系统由哪些设备构成？
2. 门禁系统的单机管理模式是怎么样的？
3. 分析图 8-20 所示可视对讲系统。

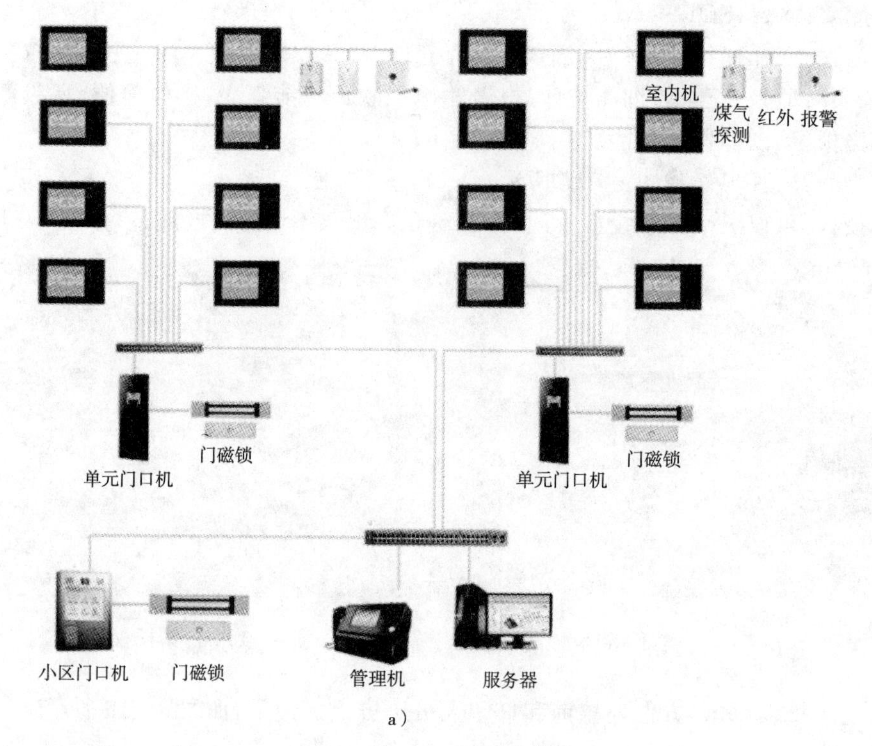

a）

图 8－20　可视对讲系统

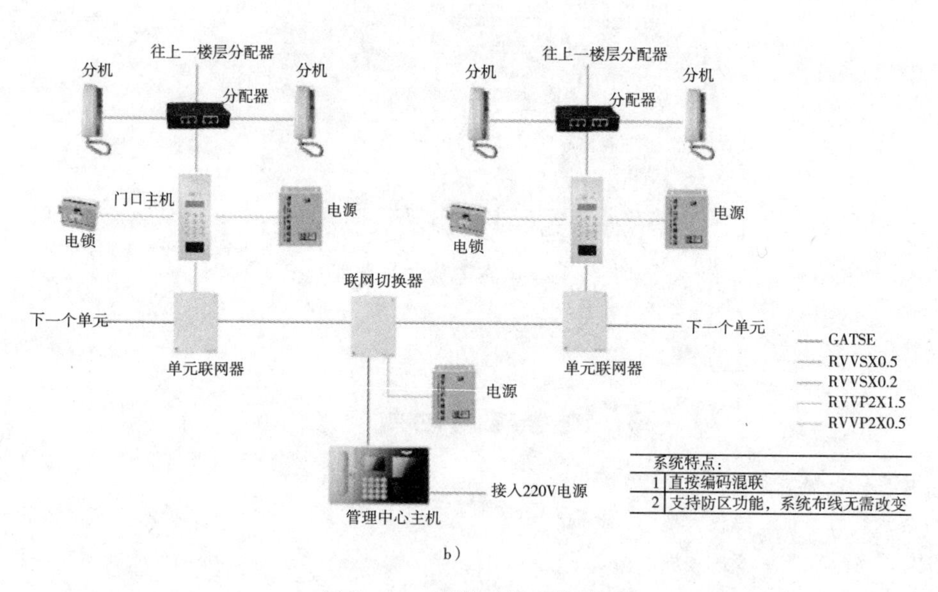

b）

图 8－20　可视对讲系统（续）

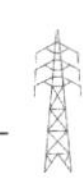

任务三　停车场系统

【学习目的】

掌握停车场系统图形。

任务导入

随着国民经济的发展，房地产行业也蓬勃发展，车辆用户急剧增长，车辆的管理也成为现代化城市管理系统中不可缺少的组成部分。

相关知识

停车场管理系统集感应式IC卡技术、计算机网络、视频监控、图像识别与处理及自动控制技术于一体，以车辆身份识别、出入控制、图像摄取及对比、车位检索、费用标准、计算核查、车牌判断等手段对车辆进出停车场进行有效、科学、可靠的全自动化管理。

一、停车场系统的设计要求及相应设备

1. 设计要求

(1)减少人为工作，使用方便快捷；

(2)系统灵敏可靠；

(3)设备安全耐用；

(4)能准确地区分月卡车辆、时租卡车辆和临时车辆；

(5)能防止拒缴停车费事件发生；

(6)能防止收费人员徇私舞弊和乱收费；

(7)全自动设计，车辆出入快速，提供优质、高效和安全的泊车服务；

(8)节约管理方面的费用支出，提高工作效率和经济效益；

(9)记录并保存车辆的出入资料，可随时查询和打印报表；

2. 相应设备

(1)管理中心；

(2)岗亭；

(3)出入口控制器；

(4)出入口道闸；

(5)远距离读卡器；

(6)补光灯；

(7)摄像机。

二、停车场管理系统

(1)停车场管理系统入口工作流程如图8－21所示，出口工作流程图如图8－22所示。

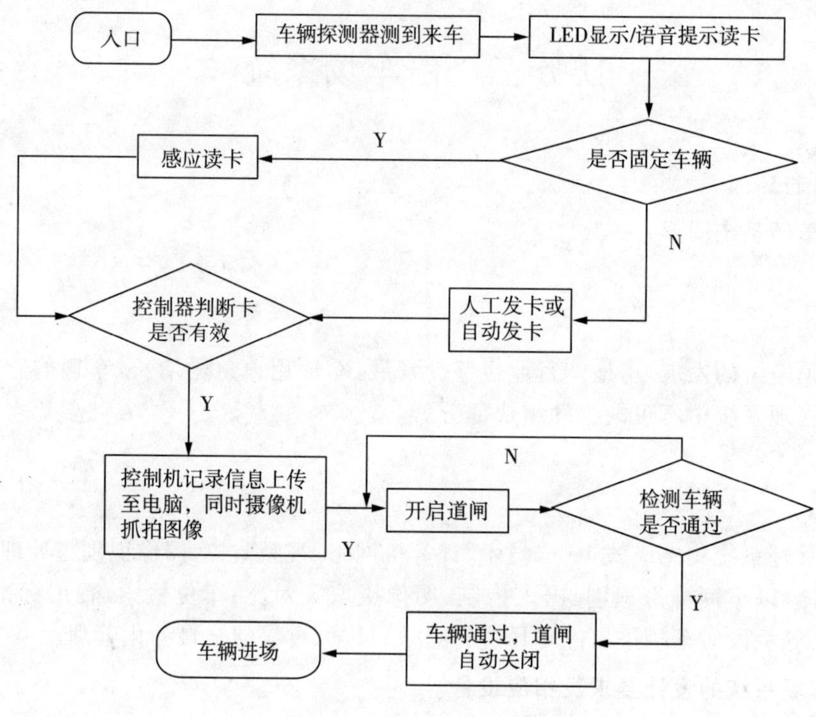

图 8－21　入口工作流程图

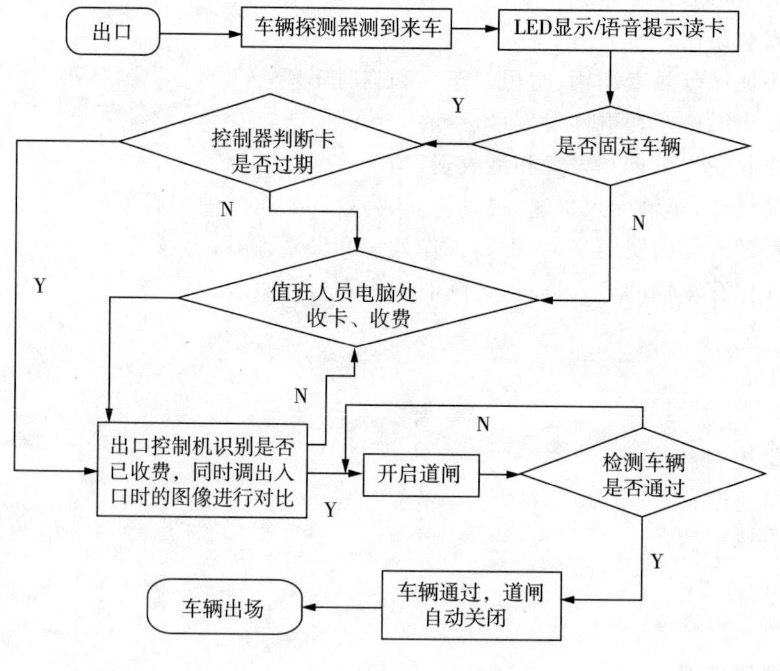

图 8－22　出口工作流程图

(2)停车场系统图如图 8-23 所示。停车场系统拓扑图如图 8-24 所示。

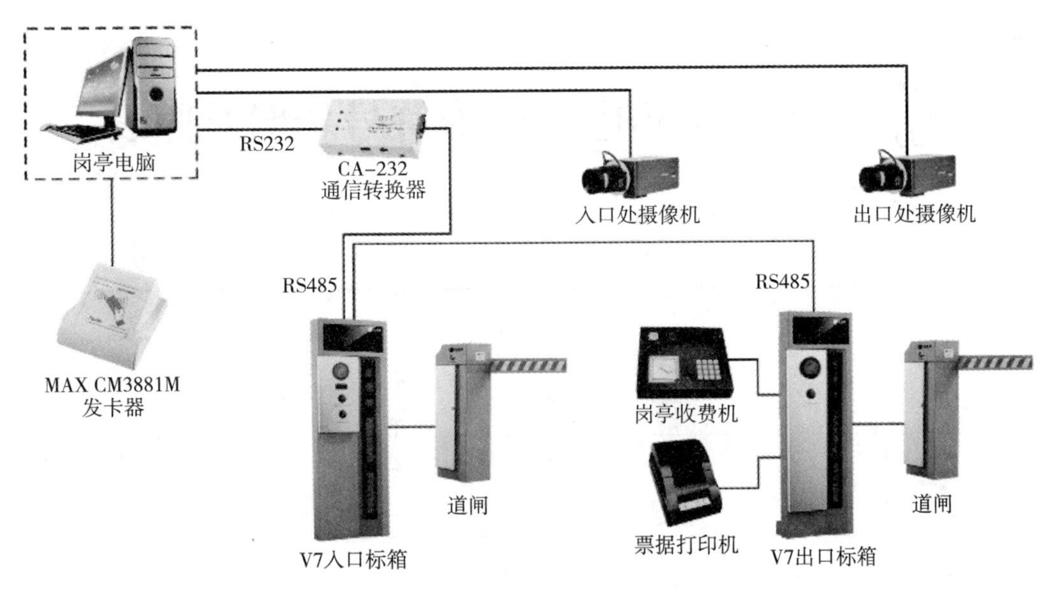

图 8-23　停车场系统图

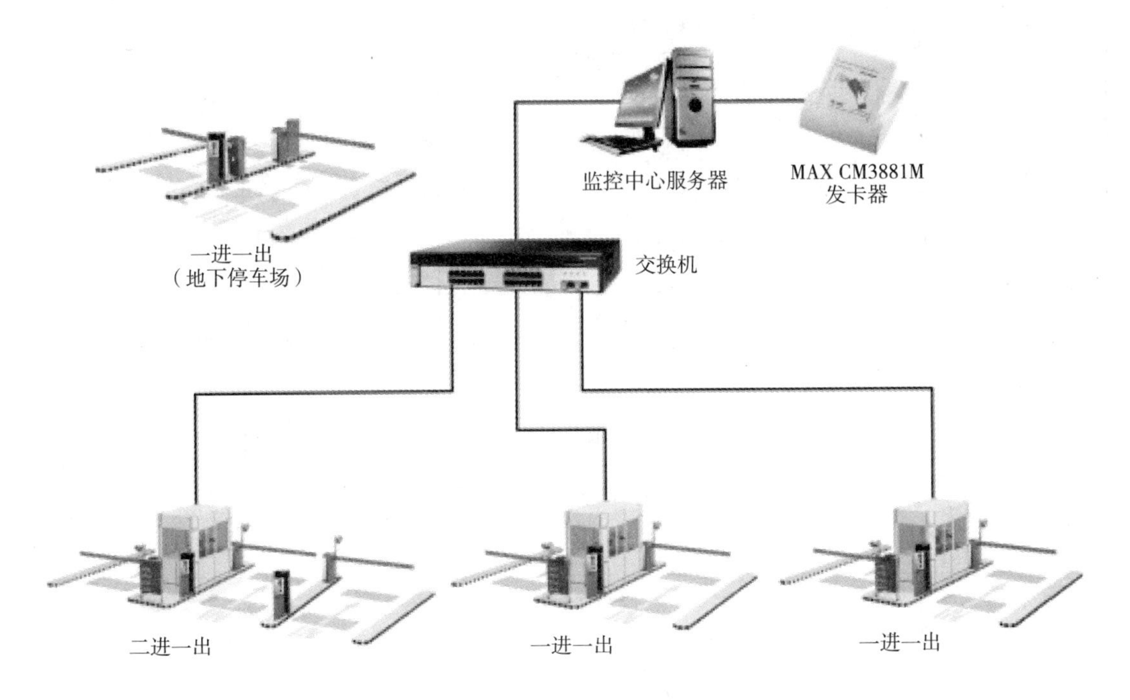

图 8-24　停车场系统拓扑图

思考题与习题

1. 停车场系统需要哪些设备？
2. 停车场系统图是怎样的？

附　录：常用电气图形符号新旧对照表

新符号	说　明	IEC	旧符号
	接触器（在非动作位置触点断开）	=	
	接触器（在非动作位置触点闭合）	=	
	负荷开关（负荷隔离开关）	=	
	具有自动释放功能的负荷开关	=	
	熔断器式断路器	=	
	断路器	=	
	隔离开关	=	
	熔断器一般符号	=	
	熔断器式开关	=	
	熔断器式隔离开关	=	
	熔断器式负荷开关	=	
	当操作器件被吸合时延时闭合的动合（常开）触点	=	

(续表)

新符号	说　明	IEC	旧符号
	当操作器件被释放时延时断开的动合(常开)触点	=	
	当操作器件被释放时延时闭合的动断(常闭)触点	=	
	当操作器件被吸合时延时断开的动断(常闭)触点	=	
	当操作器件被吸合时延时闭合和释放时延时断开的动合(常开)触点	=	
	按钮(不闭锁)	=	
	旋钮开关、旋转开关(闭锁)	=	
	位置开关,动合(常开)触点	=	
	位置开关,动断(常闭)触点	=	
θ	热敏开关,动合(常开)触点,θ可用动作温度代替	=	
	热敏自动开关的动断(常闭)触点(注意区别此触点和下图所示热继电器的触点)	=	
	具有热元件的气体放电管、荧光灯启动器	=	
形式1 形式2	动合(常开)触点(也可以用作开关一般符号)	=	

（续表）

新符号	说　明	IEC	旧符号
	动断(常闭)触点	=	
	先断后合的转换触点	=	
	当操作器件被吸合时，暂时闭合的过渡动合触点	=	
	阴接触件（连接器的）、插座	=	
	阳接触件（连接器的）、插头	=	
	插头和插座	=	
形式1 形式2	接通的连接片	=	
	断开的连接片	=	
形式1　形式2	双绕组变压器	=	
形式1　形式2	三绕组变压器	=	
形式1　形式2	自耦变压器	=	
形式1　形式2	电抗器 扼流圈	=	
形式1　形式2	电流互感器 脉冲变压器	=	
	具有两个铁心，每个铁心有一个二次绕组的电流互感器	=	
	在一个铁心上具有两个二次绕组的电流互感器	=	

(续表)

新符号	说　明	IEC	旧符号
形式1　形式2	单相变压器组成的星形一三角形联结的三相变压器	=	
形式1　形式2	具有有载分接开关的星形一三角形联结的三相变压器	=	
	星形一曲折形中性点引出的联结的三相变压器	=	
形式1　形式2	操作器件一般符号	=	
形式1 形式2	具有两个独立绕组的操作器件组合表示法	=	
	热继电器的驱动器件	=	
	瓦斯保护器件（气体继电器）	=	
	自动重闭合器件 自动重合闸继电器	=	ZGH
	电阻器一般符号	=	
	可调电阻器	=	
	带滑动触点的电位器	=	
	带滑动触点和预调的电位器	=	
	电容器一般符号	=	
	可调电容器	=	
*	指示仪表 （星号按照规定予以代替）	=	

（续表）

新符号	说 明	IEC	旧符号
V	电压表	=	V
A	电流表	=	A
A $I\sin\varphi$	无功电流表	=	A
W P_{max}	积算仪表激励的最大需量指示器	=	W
var	无功功率表	=	
$\cos\varphi$	功率因数表	=	$\cos\varphi$
Hz	频率表	=	f
θ	温度计、高温计	=	T
n	转速表	=	n
	积算仪表，如电能表（星号按照规定予以代替）	=	
Ah	安培小时计	=	Ah
Wh	电能表（瓦时计）	=	Wh
Varh	无功电能表	=	Varh
Wh	带发送器的电能表	=	Wh
Wh	从动电能表（转发器）	=	Wh
Wh ⑦⓪	带有打印装置的从动电能表（转发器）	=	Wh
	中性线	=	
	保护线	=	
	保护线和中性线共用线	=	

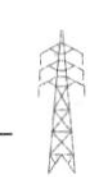

（续表）

新符号	说　明	IEC	旧符号
	示例:具有保护线和中性线的三相配线	=	
	地下线路	=	
	架空线路	=	
	管道线路	=	
6	6孔管道的线路	=	
	具有埋入地下连接点的线路	=	
	水下线路	=	
	电气排流电缆	=	
	导线、导线组、电路线路、母线一般符号	=	
	三根导线	=	
4	四根导线	=	
	原电池或蓄电池（组）	=	
	接地一般符号	=	

参 考 文 献

[1] 夏国明．建筑电气工程图识读[M]．北京:机械工业出版社,2015.
[2] 张小明．电梯控制技术[M]．北京:北京邮电大学出版社,2014.
[3] 芮静康．供配电系统图集[M]．北京:中国电力出版社,2005.
[4] 胡晓元．建筑电气控制技术[M]．北京:中国建筑工业出版社,2007.
[5] 杨光臣．建筑电气工程图识图·工艺·预算[M]．北京:中国建筑工业出版社,2006.
[6] 周强泰．锅炉原理[M]．北京:中国电力出版社,2009.
[7] 牛云陞．楼宇智能化技术[M]．北京:北京邮电大学出版社,2013.
[8] 曲尔光,弓锵．机床电气控制与PLC[M]．北京:电子工业出版社,2010.
[9] 孙立群,赵洪云．空调器维修从入门到精通[M]．北京:人民邮电出版社,2009.
[10] 侯志伟．建筑电气识图与工程实例[M]．北京:中国电力出版社,2015.